21 世纪复旦大学研究生教学用书

代 数 曲 线

杨劲根　编著

复旦大学出版社

内 容 提 要

　　本书由作者在复旦大学数学研究所开设的硕士研究生学位课程"代数曲线"的讲稿整理而成. 全书共分 7 章, 内容包括: 紧 Riemann 面、代数簇、一维代数函数域、Riemann-Roch 定理、平面代数曲线、椭圆曲线、曲线的典范映射等.

　　本书适合基础数学专业低年级研究生使用.

编辑出版说明

21世纪,随着科学技术的突飞猛进和知识经济的迅速发展,世界将发生深刻变化,国际间的竞争日趋激烈,高层次人才的教育正面临空前的发展机遇与巨大挑战.

研究生教育是教育结构中高层次的教育,肩负着为国家现代化建设培养高素质、高层次创造性人才的重任,是我国增强综合国力、增强国际竞争力的重要支撑.为了提高研究生的培养质量和研究生教学的整体水平,必须加强研究生的教材建设,更新教学内容,把创新能力和创新精神的培养放到突出位置上,必须建立适应新的教学和科研要求的有复旦特色的研究生教学用书.

"21世纪复旦大学研究生教学用书"正是为适应这一新形势而编辑出版的."21世纪复旦大学研究生教学用书"分文科、理科和医科三大类,主要出版硕士研究生学位基础课和学位专业课的教材,同时酌情出版一些使用面广、质量较高的选修课及博士研究生学位基础课教材.这些教材除可作为相关学科的研究生教学用书外,还可以供有关学者和人员参考.

收入"21世纪复旦大学研究生教学用书"的教材,大都是作者在编写成讲义后,经过多年教学实践、反复修改后才定稿.这些作者大都治学严谨,教学实践经验丰富,教学效果也比较显著.由于我们对编辑工作尚缺乏经验,不足之处,敬请读者指正,以便我们在将来再版时加以更正和提高.

复旦大学研究生院

术语和记号

记号 $f:S \to T$, $x \mapsto z$ 表示一个把元素 x 映成 z 的映射. 集合 S 的一个子集常常用 $\{x \in S \mid P\}$ 来定义, 这里 P 是 x 在这个子集中所需要满足的条件. 例如 $\{x \in \mathbb{R} \mid 0 \leqslant x \leqslant 1\}$ 表示闭区间 $[0, 1]$. 集合的并和交按通常的记号 $\cup$ 和 $\cap$, 集合 A 和 B 的差 $\{x \in A \mid x \notin B\}$ 记作 $A - B$ 或 $A \backslash B$. 元素个数不多的集合常常用 $\{\cdots\}$ 表示, 这里 $\cdots$ 为具体的元素列表, 例如, 由一个元素 a 构成的集合记为 $\{a\}$, 由 0, 1 两个元素组成的集合记为 $\{0, 1\}$. 空集记为 $\varnothing$.

一个集合中的一个等价关系通常用 $\sim$ 表示, 由元素 a 代表的等价类用 $[a]$ 或 $\bar{a}$. 最常见的等价类出现在商结构 (如商群、商环、商模) 中, 例如, 含素数 p 个元素的有限域 $\mathbb{F}_p$ 中的元素可以用 $[n]$ 或 $\bar{n}$ 表示, 这里 n 是一个整数.

如果 K 是一个域, 则 K^* 记由 K 中全体非零元素组成的乘法群.

如果 $f(z)$ 是一个可导函数, 它的导函数记作 $\mathrm{d}f/\mathrm{d}z$ 或 $f'(z)$.

对一些常用集合约定使用下面记号:

自然数集合 $\mathbb{N}$;

整数集合 $\mathbb{Z}$;

有理数集合 $\mathbb{Q}$;

实数集合 $\mathbb{R}$;

复数集合 $\mathbb{C}$;

含 q 个元素的有限域 $\mathbb{F}_q$.

前　言

代数曲线在数学和其他学科的各分支中经常出现. 解析几何中的直线以及圆锥曲线(包括椭圆、双曲线和抛物线)是最简单的代数曲线. 在微积分中出现的曲线通常是分段光滑的, 它们主要由可导函数定义, 如果把定义的函数限制为多项式函数, 那么对应的曲线就是代数曲线. 例如, 三角函数、指数函数、对数函数的图像不是代数曲线.

研究高维空间中由多项式函数定义的几何对象的数学分支叫"代数几何". 代数曲线又是代数几何的一个分支. 按照学习的规律, 学习代数几何应当先从代数曲线开始. 但是它的内容和方法远没有想象那么简单, 有两个重要因素必须考虑.

首先是"域"的问题, 也就是定义曲线的多项式的系数所在的域. 解析几何和微积分中的曲线基本上是实曲线, 即由实系数多项式定义的曲线, 它们在实 Euclid 空间里存在, 几何图像比较直观. 但是实代数曲线有一个严重缺陷, 比方说设 C_λ 是平面上由方程 $x^2 + y^2 = \lambda$ 定义的依赖于实参数 λ 的曲线. 当 λ 的值从大到小变化时, 在 $\lambda = 0$ 时有一个质变, 曲线从圆变成了一个点; 当 $\lambda < 0$ 时, 曲线是空集. 这个现象产生的原因在于实数域不是代数封闭的, 如果把域换成复数域, 这个缺陷可以弥补, 因为不管 λ 是什么复数, 方程 $x^2 + y^2 = \lambda$ 有足够多的复数解. 然而一个新的问题又产生了, 一个 n 维的复空间是 2n 维的实空间, 即使 $n = 2$, 实维数也是 4. 肉眼看不见曲线的图像了, 只能凭空想象, 似乎比线性代数里的线性子空间还难把握. 尽管如此, 复的代数曲线的良好性质比实的代数曲线多得多. 除了实数域、复数域外, 在数论和离散数学中需要有限域上的代数曲线, 它的几何图像就更加看不见. 有限域不是代数封闭的, 因此有必要把域扩大到有限域的代数闭包. 所以凡是遇到代数曲线时, 先要明白是不是代数封闭域以及这个域的特征是 0 还是素数 p.

第二个要考虑的重要因素是曲线的完备性. 这得从平面几何的平行线谈起: 平面上任何两条不同的直线有一个交点, 除非这两条直线平行. 两条平行直线真的没有交点吗? 射影几何给出肯定的答复: 两条不同的相互平行的直线也有一个交点, 该交点位于无穷远处. 最简单的复代数曲线是复平面, 从拓扑上看它是非紧的, 加上一个无穷远点后便成了 Riemann 球面, 那是个紧致的集合了. 粗略地说,射影空间是普通的欧氏空间加上所有的无穷远点而成的空间,虽然它没有欧氏空间那么简单,但在其中的几何对象的性质更好一些. 射影空间中的闭代数曲线称为射影曲线,复的射影曲线是紧致的.

在数学中同一个东西会以多种完全不同的面目其至在不同的数学分支中出现,这也是数学的一大魅力. 代数曲线是一个光辉的典范. 本教材的第一个重点是证明下列 3 个概念是完全一样的:

(1) 紧 *Riemann* 面;

(2) 光滑的复射影曲线;

(3) 复数域上的一维代数函数域.

这对于用不同的数学方法(分析方法、几何方法、代数方法)解决同一个问题无疑是有益的. 由于光滑射影曲线和一维代数函数域并不限于复数域,因此本书中的更多内容将侧重于此.

第二个重点是曲线的 *Riemann-Roch* 定理,它可列为代数曲线中最强大的定理. 定理的证明基于任意代数封闭域上的一维代数函数域,用 *A. Weil* 首创的 *adéle* 方法,这是一个纯代数的证明. 如上所述,它可以翻译成紧 *Riemann* 面或射影曲线中的 *Riemann-Roch* 定理.

阅读本书的预备知识是:近世代数、基础拓扑、复变函数论、泛函分析、交换代数以及微分几何的初步知识.

本书根据作者多年在复旦大学开设的研究生学位课程"代数曲线"的讲稿整理而成,缺点和错误难免,欢迎读者批评指正. 对吴泉水教授指出的一个实质性错误深表感谢. 本教材的出版获得复旦大学研究生院和复旦大学出版社的大力支持. 范仁梅同志为本书的编辑和校对付出了辛勤的劳动,特此致谢.

作　者

2014 年 2 月

目 录

第 1 章 紧 Riemann 面

1.1 紧 Riemann 面的定义和初步性质

定义 1. 一个连通的第二可数[①]的 Hausdorff 空间 X 称为 n 维**拓扑流形**，如果存在 X 的一个开覆盖 $X = \bigcup_{i \in I} U_i$，并且对每个 i 都有一个从 U_i 到 $\mathbb{R}^n$ 的某个连通开集 V_i 的同胚 $f_i: U_i \to V_i$. 如果更进一步对于任意两个 U_i，U_j 映射 $f_j f_i^{-1}$：$f_i(U_i \bigcap U_j) \to f_j(U_i \bigcap U_j)$ 是 C^∞ 的，则 X 称为 n 维**微分流形**.

定义 2. 一个连通的第二可数的 Hausdorff 空间 X 称为 n 维**复流形**，如果存在 X 的一个开覆盖 $X = \bigcup_{i \in I} U_i$，并且对每个 i 都有一个从 U_i 到 $\mathbb{C}^n$ 的某个连通开集 V_i 的同胚 $f_i: U_i \to V_i$ 满足下列条件：对于任意两个 U_i，U_j 映射 $f_j f_i^{-1}$：$f_i(U_i \bigcap U_j) \to f_j(U_i \bigcap U_j)$ 是全纯映射. 一维的复流形称为 Riemann 面. X 的开子集 U 上的 $\mathbb{C}$ 值函数 g 称为**全纯（亚纯）函数**，如果对每个 i，$g f_i^{-1}$ 都是 $f_i(U \bigcap U_i)$ 上的全纯（亚纯）函数.

出现在 Riemann 面定义中的 f_i 通常记作 z_i，它是 U_i 上的一个全纯函数，称为**坐标函数**.

定义 3. 设 $\phi: X \to Y$ 是 Riemann 面间的一个连续映射，如果下面条件满足，则称 ϕ 为一个**全纯映射**：对任意点 $x \in X$，z_i，w_j 分别为 X 和 Y 在 x 和 $\phi(x)$ 的（任意）坐标函数 z_i 和 w_j，函数 $w_j \phi z_i^{-1}$ 在 $z_i(x)$ 附近是全纯的.

在本书中，一个取常数值的函数称为平凡函数，否则叫作非平凡的. 设 $f: X \to Y$ 是一个映射，如果 $f(X)$ 只含一个点，则称映射 f 是平凡的，否则称作非平凡的.

定理 1.1.1. 设 $\phi: X \to Y$ 是 Riemann 面间的一个全纯映射，X 是紧的，若 ϕ 是非平凡映射，则 Y 也是紧的且 ϕ 是满的.

证 先来证明 $\phi(X)$ 是 Y 的紧子集. 设 y_1，y_2，$\cdots$ 是 $\phi(X)$ 中的任意一个点列，则存在 X 中的一个点列 x_1，x_2，$\cdots$，使 $y_i = \phi(x_i)$ 对所有 i 成立. 由于 X 是紧的，存在 x_1，x_2，$\cdots$ 的一个收敛子列 x_{j_1}，x_{j_2}，$\cdots$. 设

---

① 具有可数开基的拓扑空间叫做第二可数的拓扑空间.

$$x = \lim_{i \to \infty} x_{j_i}.$$

因 ϕ 是连续映射,故

$$\phi(x) = \lim_{i \to \infty} \phi(x_{j_i}) = \lim_{i \to \infty} y_{j_i}.$$

因此 $\phi(X)$ 是 Y 的紧子集,从而是闭子集. 根据单复变函数论中的开映射原理, 非平凡的全纯映射是开映射. 如果 ϕ 的像不是一个点, 则 $\phi(X)$ 是 Y 的开子集, 由 Y 的连通性得知 $\phi(X) = Y$. □

系 1.1.2. 紧 Riemann 面上的全纯函数是平凡函数.

证法一 紧 Riemann 面 X 上的全纯函数 f 是从 X 到 $\mathbb{C}$ 的全纯映射. 由于 $\mathbb{C}$ 非紧,根据定理 1.1.1,f 只能是平凡映射. □

证法二 由于 X 是紧的,$|f|$ 在 X 的某一点 a 达到最大值. 任取 a 的一个坐标开邻域 U. 根据复分析中的极大模原理,f 在 U 中是平凡函数. 所以 f 在整个 X 上是平凡函数. □

设 $\phi: X \to Y$ 是紧 Riemann 面间的一个非平凡全纯映射,则 ϕ 局部由函数 $z^n u(z)$ 给出,其中 $u(0) \neq 0$. 当 $n > 1$ 时,X 上坐标为 0 的点称为 ϕ 的**分歧点**,n 称为该分歧点的**分歧指数**. 记 R 为分歧点全体的集合,则 R 是离散点集,因而是有限的. 令 $U = \phi^{-1}(Y - \phi(R))$,则 $\phi: U \to \phi(U)$ 是一个非分歧覆盖映射. 对于任意点 $y \in \phi(U)$,$\phi^{-1}(y)$ 是离散的闭子集,因而是有限集,其元素个数 N 不依赖于 y 的选取,N 称为 ϕ 的**次数**,一般记作 $\deg \phi$. 对于任何点 $q \in Y$,设 $\phi^{-1}(q) = \{p_1, \cdots, p_r\}$. 设 n_i 为 ϕ 在点 p_i 的分歧指数,则有如下公式

$$\deg \phi = \sum_{i=1}^{r} n_i. \tag{1.1}$$

记 $\phi^*(q) = \sum_{i=1}^{r} n_i p_i$,这里的求和符号是形式的.

紧 Riemann 面连同非平凡的全纯映射构成一个范畴.

命题 1.1.3. 复流形是可定向的.

证 只要证明坐标变换的 Jacobi 行列式处处为正就可以了.

为简单起见我们只就 Riemann 面来证明. 设 w 和 z 是同一个点附近的坐标,则 w 是 z 的解析函数. 设

$$w = u(x, y) + iv(x, y),$$

其中 $z = x + iy$. 根据 Cauchy-Riemann 方程,等式

$$\frac{\partial u}{\partial x} = \frac{\partial v}{\partial y}, \quad \frac{\partial u}{\partial y} = -\frac{\partial v}{\partial x}$$

成立. 因此该坐标变换的 Jacobi 行列式是

$$\left(\frac{\partial u}{\partial x}\right)^2 + \left(\frac{\partial u}{\partial y}\right)^2 > 0. \quad \square$$

作为拓扑流形, 紧 Riemann 面是 X 一个可定向的二维紧流形, 它同胚于带若干个孔的环面, 孔的个数 g 称为这个紧 Riemann 面的(拓扑)亏格. 同调群 $H_1(X, \mathbb{Z})$ 是秩为 $2g$ 的自由 Abel 群. 可参见[16, 19].

例如, 亏格等于零的紧 Riemann 面是通常的球面, 在复分析中称 Riemann 球面. 亏格等于 1 的紧 Riemann 面是环面.

1.2　紧 Riemann 面上的亚纯函数

本节目标是证明下面定理.

定理 1.2.1.　任何一个紧 Riemann 面上存在一个非平凡的亚纯函数.

这个定理没有想象中那么简单, 它不能推广到高维复流形, 事实上, 存在紧的二维复流形不具有非平凡的亚纯函数.

1.2.1　预备知识

复平面 $\mathbb{C}$ 的一个开子集称为一个**开区域**, 它不一定有界, 也不一定连通[①].

设 U 是复平面 $\mathbb{C}$ 的一个开区域. U 中的任意一个点 $z = x + \sqrt{-1}\,y$ 都有实坐标 (x, y). 因此 U 也可以看成实平面 $\mathbb{R}^2$ 中的一个区域. 这样 U 上的一个复值函数 $f(z)$ 也可以看作两个实变量的复值函数 $f(x, y)$, 它由两个实值函数 $\mathrm{Re}(f)$ 和 $\mathrm{Im}(f)$ 决定, $f = \mathrm{Re}(f) + \sqrt{-1}\,\mathrm{Im}(f)$.

开区域 U 上的一个复值函数 f 是 C^∞-复值函数, 若 $\mathrm{Re}(f)$ 和 $\mathrm{Im}(f)$ 对实变元 x, y 的任意高阶混合偏导数存在. 很明显, 全纯函数是 C^∞ 函数, 但 C^∞ 函数不一定是全纯函数. U 上的所有 C^∞-复值函数全体形成一个 $\mathbb{C}$-代数, 记作 $C^\infty(U)$. 一个 $\mathbb{C}$-线性映射 $D: C^\infty(U) \to C^\infty(U)$ 称为 U 上的一个**向量场**, 若

$$D(fg) = fD(g) + gD(f) \tag{1.2}$$

对任何 $f, g \in C^\infty(U)$ 成立.

复平面上最典型的向量场是 $\partial/\partial x$, $\partial/\partial y$, 即通常的偏导数算子.

记 $T(U)$ 为 U 上的向量场全体. 对任意 $D_1, D_2 \in T(U)$. 令 $D_1 + D_2$ 为作为线性映射的 D_1 和 D_2 的和, 即

[①] 很多书上关于开区域的定义中要求连通性, 这里更一般些.

$$(D_1 + D_2)(f) = D_1(f) + D_2(f)$$

对任意 $f \in C^\infty(U)$ 成立, 则 $D_1 + D_2 \in T(U)$ 并且 $T(U)$ 在这样定义的加法下形成 Abel 群. 对于任意 $f \in C^\infty(U)$ 和任意 $D \in T(U)$, 将 $fD: C^\infty(U) \to C^\infty(U)$ 按照 $(fD)(g) = f \cdot D(g)$ 来定义, 则在如此定义的运算下 $T(U)$ 成为一个 $C^\infty(U)$-模.

设 $D \in T(U)$. 根据 (1.2) 式对任意 $c \in \mathbb{C}^*$, 都有

$$2cD(c) = D(c^2) = cD(c).$$

因此 $D(c) = 0$ 对任意 $c \in \mathbb{C}$ 成立.

引理 1.2.2. 设 V 是开区域 U 的一个非空开子集, $f \in C^\infty(U)$ 满足 $f(z) = 0$ 对所有 $z \in V$ 成立. 则对任意 $D \in T(U)$ 及任意 $z \in V$ 都有 $(Df)(z) = 0$.

证 设 z_0 是 V 中任意一个点, 取足够小的 $\varepsilon > 0$, 使 $B(z_0, \varepsilon) \subset V$. 这里 $B(z_0, \varepsilon)$ 是以 z_0 为圆心以 ε 为半径的闭圆盘. 任取函数 $g \in C^\infty(U)$ 满足 $g(z_0) = 0$ 且 $g(z) = 1$ 对所有 $z \in U - B(z_0, \varepsilon)$ 成立, 则 $gf = f$. 利用 (1.2) 式推得

$$Df = gDf + fDg.$$

在等式两边同取在 z_0 处的值得 $(Df)(z_0) = 0$. 由于 z_0 是 V 中任意点, 因此 $(Df)(z) = 0$ 对任意 $z \in V$ 成立. $\square$

立刻有如下推论.

系 1.2.3. 设 V 是开区域 U 的一个非空开子集, $f, g \in C^\infty(U)$ 满足 $f(z) = g(z)$ 对所有 $z \in V$ 成立, 则对任意 $D \in T(U)$ 及任意 $z \in V$, 都有 $(Df)(z) = (Dg)(z)$.

对于开区域 U 的任意一个非空开子集 V, 都可以用如下方式定义映射 ρ_{UV}: $T(U) \to T(V)$: 设 $D \in T(U)$ 并且 $f \in C^\infty(V)$. 对任意点 $p \in V$, 取充分小的 $\varepsilon > 0$, 使圆盘 $B(p, \varepsilon)$ 包含在 V 中. 任取 $g \in C^\infty(U)$ 满足 $g(z) = 1$ 对所有 $z \in B(p, \varepsilon/2)$ 且 $g(z) = 0$ 对所有 $z \notin B(p, \varepsilon)$ 成立. 这样的函数的存在性是众所周知的. 令

$$F(z) = \begin{cases} f(z)g(z), z \in V, \\ 0, z \in U - V, \end{cases}$$

则 $F \in C^\infty(U)$. 根据系 1.2.3 $(DF)(p)$ 的值不依赖于 g 的选取, 将这个值记为 $h(p)$, 则 $p \mapsto h(p)$ 给出 V 上的函数. 容易看出 $h \in C^\infty(V)$. 容易验证映射 $f \mapsto h$ 是 V 上的向量场, 它完全由 D 决定, 将它定义为 $\rho_{UV}(D)$.

假如 W 又是 V 的开子集,很明显 $\rho_{UW} = \rho_{VW} \circ \rho_{UV}$ 成立.

复平面的一个子集 U 称为凸的,若对任意 x, $y \in U$ 连接两点 x, y 的直线段上的所有点都属于 U.

命题 1. 2. 4.　复平面 $\mathbb{C}$ 的一个开区域 U 上的全体向量场全体 $T(U)$ 是一个秩为 2 的自由 $C^{\infty}(U)$-模,

$$\frac{\partial}{\partial x},\ \frac{\partial}{\partial y}$$

是它的一组基.

证　显然

$$\frac{\partial}{\partial x},\ \frac{\partial}{\partial y} \in T(U).$$

令 M 为它们在 $T(U)$ 中生成的子模. 设 $f(x, y)$, $g(x, y) \in C^{\infty}(U)$,使

$$f(x, y)\frac{\partial}{\partial x} + g(x, y)\frac{\partial}{\partial y} = 0.$$

将左式分别作用在函数 x 和 y 上得 $f(x, y) = g(x, y) = 0$. 因此 M 是以

$$\frac{\partial}{\partial x},\ \frac{\partial}{\partial y}$$

为基的自由模.

剩下只需证明 $T(U) = M$.

先假定 U 是凸的. 设 $D \in T(U)$.

令 $f(x, y) = Dx$, $g(x, y) = Dy$,设 $h(x, y) \in C^{\infty}(U)$. 记

$$h_1(x, y) = \frac{\partial h(x, y)}{\partial x},\ h_2(x, y) = \frac{\partial h(x, y)}{\partial y}.$$

再设 (x_0, y_0) 是 U 中任意点. 由于 U 是凸的,对于任何 $(x, y) \in U$ 和任意 $t \in [0, 1]$ 函数 $h(x_0 + t(x - x_0), y_0 + t(y - y_0))$ 是有意义的,故有

$$h(x, y) = h(x_0, y_0) + \int_0^1 \frac{\mathrm{d}}{\mathrm{d}t} h(x_0 + t(x - x_0), y_0 + t(y - y_0))\mathrm{d}t$$

$$= h(x_0, y_0) + (x - x_0)\int_0^1 h_1(x_0 + t(x - x_0), y_0 + t(y - y_0))\mathrm{d}t$$

$$+ (y - y_0)\int_0^1 h_2(x_0 + t(x - x_0), y_0 + t(y - y_0))\mathrm{d}t$$

$$= h(x_0, y_0) + (x - x_0)a(x, y) + (y - y_0)b(x, y),$$

其中

$$a(x, y) = \int_0^1 h_1(x_0 + t(x - x_0),\ y_0 + t(y - y_0))\mathrm{d}t,$$

$$b(x, y) = \int_0^1 h_2(x_0 + t(x - x_0),\ y_0 + t(y - y_0))\mathrm{d}t.$$

于是

$$D(h) = (x - x_0)D(a) + a(x, y)f(x, y) + (y - y_0)D(b)$$
$$+ b(x, y)g(x, y)$$

对所有 $(x, y) \in U$ 成立. 取左右两式在点 (x_0, y_0) 的函数值, 得

$$D(h)(x_0, y_0) = a(x_0, y_0)f(x_0, y_0) + b(x_0, y_0)g(x_0, y_0)$$
$$= h_1(x_0, y_0)f(x_0, y_0) + h_2(x_0, y_0)g(x_0, y_0),$$

恰好等于

$$\left(f(x, y)\frac{\partial}{\partial x} + g(x, y)\frac{\partial}{\partial y} \right) h(x, y)$$

在 (x_0, y_0) 的值. 由于 (x_0, y_0) 是 U 中任意点,

$$D(h) = \left(f(x, y)\frac{\partial}{\partial x} + g(x, y)\frac{\partial}{\partial y} \right) h$$

对任意 $h(x, y) \in C^\infty(U)$ 成立, h 是任意取的, 因此有

$$D = f(x, y)\frac{\partial}{\partial x} + g(x, y)\frac{\partial}{\partial y}.$$

所以 $T(U) = M.$

　　设 U 是一个一般的开区域 (甚至可以是不连通的). 取它的一个开覆盖 $U = \bigcup_{i \in \Lambda} U_i$, 其中 U_i 是开圆盘, 则所有 U_i 和 $U_i \cap U_j$ 都是凸的. 设 $D \in T(U)$. 根据已证结果, 对每个 $i \in \Lambda$, 有

$$\rho_{UU_i}(D) = a_i(z)\frac{\partial}{\partial x} + b_i(z)\frac{\partial}{\partial y},$$

其中 $a_i(x, y), b_i(x, y) \in C^\infty(U_i)$. 由

$$\rho_{U_i, U_i \cap U_j} \circ \rho_{UU_i}(D) = \rho_{U, U_i \cap U_j}(D) = \rho_{U_j, U_i \cap U_j} \circ \rho_{UU_j}(D)$$

推得 $a_i(z) = a_j(z)$ 和 $b_i(z) = b_j(z)$ 对所有 $z \in U_i \cap U_j$ 都成立, 这是因为 $T(U_i \cap U_j)$ 是以 $\partial/\partial x,\ \partial/\partial y$ 为基的自由 $C^\infty(U_i \cap U_j)$-模. 因此存在 $a(z)$,

$b(z) \in C^{\infty}(U)$，使 $\phi_{UU_i}(a) = a_i$，$\phi_{UU_i}(b) = b_i$ 对所有 $i \in \Lambda$ 成立. 由此推得 $D = a(z)\dfrac{\partial}{\partial x} + b(z)\dfrac{\partial}{\partial y}$. 所以 $T(U) = M$.　□

$T(U)$ 的另一组非常有用的基是

$$\frac{\partial}{\partial z} = \frac{1}{2}\left(\frac{\partial}{\partial x} - \sqrt{-1}\,\frac{\partial}{\partial y}\right),\ \frac{\partial}{\partial \bar z} = \frac{1}{2}\left(\frac{\partial}{\partial x} + \sqrt{-1}\,\frac{\partial}{\partial y}\right).$$

例 1.　设 $f = x^2 + \sqrt{-1}\,xy$，则

$$\frac{\partial}{\partial \bar z}f(z) = \frac{1}{2}(2x + \sqrt{-1}\,y + \sqrt{-1}\,\sqrt{-1}\,x) = \frac{1}{2}(x + \sqrt{-1}\,y).$$

命题 1.2.5.　开区域 U 上的复值函数 $f(z)$ 是解析函数当且仅当 $\partial f/\partial \bar z = 0$.

证　设 $f(z) = u(x,\ y) + \sqrt{-1}\,v(x,\ y)$，则

$$\begin{aligned}\frac{\partial}{\partial \bar z}f(z) &= \frac{1}{2}\left(\frac{\partial u}{\partial x} + \sqrt{-1}\,\frac{\partial v}{\partial x} + \sqrt{-1}\,\frac{\partial u}{\partial y} - \frac{\partial v}{\partial y}\right)\\ &= \frac{1}{2}\left(\frac{\partial u}{\partial x} - \frac{\partial v}{\partial y} + \sqrt{-1}\left(\frac{\partial v}{\partial x} + \frac{\partial u}{\partial y}\right)\right).\end{aligned}$$

因此 $\partial f/\partial \bar z = 0$ 当且仅当

$$\frac{\partial u}{\partial x} - \frac{\partial v}{\partial y} = \frac{\partial v}{\partial x} + \frac{\partial u}{\partial y} = 0,$$

这正是解析函数的 Cauchy - Riemann 条件.　□

对于开区域 U，$T(U)$ 的对偶模 $A^1(U)$ 也是秩为 2 的自由 $C^{\infty}(U)$-模，其中的元素叫做微分 1-形式. $\partial/\partial x$，$\partial/\partial y$ 的对偶基记作 $\mathrm dx$，$\mathrm dy$ 而 $\partial/\partial z$，$\partial/\partial \bar z$ 的对偶基记作 $\mathrm dz$，$\mathrm d\bar z$. 不难验证

$$\mathrm dz = \mathrm dx + \sqrt{-1}\,\mathrm dy,\ \mathrm d\bar z = \mathrm dx - \sqrt{-1}\,\mathrm dy.$$

$A^1(U)$ 中由 $\mathrm dz$ 和 $\mathrm d\bar z$ 张成的子模分别记作 $A^{(1,0)}(U)$ 和 $A^{(0,1)}(U)$，它们中的元素分别称为 $(1,\ 0)$-形式和 $(0,\ 1)$-形式.

外积 $\wedge^2 A^1(U)$ 是秩为 1 的自由 $C^{\infty}(U)$-模，其中的元素叫做微分 2-形式，$\mathrm dx \wedge \mathrm dy$ 或 $\mathrm dz \wedge \mathrm d\bar z$ 都是它的基. 把 $\wedge^2 A^1(U)$ 记作 $A^2(U)$.

若 C 是 U 中的有向逐段光滑曲线，$\eta \in A^1(U)$，则积分 $\displaystyle\int_C \eta$ 是有意义的. 事实上，若

$$\eta = [a_1(x, y)\mathrm{d}x + b_1(x, y)\mathrm{d}y] + \sqrt{-1}[a_2(x, y)\mathrm{d}x + b_2(x, y)\mathrm{d}y],$$

其中 $a_1(x, y)$，$b_1(x, y)$，$a_2(x, y)$，$b_2(x, y)$ 都是实值函数,则

$$\int_C \eta = \int_C a_1(x, y)\mathrm{d}x + b_1(x, y)\mathrm{d}y + \sqrt{-1}\int_C a_2(x, y)\mathrm{d}x + b_2(x, y)\mathrm{d}y,$$

右式的两个积分就是多变量微积分中的(第二类)曲线积分.

若 D 是 U 中的一个有界区域,$\sigma \in A^2(U)$. 则 $\iint_D \sigma$ 也同样是有意义的.

U 上所有的微分形式合在一起形成了一个外代数

$$A(U) = A^0(U) \oplus A^1(U) \oplus A^2(U),$$

其中 $A^0(U) = C^\infty(U)$. 有唯一的一个映射 $\mathrm{d}:A(U) \to A(U)$ 满足如下条件：

(1) d 是 $\mathbb{C}$-线性映射；

(2) $\mathrm{d}\circ\mathrm{d}=0$；

(3) $\mathrm{d}(f) = \dfrac{\partial f}{\partial x}\mathrm{d}x + \dfrac{\partial f}{\partial y}\mathrm{d}y$ 对所有 $f \in A^0(U)$ 成立,即 $\mathrm{d}:A^0(U) \to A^1(U)$ 是

通常的全微分；

(4) $\mathrm{d}(\sigma) = 0$ 对所有 $\sigma \in A^2(U)$；

(5) $\mathrm{d}(A^1(U)) \subseteq A^2(U)$；

(6) $\mathrm{d}(f\eta) = \mathrm{d}(f) \wedge \eta + f\mathrm{d}\eta$ 对所有 $f \in A^0(U)$，$\eta \in A^1(U)$ 成立.

映射 d 称为**微分算子**,它有一个分解式

$$\mathrm{d} = \partial + \bar{\partial},$$

其中∂和$\bar{\partial}$分别把 $A^0(U)$ 映入 $A^{(1, 0)}(U)$ 和 $A^{(1, 0)}(U)$,即对 $f \in A^0(U)$,有

$$\partial(f) = \frac{\partial f}{\partial z}\mathrm{d}z,$$

$$\bar{\partial}(f) = \frac{\partial f}{\partial \bar{z}}\mathrm{d}\bar{z},$$

并且

$$\partial(f\mathrm{d}z + g\mathrm{d}\bar{z}) = \frac{\partial g}{\partial z}\mathrm{d}z \wedge \mathrm{d}\bar{z},$$

$$\bar{\partial}(f\mathrm{d}z + g\mathrm{d}\bar{z}) = -\frac{\partial f}{\partial \bar{z}}\mathrm{d}z \wedge \mathrm{d}\bar{z}$$

对任意 $f\mathrm{d}z + g\mathrm{d}\bar{z} \in A^1(U)$ 成立.

$\bar{\partial}$ 算子比 ∂ 更有用.

引理 1. 2. 6(Cauchy 积分公式).　设 D 为 $\mathbb{C}$ 中的一个开圆盘, ∂D 为 D 的边界, $f \in C^{\infty}(\overline{D})$. 即 $f(z)$ 在 D 中任意次可导, 在 $D \bigcup \partial D$ 上连续, 则对于任何 $z \in D$, 都有

$$f(z) = \frac{1}{2\pi \sqrt{-1}} \left(\int_{\partial D} \frac{f(w) \mathrm{d}w}{w - z} + \iint_{D} \frac{\partial f(w)}{\partial \overline{w}} \frac{\mathrm{d}w \wedge \mathrm{d}\overline{w}}{w - z} \right).$$

证　记 D_{ε} 为以 z 为圆心、以 ε 为半径的闭圆盘, 取 ε 为一个足够小的正数使 D_{ε} 包含在 D 的内部. 令 $U = D - D_{\varepsilon}$.

暂时把 z 当作常数, 把 w 当作变量, 令

$$\eta = \frac{1}{2\pi \sqrt{-1}} \frac{f(w) \mathrm{d}w}{w - z} \in A^{1}(U),$$

则

$$\mathrm{d}\eta = -\frac{1}{2\pi \sqrt{-1}} \frac{\partial f(w)}{\partial \overline{w}} \frac{\mathrm{d}w \wedge \mathrm{d}\overline{w}}{w - z}.$$

令 ∂D 和 ∂D_{ε} 分别为 D 和 D_{ε} 的边界, 方向都取逆时针. Stokes 定理告诉我们

$$\int_{\partial D} \eta - \int_{\partial D_{\varepsilon}} \eta = \iint_{U} \mathrm{d}\eta = \iint_{D} \mathrm{d}\eta - \iint_{D_{\varepsilon}} \mathrm{d}\eta. \tag{1.3}$$

我们现在计算 $\lim_{\varepsilon \to 0} \int_{\partial D_{\varepsilon}} \eta$ 和 $\lim_{\varepsilon \to 0} \iint_{D_{\varepsilon}} \mathrm{d}\eta$.

取极坐标 $w - z = r \mathrm{e}^{i\theta}$. 得

$$\int_{\partial D_{\varepsilon}} \eta = \frac{1}{2\pi} \int_{0}^{2\pi} f(z + \varepsilon \mathrm{e}^{i\theta}) \mathrm{d}\theta,$$

当 ε 趋于零时它趋于 $f(z)$. 因此

$$\lim_{\varepsilon \to 0} \int_{\partial D_{\varepsilon}} \eta = f(z).$$

另一方面,

$$\mathrm{d}w \wedge \mathrm{d}\overline{w} = -2\sqrt{-1} \mathrm{d}x \wedge \mathrm{d}y = -2\sqrt{-1} r \mathrm{d}r \wedge \mathrm{d}\theta,$$

因此

$$\frac{\partial f(w)}{\partial \overline{w}} \frac{\mathrm{d}w \wedge \mathrm{d}\overline{w}}{w - z} = -2\sqrt{-1} \frac{\partial f}{\partial \overline{w}} \mathrm{e}^{-i\theta} \mathrm{d}r \wedge \mathrm{d}\theta,$$

它在 D_ϵ 上的积分是一个收敛的广义积分,并且

$$\lim_{\epsilon \to 0} \iint_{D_\epsilon} \mathrm{d}\eta = 0.$$

在(1.3)式中取极限即得所需公式. □

注 1. 当 $f(z)$ 是解析函数时,二重积分等于零,公式就还原成通常的 Cauchy 积分公式.

定理 1. 2. 7($\bar{\partial}$-Poincaré). 设 D_1,D_2 为 $\mathbb{C}$ 中的两个具有相同圆心的开圆盘,D_1 的半径大于 D_2 的半径,$g \in C^\infty(D_1)$,则存在 $f \in C^\infty(D_2)$,使

$$\frac{\partial f(z)}{\partial \bar{z}} = g(z)$$

对所有 $z \in D_2$ 成立.

证 取 $t(z) \in C^\infty(\mathbb{C})$ 满足 $t(z) = 1 \,\forall\, z \in D_2$,$t(z) = 0 \,\forall\, z \in \mathbb{C} - D_1$. 令

$$g_1(z) = \begin{cases} t(z)g(z), & z \in D_1, \\ 0, & z \notin D_1, \end{cases}$$

则 $g_1(z) \in C^\infty(\mathbb{C})$. 令

$$f(z) = \frac{1}{2\pi\sqrt{-1}} \int_{\mathbb{C}} \frac{g_1(w)\mathrm{d}w \wedge \mathrm{d}\bar{w}}{w - z}.$$

通过变量代换 $w = z + re^{i\theta}$ 得

$$f(z) = -\frac{1}{\pi} \int_{\mathbb{C}} g_1(z + re^{i\theta}) e^{-i\theta} \mathrm{d}r \wedge \mathrm{d}\theta.$$

于是

$$\begin{aligned}
\frac{\partial f(z)}{\partial \bar{z}} &= -\frac{1}{\pi} \int_{\mathbb{C}} \frac{\partial g_1(z + re^{i\theta})}{\partial \bar{z}} e^{-i\theta} \mathrm{d}r \wedge \mathrm{d}\theta \\
&= \frac{1}{2\pi\sqrt{-1}} \int_{\mathbb{C}} \frac{\partial g_1(u + z)}{\partial \bar{z}} \frac{\mathrm{d}u \wedge \mathrm{d}\bar{u}}{u} \\
&= \frac{1}{2\pi\sqrt{-1}} \int_{D_1} \frac{\partial g_1(w)}{\partial \bar{w}} \frac{\mathrm{d}w \wedge \mathrm{d}\bar{w}}{w - z} \\
&= g_1(z).
\end{aligned}$$

上面最后一个等式从 Cauchy 积分公式得到. 于是

$$\frac{\partial f(z)}{\partial \bar{z}} = g(z)$$

对所有 $z \in D_2$ 成立.　□

系 1.2.8.　设 D_1, D_2 为 $\mathbb{C}$ 中的两个具有相同圆心的开圆盘, D_1 的半径大于 D_2 的半径, $g\mathrm{d}\bar{z} \in A^{(0,1)}(D_1)$, 则存在 $f \in C^{\infty}(D_2)$, 使

$$\bar{\partial} f = g\mathrm{d}\bar{z}$$

在 D_2 上成立.

系 1.2.9(d-Poincaré).　设 D_1, D_2 为 $\mathbb{C}$ 中的两个具有相同圆心的开圆盘, D_1 的半径大于 D_2 的半径, ω 是 D_1 上的微分 1-形式, 满足 $\mathrm{d}\omega = 0$, 则存在 $f \in C^{\infty}(D_2)$, 使 $\omega = \mathrm{d}f$ 在 D_2 上成立.

证　设 $\omega = a(z)\mathrm{d}z + b(z)\mathrm{d}\bar{z}$. 由 $\mathrm{d}\omega = 0$ 推出

$$\frac{\partial a}{\partial \bar{z}} = \frac{\partial b}{\partial z}. \tag{1.4}$$

根据定理 1.2.7, 存在 $g(z) \in C^{\infty}(D_2)$, 使

$$\frac{\partial g}{\partial \bar{z}} = b(z)$$

在 D_2 上成立. 由(1.4)式得

$$\frac{\partial^2 g}{\partial z \partial \bar{z}} = \frac{\partial a}{\partial \bar{z}}.$$

因此

$$\frac{\partial g}{\partial z} - a(z)$$

是 D_2 上的全纯函数. 于是存在 D_2 上的全纯函数 $h(z)$, 使

$$\frac{\partial h}{\partial z} = \frac{\partial g}{\partial z} - a(z).$$

令 $f(z) = g(z) - h(z)$, 则

$$\mathrm{d}f = \frac{\partial f}{\partial z}\mathrm{d}z + \frac{\partial f}{\partial \bar{z}}\mathrm{d}\bar{z} = a(z)\mathrm{d}z + b(z)\mathrm{d}\bar{z}. \quad \square$$

复平面 $\mathbb{C}$ 的一个开区域 U 上的复值函数 f 称为平方可积的, 若 Lebesgue 积分 $\iint_U |f(x+\mathrm{i}y)|^2 \mathrm{d}x\mathrm{d}y$ 存在. 函数 f 的范数定义为

$$\| f \| = \left(\iint_U | f(x+iy) |^2 dxdy \right)^{1/2}.$$

两个平方可积函数 f, g 的内积 $\langle f, g \rangle$ 定义为

$$\iint_U f \bar{g} dxdy.$$

U 上的平方可积函数全体记作 $L^2(U)$，在泛函分析中知道它是一个 Hilbert 空间. 令 $L^2_{hol}(U)$ 为 $L^2(U)$ 中的全纯函数构成的子空间.

记 $B(a, r)$ 为复平面上以点 a 为中心 r 为半径的开圆盘，利用极坐标算得

$$\iint_{B(a, r)} (z-a)^n \overline{(z-a)^m} dxdy = \begin{cases} 0, & \text{若 } m \neq n, \\ \dfrac{\pi r^{2n+2}}{n+1}, & \text{若 } m = n. \end{cases}$$

令

$$g_n = \frac{\sqrt{n+1}}{r^{n+1} \sqrt{\pi}} (z-a)^n,$$

则

$$\langle g_n, g_m \rangle = \begin{cases} 1, & n = m, \\ 0, & n \neq m. \end{cases}$$

定理 1.2.10. $L^2_{hol}(B(a, r))$ 是 $L^2(B(a, r))$ 的闭子空间，以 $\{g_n\}_{n \geq 0}$ 为一组标准正交基.

证 令 V 是 $L^2(B(a, r))$ 的包含 $\{g_n\}_{n \geq 0}$ 的最小闭子空间. 须证 $V = L^2_{hol}(B(a, r))$.

设 $f \in V$，则

$$f = \sum_{n=0}^{\infty} c_n g_n,$$

其中 $c_0, c_1, c_2, \cdots \in \mathbb{C}$ 满足 $\sum_{n=0}^{\infty} | c_n |^2 < \infty$. 特别有 $\lim_{n \to \infty} c_n = 0$. 由于

$$\overline{\lim}_{n \to \infty} \sqrt[n]{\frac{\sqrt{n+1} | c_n |}{r^{n+1} \sqrt{\pi}}} \leqslant \overline{\lim}_{n \to \infty} \sqrt[n]{\frac{\sqrt{n+1}}{r^{n+1} \sqrt{\pi}}} = \frac{1}{r},$$

幂级数

$$\sum_{n=0}^{\infty} c_n g_n = \sum_{n=0}^{\infty} c_n \frac{\sqrt{n+1}}{r^{n+1} \sqrt{\pi}} (z-a)^n$$

的收敛半径不小于 r，因此 f 是 $B(a, r)$ 上的全纯函数，即 $f \in L_{\mathrm{hol}}^2(B(a, r))$．这证明了 $V \subseteq L_{\mathrm{hol}}^2(B(a, r))$．

反之，设 $f \in L_{\mathrm{hol}}^2(B(a, r))$．由于 f 在 $B(a, r)$ 上全纯，它可展开成 a 处的幂级数，从而可以表示为

$$f = \sum_{n=0}^{\infty} c_n g_n.$$

对任意自然数 N，令 $r_N = \sum_{n=N+1}^{\infty} c_n g_n$，则

$$\langle r_N, g_N \rangle = \langle r_{N+1}, g_N \rangle = \langle r_{N+2}, g_N \rangle = \cdots.$$

我们来证明

$$\langle r_N, g_N \rangle = 0$$

对任意自然数 N 都成立．为此只要证明

$$|\langle r_N, g_N \rangle|^2 < \varepsilon$$

对任意 $\varepsilon > 0$ 都成立就可以了．

取 $0 < r' < r$，使

$$\iint_{B(a, r) - B(a, r')} |f|^2 \mathrm{d}x\mathrm{d}y < \frac{\varepsilon}{12}$$

和

$$\iint_{B(a, r) - B(a, r')} \left| \sum_{n=0}^{N} c_n g_n \right|^2 \mathrm{d}x\mathrm{d}y < \frac{\varepsilon}{12}$$

都成立．由于无穷级数在 $B(a, r')$ 上一致收敛于 f，因此存在 $M > N$，使

$$\iint_{B(a, r')} \left| f - \sum_{n=0}^{M} c_n g_n \right|^2 \mathrm{d}x\mathrm{d}y < \frac{\varepsilon}{6}.$$

于是

$$
\begin{aligned}
|\langle r_M, g_N \rangle|^2 &= \left| \iint_{B(a, r)} r_N \bar{g}_N \mathrm{d}x\mathrm{d}y \right|^2 \\
&= \left| \iint_{B(a, r')} r_N \bar{g}_N \mathrm{d}x\mathrm{d}y + \iint_{B(a, r) - B(a, r')} r_N \bar{g}_N \mathrm{d}x\mathrm{d}y \right|^2 \\
&\leqslant 2 \left| \iint_{B(a, r')} r_M \bar{g}_N \mathrm{d}x\mathrm{d}y \right|^2 + 2 \left| \iint_{B(a, r) - B(a, r')} r_N \bar{g}_N \mathrm{d}x\mathrm{d}y \right|^2
\end{aligned}
$$

$$\leqslant 2\iint_{B(a,\,r')} \mid r_M \mid^2 \mathrm{d}x\mathrm{d}y \cdot \iint_{B(a,\,r')} \mid \bar{g}_N \mid^2 \mathrm{d}x\mathrm{d}y$$

$$+2\iint_{B(a,\,r)-B(a,\,r')} \Big| f-\sum_{n=0}^{N} c_n g_n \Big|^2 \mathrm{d}x\mathrm{d}y \cdot \iint_{B(a,\,r)-B(a,\,r')} \mid \bar{g}_N \mid^2 \mathrm{d}x\mathrm{d}y$$

$$\leqslant 2\iint_{B(a,\,r')} \mid r_M \mid^2 \mathrm{d}x\mathrm{d}y \cdot \iint_{B(a,\,r')} \mid \bar{g}_N \mid^2 \mathrm{d}x\mathrm{d}y$$

$$+4\Big(\iint_{B(a,\,r)-B(a,\,r')} \mid f \mid^2 \mathrm{d}x\mathrm{d}y + \iint_{B(a,\,r)-B(a,\,r')} \Big| \sum_{n=0}^{N} c_n g_n \Big|^2 \mathrm{d}x\mathrm{d}y\Big)$$

$$\cdot \iint_{B(a,\,r)-B(a,\,r')} \mid \bar{g}_N \mid^2 \mathrm{d}x\mathrm{d}y$$

$$\leqslant \varepsilon \iint_{B(a,\,r)} \mid \bar{g}_N \mid^2 \mathrm{d}x\mathrm{d}y = \varepsilon.$$

因此

$$\mid \langle r_M,\, g_N \rangle \mid^2 = 0$$

对任意 $M \geqslant N$ 都成立. 由此推得

$$\langle f,\, f \rangle = \sum_{n=0}^{N} \mid c_n \mid^2 + \langle r_N,\, r_N \rangle \geqslant \sum_{n=0}^{N} \mid c_n \mid^2$$

对任意 N 成立. 所以

$$\sum_{n=0}^{\infty} \mid c_n \mid^2$$

收敛. 这意味着 $f \in V$. $\quad\square$

引理 1.2.11. 设 E, D 为复平面上的两个同心开圆盘, E 的半径小于 D 的半径, 那么对任意 $\varepsilon > 0$, 都存在 $L_{\mathrm{hol}}^2(D)$ 的闭子空间 A, 满足

(1) A 对于 $L_{\mathrm{hol}}^2(D)$ 的余维数是有限的;

(2) 对任意 $f \in A$ 都有 $\| f \|_{L^2(E)} \leqslant \varepsilon \| f \|_{L^2(D)}$.

证 设 a 为 D 的圆心. 由上面的讨论, $\{(z-a)^n\}_{n \geqslant 0}$ 是 Hilbert 空间 $L_{\mathrm{hol}}^2(D)$ 和 $L_{\mathrm{hol}}^2(E)$ 共同的正交基. 设 r 和 r' 分别为 D 和 E 的半径. 若 $f(z) \in L_{\mathrm{hol}}^2(D)$, 则

$$f(z) = c_0 + c_1(z-a) + c_2(z-a)^2 + \cdots.$$

于是

$$\| f(z) \|_{L^2(D)}^2 = \sum_{n=0}^{\infty} \frac{\pi r^{2n+2}}{n+1} \mid c_n \mid^2,$$

$$\| f(z) \|_{L^2(E)}^2 = \sum_{n=0}^{\infty} \frac{\pi r'^{2n+2}}{n+1} \mid c_n \mid^2.$$

设 $c_N \neq 0$ 且 $c_0 = \cdots = c_{N-1} = 0$, 则

$$\frac{\| f(z) \|_{L^2(E)}^2}{\| f(z) \|_{L^2(D)}^2} \leqslant \left(\frac{r'}{r} \right)^{2N+2}.$$

取 N 充分大, 使

$$\left(\frac{r'}{r} \right)^{2N+2} < \varepsilon^2.$$

令 A 为包含 $\{(z-a)^n\}_{n>N}$ 的最小子空间, 则 A 满足所需满足的两个条件.　□

引理 1.2.12.　设 X 和 Y 是 Banach 空间, $f : X \to Y$ 是满的有界线性映射, 则存在常数 $C > 0$, 使对每个非零的 $y \in Y$, 都存在 $x \in f^{-1}(y)$, 满足 $\| x \| < C \| y \|$.

证　假如引理非真, 则存在 Y 中的非零点列 $y_1, y_2, \cdots$, 使

$$\inf \{ \| x \| \mid x \in f^{-1}(y_n) \} > n \| y_n \|$$

对所有 n 成立. 由于 y_n 可被 λy_n 取代, 其中 λ 是任意非零实数, 因此可设 $\| y_n \| = 1/n$.

令 $U = \{ x \in X \mid \| x \| < 1 \}$, 则 U 是 X 的开子集. 根据有界线性算子的开映照原理 ([25], p. 197) $f(U)$ 是 Y 的开子集, 故 $Y - f(U)$ 是 Y 的闭子集. 由于 $y_n \in Y - f(U)$ 对所有 n 成立, 因此 $0 = \lim_n y_n \in Y - f(U)$. 形成矛盾.　□

对紧 Riemann 面 X 的任何一个开子集 U, 记 $\mathcal{O}(U)$ 为 U 上全纯函数全体形成的 (加法) 群. 为避免记号过于繁复, 作如下规定: 如果一个函数由数个具有各自不同的定义域的函数组合而成, 则该函数的定义域是组成它的函数的定义域的交. 例如, 若 $f \in \mathcal{O}(U)$, $g \in \mathcal{O}(V)$, 则 $f - g \in \mathcal{O}(U \cap V)$.

设 $\mathfrak{U} = \{ U_1, \cdots, U_n \}$ 是 X 的一个有限开覆盖, 令 $C^0(\mathfrak{U}) = \prod_{i=1}^{n} \mathcal{O}(U_i)$, $C^1(\mathfrak{U}) = \prod_{1 \leqslant i < j \leqslant n} \mathcal{O}(U_i \cap U_j)$, 它们是一些 Abel 群的直积. 令

$$\delta : C^0(\mathfrak{U}) \to C^1(\mathfrak{U}), \{ f_i \}_{1 \leqslant i \leqslant n} \mapsto \{ f_j - f_i \}_{1 \leqslant i < j \leqslant n},$$
$$B^1(\mathfrak{U}) = \mathrm{Im}(\delta),$$
$$Z^1(\mathfrak{U}) = \{ \{ f_{ij} \} \in C^1(\mathfrak{U}) \mid f_{ij} + f_{jk} - f_{ik} = 0 \; \forall 1 \leqslant i < j < k \leqslant n \}.$$

易见 $B^1(\mathfrak{U}) \subseteq Z^1(\mathfrak{U})$.

在上面定义中把全纯函数换成 C^∞ 函数对应的群分别记作 $C^0(\mathfrak{U}, C^\infty)$, $C^1(\mathfrak{U}, C^\infty)$, $B^1(\mathfrak{U}, C^\infty)$, $Z^1(\mathfrak{U}, C^\infty)$.

引理 1. 2. 13. $B^1(\mathfrak{U}, C^\infty) = Z^1(\mathfrak{U}, C^\infty)$.

证 设 $\{f_{ij}\} \in Z^1(\mathfrak{U}, C^\infty)$. 根据单位分解定理(见[5], p. 51),对每个 i,存在 $\psi_i \in C^\infty(X)$,使 $\psi_i(x) = 0 \forall x \notin U_i$ 对于每个 $1 \leqslant i \leqslant n$ 成立,且 $\sum_{i=1}^n \psi_i(x) = 1 \forall x \in X$. 对于任何 $j < i$, 若 $x \in U_i - U_j$,则规定 $\psi_j(x) f_{ji}(x)$ 在 x 的函数值为 0. 这样使得 $\psi_j(x) f_{ji}(x)$ 在整个 U_i 上有定义. 当 $i < k$ 时,$\psi_k(x) f_{ik}(x)$ 同样是 U_i 上的 C^∞ 函数. 令

$$q_i(x) = \sum_{1 \leqslant j < i} \psi_j(x) f_{ji}(x) - \sum_{i < k \leqslant n} \psi_k(x) f_{ik}(x),$$

则 $q_i \in C^\infty(U_i)$ 且 $q_{i'} - q_i = f_{ii'}$ 对 $1 \leqslant i < i' \leqslant n$ 成立. $\quad\square$

设 $\mathfrak{B} = \{V_1, \cdots, V_n\}$ 是紧 Riemann 面 X 的另一个有限开覆盖,对每个 i 都有 $V_i \subseteq U_i$,则有自然的同态 $\rho_{\mathfrak{U}\mathfrak{B}} : C^0(\mathfrak{U}) \to C^0(\mathfrak{B})$ 和 $\rho_{\mathfrak{U}\mathfrak{B}} : C^1(\mathfrak{U}) \to C^1(\mathfrak{B})$,满足 $\rho_{\mathfrak{U}\mathfrak{B}}(Z^1(\mathfrak{U})) \subseteq Z^1(\mathfrak{B})$ 及 $\rho_{\mathfrak{U}\mathfrak{B}}(B^1(\mathfrak{U})) \subseteq B^1(\mathfrak{B})$.

1.2.2 紧 Riemann 面上的微分形式

设 U 是复平面 $\mathbb{C}$ 中的一个开区域. 我们先讨论 U 上的一个微分形式在不同坐标下的表达式之间的关系.

设 z, z' 是两个不同的坐标, $z' = \phi(z)$, 则 ϕ 是一个一一映射,称为坐标变换函数,我们总假定它是 C^∞-的,在多数情况下它是全纯的.

微分形式的坐标变换公式是

$$u\,\mathrm{d}x' + v\,\mathrm{d}y' = (u, v)\begin{pmatrix} \mathrm{d}x' \\ \mathrm{d}y' \end{pmatrix}$$

$$= (u, v)\begin{pmatrix} \dfrac{\partial x'}{\partial x} & \dfrac{\partial x'}{\partial y} \\ \dfrac{\partial y'}{\partial x} & \dfrac{\partial y'}{\partial y} \end{pmatrix}\begin{pmatrix} \mathrm{d}x \\ \mathrm{d}y \end{pmatrix}$$

$$= \left(u\dfrac{\partial x'}{\partial x} + v\dfrac{\partial y'}{\partial x}\right)\mathrm{d}x + \left(u\dfrac{\partial x'}{\partial y} + v\dfrac{\partial y'}{\partial y}\right)\mathrm{d}y.$$

设 U 上的微分形式 ω 表示为 $A(z')\mathrm{d}z' + B(z')\mathrm{d}\bar{z}'$, 则

$$A(z')\mathrm{d}z' + B(z')\mathrm{d}\bar{z}' = A(z')(\mathrm{d}x' + \mathrm{i}\mathrm{d}y') + B(z')(\mathrm{d}x' - \mathrm{i}\mathrm{d}y')$$

$$= (A(z') + B(z'), \mathrm{i}(A(z') - B(z')))\begin{pmatrix} \mathrm{d}x' \\ \mathrm{d}y' \end{pmatrix}$$

$$= (A(z') + B(z'), \mathrm{i}(A(z') - B(z')))\begin{pmatrix} \dfrac{\partial x'}{\partial x} & \dfrac{\partial x'}{\partial y} \\ \dfrac{\partial y'}{\partial x} & \dfrac{\partial y'}{\partial y} \end{pmatrix}\begin{pmatrix} \mathrm{d}x \\ \mathrm{d}y \end{pmatrix}$$

$$= (A(z'),\, B(z')) \begin{pmatrix} 1 & i \\ 1 & -i \end{pmatrix} \begin{bmatrix} \dfrac{\partial x'}{\partial x} & \dfrac{\partial x'}{\partial y} \\ \dfrac{\partial y'}{\partial x} & \dfrac{\partial y'}{\partial y} \end{bmatrix} \begin{pmatrix} 1 & i \\ 1 & -i \end{pmatrix}^{-1} \begin{pmatrix} \mathrm{d}z \\ \mathrm{d}\bar{z} \end{pmatrix}$$

$$= \frac{1}{2}(A(z'),\, B(z')) \begin{pmatrix} a_{11} & a_{12} \\ a_{21} & a_{22} \end{pmatrix} \begin{pmatrix} \mathrm{d}z \\ \mathrm{d}\bar{z} \end{pmatrix},$$

其中

$$a_{11} = \left(\frac{\partial x'}{\partial x} + \frac{\partial y'}{\partial y}\right) + i\left(\frac{\partial y'}{\partial x} - \frac{\partial x'}{\partial y}\right),$$

$$a_{12} = \left(\frac{\partial x'}{\partial x} - \frac{\partial y'}{\partial y}\right) + i\left(\frac{\partial y'}{\partial x} + \frac{\partial x'}{\partial y}\right),$$

$$a_{21} = \left(\frac{\partial x'}{\partial x} - \frac{\partial y'}{\partial y}\right) - i\left(\frac{\partial y'}{\partial x} + \frac{\partial x'}{\partial y}\right),$$

$$a_{22} = \left(\frac{\partial x'}{\partial x} + \frac{\partial y'}{\partial y}\right) - i\left(\frac{\partial y'}{\partial x} - \frac{\partial x'}{\partial y}\right).$$

特别地,当坐标变换函数 $z' = \phi(z)$ 全纯时,有

$$a_{12} = a_{21} = 0,\ a_{11} = 2\frac{\mathrm{d}\phi(z)}{\mathrm{d}z},\ a_{22} = 2\overline{\left(\frac{\mathrm{d}\phi(z)}{\mathrm{d}z}\right)}.$$

因此

$$A(z')\mathrm{d}z' = A(\phi(z))\frac{\mathrm{d}\phi(z)}{\mathrm{d}z}\mathrm{d}z,\ B(z')\mathrm{d}\bar{z}' = B(\phi(z))\left(\overline{\frac{\mathrm{d}\phi(z)}{\mathrm{d}z}}\right)\mathrm{d}\bar{z}.$$

$$(1.5)$$

引理 1.2.14.　设 ω 是紧 Riemann 面 X 上的一个微分形式,则有唯一的分解式

$$\omega = \omega_1 + \omega_2,$$

其中 ω_1 和 ω_2 在 X 的任意局部坐标下都分别是 $(1, 0)$-形式和 $(0, 1)$-形式.

　　证　设 $X = \bigcup_i U_i$ 是 X 的一个坐标开覆盖,设 z_i 是 U_i 上的坐标,则

$$\omega\,|_{U_i} = a_i(z_i)\mathrm{d}z_i + b_i(z_i)\mathrm{d}\bar{z}_i.$$

由于所有的坐标变换函数是全纯函数,由 (1.5) 式得知 $\{a_i(z_i)\mathrm{d}z_i\}_i$ 和 $\{b_i(z_i)\mathrm{d}\bar{z}_i\}_i$ 分别给出形式 ω_1 和 ω_2 满足所需条件.　□

　　微分 2-形式的坐标变换也很容易计算.

$$dz' \wedge d\bar{z}' = (dx' + idy') \wedge (dx' - idy')$$
$$= -2idx' \wedge dy'$$
$$= -2iJdx \wedge dy$$
$$= Jdz \wedge d\bar{z},$$

其中

$$J = \begin{vmatrix} \dfrac{\partial x'}{\partial x} & \dfrac{\partial x'}{\partial y} \\ \dfrac{\partial y'}{\partial x} & \dfrac{\partial y'}{\partial y} \end{vmatrix}.$$

当坐标变换函数 $z' = \phi(z)$ 全纯时,有

$$J = \frac{d\phi(z)}{dz} \overline{\left(\frac{d\phi(z)}{dz}\right)}.$$

引理 1.2.15. 设 $w = g(z')$, $z' = \phi(z)$ 是 C^∞ 函数,则

$$\frac{\partial w}{\partial \bar{z}} = \frac{\partial w}{\partial z'} \frac{\partial z'}{\partial \bar{z}} + \frac{\partial w}{\partial \bar{z}'} \frac{\partial \bar{z}'}{\partial \bar{z}}.$$

证 记 $z' = u + iv$, $z = x + iy$. 由复合二元函数的求导法则,得

$$\frac{\partial w}{\partial x} = \frac{\partial w}{\partial u} \frac{\partial u}{\partial x} + \frac{\partial w}{\partial v} \frac{\partial v}{\partial x},$$
$$\frac{\partial w}{\partial y} = \frac{\partial w}{\partial u} \frac{\partial u}{\partial y} + \frac{\partial w}{\partial v} \frac{\partial v}{\partial y}.$$

由此得

$$\frac{\partial w}{\partial \bar{z}} = \frac{\partial w}{\partial u} \frac{\partial u}{\partial \bar{z}} + \frac{\partial w}{\partial v} \frac{\partial v}{\partial \bar{z}}. \tag{1.6}$$

将

$$\frac{\partial w}{\partial u} = \frac{\partial w}{\partial z'} + \frac{\partial w}{\partial \bar{z}'}, \quad \frac{\partial w}{\partial v} = i\left(\frac{\partial w}{\partial z'} - \frac{\partial w}{\partial \bar{z}'}\right)$$

及

$$\frac{\partial u}{\partial \bar{z}} = \frac{1}{2}\left(\frac{\partial z'}{\partial \bar{z}} + \frac{\partial \bar{z}'}{\partial \bar{z}}\right), \quad \frac{\partial v}{\partial \bar{z}} = \frac{1}{2i}\left(\frac{\partial z'}{\partial \bar{z}} - \frac{\partial \bar{z}'}{\partial \bar{z}}\right)$$

代入(1.6)式后化简即可. □

引理 1.2.16. 当坐标变换函数 $z' = \phi(z)$ 全纯时,算子

$$\overline{\partial}(f(z)\mathrm{d}z) = -\frac{\partial f}{\partial \bar{z}}\mathrm{d}z \wedge \mathrm{d}\bar{z}$$

与坐标 z 的选取无关.

证　根据(1.5)式和引理 1.2.15 有

$$\overline{\partial}(f(z')\mathrm{d}z') = \overline{\partial}\left(f(z')\,\frac{\mathrm{d}\phi(z)}{\mathrm{d}z}\mathrm{d}z\right)$$

$$= -\frac{\partial f}{\partial \bar{z}'}\frac{\partial \bar{z}'}{\partial \bar{z}}\frac{\mathrm{d}\phi(z)}{\mathrm{d}z}\mathrm{d}z \wedge \mathrm{d}\bar{z}$$

$$= -\frac{\partial f}{\partial \bar{z}'}\frac{\mathrm{d}\phi(z)}{\mathrm{d}z}\overline{\left(\frac{\mathrm{d}\phi(z)}{\mathrm{d}z}\right)}\mathrm{d}z \wedge \mathrm{d}\bar{z}$$

$$= -\frac{\partial f}{\partial \bar{z}'}\mathrm{d}z' \wedge \mathrm{d}\bar{z}'. \quad \square$$

根据这个引理, 对紧 Riemann 面上的微分 1-形式 ω, 可以定义 2-形式 $\overline{\partial}\omega$.

1.2.3　定理 1.2.1 的证明

由于证明比较长, 记号也比较复杂, 先叙述证明的思想.

从系 1.1.2 我们已经知道不可能在紧 Riemann 面 X 上找到非平凡的全纯函数, 所以如果有非平凡的亚纯函数, 则一定有极点.

如果 X 很简单, 比如说是 Riemann 球面 $\mathbb{C} \cup \{\infty\}$, 则 z^{-k} 就是一个亚纯函数, 它在 0 有一个 k 阶极点, 在 ∞ 有一个 k 阶零点.

对于一般的紧 Riemann 面 X, 总可以有一个开子集 U_1, 全纯同构于 $\mathbb{C}$ 中的一个开圆盘. 在 U_1 上的随便一个 Laurent 多项式

$$c_1 z^{-1} + c_2 z^{-2} + \cdots + c_N z^{-N}$$

都是 U_1 上的一个亚纯函数, 要是它能解析延拓到整个 X 上就好了. 更确切地讲, 设 V 是 X 的一个不包含圆盘 U_1 的圆心的开子集, 并且 $X = U_1 \cup V$, 我们希望找到一个 $f \in \mathcal{O}(V)$ 和 $h \in \mathcal{O}(U_1)$, 使 $c_1 z^{-1} + c_2 z^{-2} + \cdots + c_N z^{-N} - f$ 与 h 在 $U_1 \cap V$ 上相等. 但是这件事情没有那么容易做到.

首先碰到的问题是与 U_1 不同的是在 V 上不一定有坐标. 自然需要将 V 分割成一些有坐标的小块, 即 $V = \bigcup_{i=2}^{n} U_i$, 其中每个 U_i 都是一个开子集, 全纯同构于 $\mathbb{C}$ 中的一个开圆盘.

对每个自然数 k, 在每个 U_i 上找一个全纯函数 $\eta_i^{(k)}$, 使

$$\sigma_i^{(k)} = \eta_i^{(k)} - \eta^{(k)} - z^{-k}$$

是 $U_1 \cap U_i$ 上的平方可积函数, 并且对 $2 \leqslant i < j \leqslant n$,

$$\sigma_{ij}^{(k)} = \eta_j^{(k)} - \eta_i^{(k)}$$

是 $U_i \bigcap U_j$ 上的平方可积函数.

然后证明存在充分大的 N 和不全为零的常数 $c_1, \cdots, c_N$, 使

$$c_1 \sigma_{ij}^{(1)} + \cdots + c_N \sigma_{ij}^{(N)} = 0$$

对所有 $1 \leqslant i < j \leqslant n$ 成立. 于是

$$\{c_1 \eta_i^{(1)} + \cdots + c_N \eta_i^{(N)}\}_{2 \leqslant i \leqslant n}$$

给出了 V 上的一个全纯函数, 它与 $c_1 z^{-1} + c_2 z^{-2} + \cdots + c_N z^{-N}$ 在 $U \bigcap V$ 上只相差一个全纯函数.

下面我们把详细的证明分成若干步骤:

(1) 任取 X 上的一点 x_1. 对每一点 $x \in X$, 取 x 的一个开邻域 U_x 及坐标函数 $z_x : U_x \to \mathbb{C}$, 使 $z_x(U_x) = B(0, r_x)$ 是一个开圆盘且对每个 $x \neq x_1$ 都有 $x_1 \notin U_x$. 令

$$V_x = z_x^{-1}(B(0, 3r_x/4)), \quad W_x = z_x^{-1}(B(0, r_x/2)), \quad T_x = z_x^{-1}(B(0, r_x/4)).$$

存在有限多个不同于 x_1 的点 $x_2, \cdots, x_n$, 使 $X = \bigcup_{i=1}^n T_{x_i}$. 记

$$z_i = z_{x_i}, \ U_i = U_{x_i}, \ V_i = V_{x_i}, \ W_i = W_{x_i}, \ T_i = T_{x_i}.$$

于是 X 有 4 个开覆盖 $\mathfrak{U} = \{U_1, \cdots, U_n\}$, $\mathfrak{B} = \{V_1, \cdots, V_n\}$, $\mathfrak{W} = \{W_1, \cdots, W_n\}$, $\mathfrak{T} = \{T_1, \cdots, T_n\}$. 之所以用这么多的开覆盖是以后步骤中技术上的需要, 主要体现在两个地方: 第一是开集上的全纯函数不一定是平方可积的, 适当缩小区域后就平方可积了; 第二是在引理 1.2.11 的应用中也要缩小区域.

(2) $\xi = \{f_{ij}\}_{1 \leqslant i < j \leqslant n} \in Z^1(\mathfrak{U})$ 称为平方可积的, 若对所有 $1 \leqslant i < j \leqslant n$ 函数 $f_{ij} z_i^{-1} \in L^2(z_i(U_i \bigcap U_j))$ 都是平方可积的. 这时规定 ξ 的范数为

$$\| \xi \|_{L^2(\mathfrak{U})} = \sum_{1 \leqslant i < j \leqslant n} \| f_{ij} z_i^{-1} \|.$$

这些平方可积元素全体记作 $Z_{L^2}^1(\mathfrak{U})$. 此外, $C_{L^2}^0(\mathfrak{U})$, $C_{L^2}^1(\mathfrak{U})$ 也以同样方式定义.

(3) 设 $\xi = \{f_{ij}\}_{1 \leqslant i < j \leqslant n} \in Z_{L^2}^1(\mathfrak{W})$. 由引理 1.2.13, 存在 $(g_1, \cdots, g_n) \in C^0(\mathfrak{W}, C^\infty)$, 使

$$f_{ij} = g_j - g_i$$

对所有 $1 \leqslant i < j \leqslant n$ 成立. 由于 $\bar\partial g_j = \bar\partial g_i$ 在 $W_i \bigcap W_j$ 上成立, 存在 X 上的 $(0,$

1) -形式 ω, 使 $\omega\mid_{w_i} = \bar{\partial} g_i$. 由系 1.2.8, 对每个 i, 存在 $h_i \in C^\infty(V_i)$, 使 $\bar{\partial} h_i = \omega\mid_{V_i}$. 令 $F_{ij} = h_j - h_i$, 则 F_{ij} 是 $V_i \bigcap V_j$ 上的全纯函数, 即 $\zeta = \{F_{ij}\}_{1 \leqslant i < j \leqslant n} \in Z^1(\mathfrak{B})$, 故 $\rho_{\mathfrak{WB}}(\zeta) \in Z^1_{L^2}(\mathfrak{B})$. 令

$$\eta = \{h_i - g_i\}_{1 \leqslant i \leqslant n} \in C^0_{L^2}(\mathfrak{T}),$$

则

$$\rho_{\mathfrak{BT}}(\zeta) = \rho_{\mathfrak{BT}}(\xi) + \delta\eta.$$

(4) 显然 $H = Z^1_{L^2}(\mathfrak{B}) \times Z^1_{L^2}(\mathfrak{B}) \times C^0_{L^2}(\mathfrak{T})$ 是 Hilbert 空间.

$$L = \{(\zeta, \xi, \eta) \in H \mid \rho_{\mathfrak{BT}}(\zeta) = \rho_{\mathfrak{BT}}(\xi) + \delta\eta\}$$

是 H 的闭子空间. 投影映射 $\pi : L \to Z^1_{L^2}(\mathfrak{B})$ 是线性有界算子. 由 (3) 知 π 是满的, 根据引理 1.2.12 存在正的常数 C, 使对任何 $\xi \in Z^1_{L^2}(\mathfrak{B})$, 存在 $(\zeta, \xi, \eta) \in L$, 满足

$$\sqrt{\|\zeta\|^2_{L^2(\mathfrak{B})} + \|\xi\|^2_{L^2(\mathfrak{B})} + \|\eta\|^2_{L^2(\mathfrak{T})}} \leqslant C \|\xi\|_{L^2(\mathfrak{B})}.$$

(5) 取 $\varepsilon = 1/2C$. 由引理 1.2.11 存在 $Z^1_{L^2(\mathfrak{B})}$ 的闭子空间 A, 使 $A^\perp$ 有限维且 $\|\rho_{\mathfrak{WB}}(\zeta)\|_{L^2(\mathfrak{B})} \leqslant \varepsilon \|\zeta\|_{L^2(\mathfrak{B})}$ 对所有 $\zeta \in A$ 成立.

(6) 对任意 $\xi \in Z^1_{L^2}(\mathfrak{B})$, 作正交分解 $\xi = \xi_0 + \sigma_0$, $\xi_0 \in A$, $\sigma_0 \in A^\perp$, 令 $M = \|\xi_0\|_{L^2(\mathfrak{B})}$. 由 (4) 得知存在 $\zeta_0 \in Z^1_{L^2}(\mathfrak{B})$ 及 $\eta_0 \in C^0_{L^2}(\mathfrak{T})$, 使

$$\rho_{\mathfrak{BT}}(\zeta_0) = \rho_{\mathfrak{BT}}(\xi_0) + \delta\eta_0,$$

且

$$\max(\|\zeta_0\|_{L^2(\mathfrak{B})}, \|\eta_0\|_{L^2(\mathfrak{T})}) \leqslant C \|\rho_{\mathfrak{WB}}(\xi_0)\|_{L^2(\mathfrak{B})} \leqslant M/2.$$

再作正交分解 $\zeta_0 = \xi_1 + \sigma_1$, $\xi_1 \in A$, $\sigma_1 \in A^\perp$. 取 $\zeta_1 \in Z^1_{L^2}(\mathfrak{B})$, $\eta_1 \in C^0_{L^2}(\mathfrak{T})$, 使

$$\rho_{\mathfrak{BT}}(\zeta_1) = \rho_{\mathfrak{BT}}(\xi_1) + \delta\eta_1,$$

$$\max(\|\zeta_1\|_{L^2(\mathfrak{B})}, \|\eta_1\|_{L^2(\mathfrak{T})}) \leqslant C \|\rho_{\mathfrak{WB}}(\xi_1)\|_{L^2(\mathfrak{B})} \leqslant C\varepsilon \|\xi_1\|_{L^2(\mathfrak{B})}$$

$$\leqslant \frac{1}{2} \|\zeta_0\|_{L^2(\mathfrak{B})} \leqslant M/4.$$

如此下去, 得元素列 $\xi_0, \xi_1, \cdots \in A$, $\sigma_0, \sigma_1, \cdots \in A^\perp$, $\zeta_0, \zeta_1, \cdots \in Z^1_{L^2}(\mathfrak{B})$, $\eta_0, \eta_1, \cdots \in C^0_{L^2}(\mathfrak{T})$, 使

$$\zeta_i = \xi_{i+1} + \sigma_{i+1}, \tag{1.7}$$

$$\rho_{\mathfrak{B}\mathfrak{X}}(\zeta_i) = \rho_{\mathfrak{B}\mathfrak{X}}(\xi_i) + \delta\eta_i, \tag{1.8}$$

$$\max(\,\|\zeta_i\|_{L^2(\mathfrak{B})},\ \|\eta_i\|_{L^2(\mathfrak{X})}\,) \leqslant C\|\rho_{\mathfrak{B}\mathfrak{X}\mathfrak{B}}(\xi_i)\|_{L^2(\mathfrak{B})} \leqslant M/2^{i+1}.$$

由(1.7)式、(1.8)式推得

$$\rho_{\mathfrak{B}\mathfrak{X}}(\xi_{i+1}) - \rho_{\mathfrak{B}\mathfrak{X}}(\xi_i) = \delta\eta_i - \rho_{\mathfrak{B}\mathfrak{X}}(\sigma_{i+1}).$$

对 i 从 0 到 N 求和,得

$$\rho_{\mathfrak{B}\mathfrak{X}}(\xi_{N+1} - \xi_0) = \sum_{i=0}^{N} \delta\eta_i - \sum_{i=0}^{N} \rho_{\mathfrak{B}\mathfrak{X}}(\sigma_{i+1}).$$

令 $N\to\infty$,得

$$-\rho_{\mathfrak{B}\mathfrak{X}}(\xi_0) = \sum_{i=0}^{\infty} \delta\eta_i - \sum_{i=0}^{\infty} \rho_{\mathfrak{B}\mathfrak{X}}(\sigma_i).$$

$\sum_{i=0}^{\infty}\eta_i$ 的收敛性由 $\|\eta_i\|_{L^2(\mathfrak{X})} \leqslant M/2^{i+1}$ 保证,$\sum_{i=0}^{\infty}\rho_{\mathfrak{B}\mathfrak{X}}(\sigma_{i+1})$ 的收敛性由 $\|\sigma_{i+1}\|_{L^2(\mathfrak{X})} \leqslant \|\zeta_i\|_{L^2(\mathfrak{X})} \leqslant M/2^{i+1}$ 保证. 所以存在 $\sigma \in A^{\perp}$ 及 $\eta \in C_{L^2}^0(\mathfrak{X})$,使

$$\rho_{\mathfrak{B}\mathfrak{X}}(\xi) = \rho_{\mathfrak{B}\mathfrak{X}}(\sigma) + \delta\eta. \tag{1.9}$$

(7) 设 k 是一个正整数,对 $j>1$ 令 $f_{1j}=z_1^{-k}$,对 $1<i<j$ 令 $f_{ij}=0$,则 $\phi^{(k)}=\{f_{ij}\}_{1\leqslant i<j\leqslant n} \in Z^1(\mathfrak{U})$. 令 $\xi^{(k)}=\rho_{\mathfrak{U}\mathfrak{B}}(\phi^{(k)})$,则 $\xi^{(k)} \in Z_{L^2}^1(\mathfrak{B})$. 根据(1.9)式,存在 $\sigma^{(k)} \in A^{\perp}$ 及 $\eta^{(k)} \in C_{L^2}^0(\mathfrak{X})$,使 $\rho_{\mathfrak{B}\mathfrak{X}}(\xi^{(k)})=\rho_{\mathfrak{B}\mathfrak{X}}(\sigma^{(k)})+\delta\eta^{(k)}$. 由于 $A^{\perp}$ 是有限维的,存在充分大的 N 和不全为零的 $c_1,\cdots,c_N$,使 $c_1\sigma^{(1)}+\cdots+c_N\sigma^{(N)}=0$,故

$$\rho_{\mathfrak{B}\mathfrak{X}}(c_1\xi^{(1)}+\cdots+c_N\xi^{(N)}) = \delta\eta,$$

其中 $\eta = c_1\eta^{(1)}+\cdots+c_N\eta^{(N)}$. 设 $\eta = \{f_i\}_{1\leqslant i\leqslant n}$,则对 $1<i<j$,在 $T_i \bigcap T_j$ 上 $f_i=f_j$,因此存在 $\bigcup_{i=2}^n T_i$ 上的全纯函数 f,使 $f\,|_{T_i} = f_i$ 对所有 $i>1$ 成立. 而对任意 $i>1$,在 $T_1 \bigcap T_i$ 上,有

$$c_1 z_1^{-1}+\cdots+c_N z_1^{-N}+f_1 = f_i = f. \qquad \square$$

第 2 章 代数簇

按照惯例,规定所有的环都含有乘法恒等元 1.

2.1 几个代数定理

引理 2.1.1(Nakayama). 设 A 是一个交换环,J 是 A 的 Jacobson 根,即 A 的全体极大理想的交. 设 M 是一个有限生成的 A-模. 若 $JM = M$,则 $M = 0$.

证 设 $u_1, \cdots, u_n$ 是 M 的一组生成元. 根据条件 $JM = M$,存在 $n \times n$ 矩阵 $A = (a_{ij})$,满足

(1) 每个 a_{ij} 都是 J 中的元素;

$$(2)\ \begin{bmatrix} u_1 \\ \vdots \\ u_n \end{bmatrix} = \begin{bmatrix} a_{11} & \cdots & a_{1n} \\ \vdots & & \vdots \\ a_{n1} & \cdots & a_{nn} \end{bmatrix} \begin{bmatrix} u_1 \\ \vdots \\ u_n \end{bmatrix}.$$

因此
$$\begin{bmatrix} 1-a_{11} & \cdots & -a_{1n} \\ \vdots & & \vdots \\ -a_{n1} & \cdots & 1-a_{nn} \end{bmatrix} \begin{bmatrix} u_1 \\ \vdots \\ u_n \end{bmatrix} = \begin{bmatrix} 0 \\ \vdots \\ 0 \end{bmatrix}. \tag{2.1}$$

由于每个 a_{ij} 都是 J 中的元素,

$$\begin{bmatrix} 1-a_{11} & \cdots & -a_{1n} \\ \vdots & & \vdots \\ -a_{n1} & \cdots & 1-a_{nn} \end{bmatrix}$$

的行列式是 A 的可逆元,由(2.1)式推得 $u_1 = \cdots = u_n = 0$. □

系 2.1.2. 设 A 是一个局部 Noether 环,$\mathfrak{m}$ 是它的极大理想,M 是一个有限生成 A-模. 设 $x_1, \cdots, x_n \in M$ 在 $M/\mathfrak{m}M$ 中的像张成 $A/\mathfrak{m}$-空间 $M/\mathfrak{m}M$,则

$$M = \sum\nolimits_{i=1}^{n} Ax_i.$$

证 令 $N = \sum\nolimits_{i=1}^{n} Ax_i$,则 M/N 仍然是有限生成的 A-模. 根据条件得 $\mathfrak{m}(M/N) = M/N$,故 $M/N = 0$,即 $M = N$. □

定义 4. 设 $A \subset B$ 是交换整区，$b \in B$，如果存在多项式

$$f(x) = x^n + c_1 x^{n-1} + \cdots + c_n,$$

其中 $c_i \in A$，使 $f(b) = 0$，则称 b 是 A 上的**整元素**. 如果 B 的每个元素都是 A 上的整元素，则称 B 为 A 的**整扩张**.

引理 2.1.3. 设 $A \subset B$ 是交换整区，则下面条件等价：

(1) B 是 A 的整扩张；

(2) 对任何 $b \in B$，$A[b]$ 是有限生成 A-模.

证 $(1) \Rightarrow (2)$：由于 $b^n + c_1 b^{n-1} + \cdots + c_n = 0$，其中 $c_i \in A$，因此

$$A[b] = A + Ab + \cdots + Ab^{n-1}.$$

$(2) \Rightarrow (1)$：对任意 $b \in B$，根据条件 (2)，作为 A-模，$A[b]$ 由有限多个元素

$$t_1 = a_{11} + a_{12} b + \cdots + a_{1r_1} b^{r_1},$$
$$\cdots\cdots$$
$$t_s = a_{s1} + a_{s2} b + \cdots + a_{sr_s} b^{r_s}$$

生成，其中 a_{ij} 都是 A 中的元素.

任取自然数 $n > \max(r_1, \cdots, r_s)$，则

$$b^n = c_1 t_1 + \cdots + c_s t_s,$$

其中 $c_1, \cdots, c_s \in A$. 因此 b 是 A 上的整元素. □

系 2.1.4. 设 B 是 A 的整扩张，C 是 B 的整扩张，则 C 是 A 的整扩张.

证 任取 $\alpha \in C$，则存在 $b_0, b_1, \cdots, b_{n-1} \in B$，使

$$\alpha^n + b_{n-1} \alpha^{n-1} + \cdots + b_1 \alpha + b_0 = 0.$$

由于 $b_0, b_1, \cdots, b_{n-1}$ 都是 A 上的整元素，$A[b_0, b_1, \cdots, b_{n-1}]$ 是有限生成 A-模，因此 $A[b_0, b_1, \cdots, b_{n-1}, \alpha]$ 是有限生成 A-模. 根据引理 2.1.3，α 是 A 上的整元素. □

引理 2.1.5. 设 $A \subseteq B$ 是两个整区，并且 B 是有限生成 A-模，则 B 中每个元素都是 A 上的整元素.

证 设 $u_1, \cdots, u_n \in B$ 是作为 A-模的 B 的一组生成元. 设 b 是 B 中任意一个元素，则对任意 $1 \leqslant i \leqslant n$，

$$bu_i = \sum_{j=1}^{n} a_{ij} u_j, \tag{2.2}$$

其中 $a_{ij} \in A$. 令 $F(x) = \det(xI_n - (a_{ij})_{1 \leqslant i, j \leqslant n}) \in A[x]$, 则 $F(x)$ 是一个首项系数等于 1 的多项式. 由 (2.2) 式推得 $F(b)u_i = 0$ 对 $1 \leqslant i \leqslant n$ 成立. 因此 $F(b)c = 0$ 对任何 $c \in B$ 成立, 从而 $F(b) = 0$. 根据定义 b 是 A 上的整元素. $\square$

定义 5. 设 $A \subseteq B$ 是两个整区. 令 $\tilde{A}$ 为 B 中所有在 A 上的整元素全体构成的集合, 称为 A 在 B 中的**整闭包**. 如果 $\tilde{A} = A$, 就称 A 在 B 中是整闭的.

引理 2.1.6. 以上定义中的 $\tilde{A}$ 是 B 的一个包含 A 的子环.

证 设 $x, y \in \tilde{A}$. 根据引理 2.1.3, $A[x]$ 和 $A[y]$ 都是有限生成 A-模. 因此 $A[x, y]$ 是有限生成 A-模. 由于 $x + y, xy \in A[x, y]$, 因此根据引理 2.1.5, $x + y, xy \in \tilde{A}$. $\square$

在本书以上定义中的 B 总是一个域. 特别, 当 B 是 A 的分式域时, A 在 B 中整闭简称为 A 是整闭的.

例 1. 设 k 是一个域, $K = k(t)$, 其中 t 是不定元. 令 $B = k[t]$, $A = k[a, b]$, 其中 $a = t^2$, $b = t^3$, 则 $A \subset B$. 由 $t^2 - a = 0$, t 是 A 上的整元素. 由 $t = b/a$, K 是 A 的分式域. 又因为 B 是整闭的, 所以 B 是 A 在 K 中的整闭包.

引理 2.1.7. 设 B 是整区 A 的整扩张, $q_1 \subset q_2$ 是 B 的素理想. 若 $q_1 \cap A = q_2 \cap A$, 则 $q_1 = q_2$.

证 先设 $q_1 = 0$. 假定 $q_2 \neq 0$, 任取 q_2 中一个非零元 α, 则存在 $n > 0$ 及 $a_0, a_1, \cdots, a_{n-1} \in A$, $a_0 \neq 0$, 使

$$\alpha^n + a_{n-1}\alpha^{n-1} + \cdots + a_1\alpha + a_0 = 0.$$

于是

$$a_0 = -\alpha^n - a_{n-1}\alpha^{n-1} - \cdots - a_1\alpha \in q_2 \cap A.$$

因此 $q_2 \cap A \neq 0$, 形成矛盾. 所以当 $q_1 = 0$ 时引理成立.

当 $q_1 \neq 0$ 时, 令 $\bar{A} = A/q_1 \cap A$, $\bar{B} = B/q_1$, 则 $\bar{A}$ 是整区, $\bar{B}$ 是 $\bar{A}$ 的整扩张, $\bar{q}_2 = q_2/q_1$ 是 $\bar{B}$ 的满足 $\bar{q}_2 \cap \bar{A} = \bar{0}$ 的素理想. 根据已经证明的结果, $\bar{q}_2 = \bar{0}$, 即 $q_2 = q_1$. $\square$

定理 2.1.8(Cohen-Seidenberg 上升定理). 设 B 是整区 A 的整扩张, $p_1 \subset p_2$ 是 A 的素理想, q_1 是 B 的素理想, $q_1 \cap A = p_1$, 则存在 B 的素理想 q_2, 满足 $q_1 \subset q_2$, $q_2 \cap A = p_2$.

证 令 $S = A - p_2$, 则 S 是 B 的一个不包含 0 的乘法封闭集. 令 $\mathfrak{C}$ 为 B 的包含 q_1 但与 S 不相交的理想全体组成的集合, 显然 $q_1 \in \mathfrak{C}$, 故 $\mathfrak{C} \neq \varnothing$. 设 $\{I_\lambda\}_{\lambda \in \Delta}$ 是 $\mathfrak{C}$ 中的一个全序子集, 则 $I = \bigcup_{\lambda \in \Delta} I_\lambda \in \mathfrak{C}$. 因此 $\mathfrak{C}$ 满足 Zorn 引理的条件, 于是存在 $\mathfrak{C}$ 的极大元 q_2.

设 b_1, $b_2 \in B - q_2$. 令

$$J_1 = q_2 + Bb_1, \quad J_2 = q_2 + Bb_2.$$

由于 q_2 是 $\mathfrak{C}$ 的极大元,故

$$J_1 \bigcap S \neq \varnothing, \quad J_2 \bigcap S \neq \varnothing.$$

任取

$$u_1 + v_1 b_1 \in J_1 \bigcap S, \quad u_2 + v_2 b_2 \in J_2 \bigcap S,$$

其中 u_1, $u_2 \in q_2$, v_1, $v_2 \in B$,则

$$(u_1 + v_1 b_1)(u_2 + v_2 b_2) = v_1 v_2 b_1 b_2 + t \in S,$$

其中 $t \in q_2$. 因此 $v_1 v_2 b_1 b_2 + t \notin q_2$. 故 $b_1 b_2 \notin q_2$. 这就证明了 q_2 是素理想.

剩下只需验证 $A \bigcap q_2 = p_2$ 即可. 若非如此,则存在 $a \in p_2 - q_2$,由 q_2 的极大性,$(Ba + q_2) \bigcap S \neq \varnothing$,即存在 $s \in S$, $b \in B$, $c \in q_2$,使 $s = ba + c$. 由于 B 是 A 的整扩张,存在 $n > 0$ 及 a_0, a_1, $\cdots$, $a_{n-1} \in A$,使 $b^n + \sum_{i=0}^{n-1} a_i b^i = 0$. 于是 $(ba)^n + \sum_{i=0}^{n-1} a_i a^{n-i}(ba)^i = 0$. 因 $s \equiv ba \pmod{q_2}$,故

$$s^n + \sum_{i=0}^{n-1} a_i a^{n-i} s^i \equiv 0 \pmod{q_2},$$

即 $s^n + \sum_{i=0}^{n-1} a_i a^{n-i} s^i \in q_2$. 另一方面,由于

$$\sum_{i=0}^{n-1} a_i a^{n-i} s^i = a \left(\sum_{i=0}^{n-1} a_i a^{n-i-1} s^i \right) \in p_2,$$

而 $s^n \notin p_2$,故 $s^n + \sum_{i=0}^{n-1} a_i a^{n-i} s^i \in S = A - p_2$. 这与 $q_2 \in \mathfrak{C}$ 矛盾. $\square$

设 A, B 是两个交换环,$A \subseteq B$. 一组元素 b_1, $\cdots$, $b_n \in B$ 称为在 A 上**代数无关**,若不存在非零多项式

$$f(x_1, \cdots, x_n) \in A[x_1, \cdots, x_n]$$

使 $f(b_1, \cdots, b_n) = 0$.

定理 2.1.9(Noether 正规化定理). 设交换整区 A 是域 k 上的一个有限生成的代数,那么存在 y_1, $\cdots$, $y_d \in A$,满足:

(1) y_1, $\cdots$, y_d 在 k 上代数无关;

(2) A 是 $k[y_1, \cdots, y_d]$ 的整扩张.

下面是两种不同的证明.

证明一　设 $A = k[X_1, \cdots, X_n]/I$. 存在 $k[X_1, \cdots, X_n]$ 中一组元素 $F_1, \cdots,$ F_n, 使 $k[X_1, \cdots, X_n]$ 在 $k[F_1, \cdots, F_n]$ 上是整的(比方说取 $F_i = X_i$). 总可以设这样选取的一组 $F_1, \cdots, F_n$ 中包含在 I 中的元素尽可能地多, 不妨设 $F_1, \cdots,$ $F_d \notin I$, 而 $F_{d+1}, \cdots, F_n \in I$. 令 y_i 为 $F_i (i \leqslant d)$ 在 A 中的像, 则 A 在 $k[y_1, \cdots,$ $y_d]$ 上是整的, 余下只要证明 $y_1, \cdots, y_d$ 在 k 上代数无关就行了. 假如 $y_1, \cdots, y_d$ 在 k 上是代数相关的, 则存在一个含 d 个变元的非平凡多项式 $G(Y_1, \cdots, Y_d)$, 使 $G(F_1, \cdots, F_d) \in I$. 令 N 是一个比 G 的最高项的总次数还要大的自然数, 对 $1 < i \leqslant d$, 作变量代换 $Y_i = W_i + Y_1^{N^{i-1}}$, 则

$$Y_1^{i_1} Y_2^{i_2} \cdots Y_d^{i_d} = Y_1^{i_1 + i_2 N + \cdots + i_d N^{d-1}} + H(Y_1, W_2, \cdots, W_d),$$

H 中每一项的次数都小于 $i_1 + i_2 N + \cdots + i_d N^{d-1}$. 若 $Y_1^{i_1} Y_2^{i_2} \cdots Y_d^{i_d}$ 和 $Y_1^{j_1} Y_2^{j_2} \cdots Y_d^{j_d}$ 是 $G(Y_1, Y_2, \cdots, Y_d)$ 中两个不同的非零项, 根据 N 的选取

$$i_1 + i_2 N + \cdots + i_d N^{d-1} \neq j_1 + j_2 N + \cdots + j_d N^{d-1}.$$

因此

$$G(Y_1, \cdots, Y_d) = G(Y_1, Y_1^N + W_2, \cdots, Y_1^{N^{d-1}} + W_d)$$

作为 $Y_1, W_2, \cdots, W_d$ 的多项式其最高项是一个仅含 Y_1 的单项式. 设 S 为 n 个多项式 $G(F_1, \cdots, F_d), F_2 - F_1^N, \cdots, F_d - F_1^{N^{d-1}}, F_{d+1}, \cdots, F_n$ 在 $k[X_1, \cdots, X_n]$ 中生成的子环, 则由上所知 F_1 在 S 上是整的, 立刻可见每个 F_i 在 $S[F_1]$ 上都是整的, 从而 $k[X_1, \cdots, X_n]$ 在 S 上是整的, 但是

$$G(F_1, \cdots, F_d), F_{d+1}, \cdots, F_n \in I,$$

这与 $F_1, \cdots, F_n$ 的选择矛盾. □

在叙述第二种证明前先看一个例子, 可以提供一些启示. 设 $A = k[x, y]/(xy - 1)$. 令

$$u = (y - x)/2, \quad v = (y + x)/2.$$

由于 $v^2 - u^2 - 1 = xy - 1$, 因此 $A \cong k[u, v]/(v^2 - u^2 - 1)$. 所以 $y_1 = (y - x)/2$ 满足定理要求.

证明二　设 A 是多项式环 $k[x_1, \cdots, x_n]$ 关于一个理想 I 的商环. 对 n 进行归纳. 当 $n = 0$ 时 $A = k$, 定理显然成立. 以下设 $n > 0$.

如果 $I = 0$, 则定理显然成立, 因此可以设 $I \neq 0$. 任取 I 中的一个非零元 $f(x_1, \cdots, x_n)$, 其次数等于 d. 由于 $A \neq 0, d > 0$. 设

$$f(x_1, \cdots, x_n) = \sum_{i=0}^{d} f_i(x_1, \cdots, x_n),$$

其中 $f_i(x_1, \cdots, x_n)$ 是 $f(x_1, \cdots, x_n)$ 的 i 次齐次部[①]. 设

$$f_d(x_1, \cdots, x_n) = \sum_{i_1+\cdots+i_n=d} a_{i_1\cdots i_n} x_1^{i_1}\cdots x_n^{i_n},$$

则

$$f_d(x_1+t_1x_n, x_2+t_2x_n, \cdots, x_{n-1}+t_{n-1}x_n, x_n)$$
$$= cx_n^d + g_{n-1}(x_1, \cdots, x_{n-1})x_n^{d-1} + \cdots + g_0(x_1, \cdots, x_{n-1}),$$

其中 $t_1, \cdots, t_{n-1}$ 是 k 中一组待定的元素. 由于

$$c = \sum_{i_1+\cdots+i_n=d} a_{i_1\cdots i_n} t_1^{i_1}\cdots t_{n-1}^{i_{n-1}},$$

可以选取 $t_1, \cdots, t_{n-1} \in k$ 使 $c \neq 0$.

令

$$A' = k[x_1+t_1x_n, \cdots, x_{n-1}+t_{n-1}x_n]/(I \cap k[x_1+t_1x_n, \cdots, x_{n-1}+t_{n-1}x_n]),$$

则 A' 是 A 的子环, 且 $A=A'[\bar{x}_n]$ 是 A' 的整扩张, 这里 $\bar{x}_n$ 是 $A = k[x_1, \cdots, x_n]/I$ 中由 x_n 代表的元素. 根据归纳假设, 存在 $y_1, \cdots, y_d \in A'$, 使 $y_1, \cdots, y_d$ 在 k 上代数无关, 并且 A' 是 $k[y_1, \cdots, y_d]$ 的整扩张. 由系 2.1.4 推得 A 是 $k[y_1, \cdots, y_d]$ 的整扩张. $\square$

定理 2.1.10(Hilbert 零点定理的弱形式).   设 k 是代数封闭域, 理想 J 是多项式环 $k[x_1, \cdots, x_n]$ 的一个极大理想当且仅当存在 $a_1, \cdots, a_n \in k$, 使 $J = (x_1-a_1, \cdots, x_n-a_n)$.

证   对任意 $a_1, \cdots, a_n$, 作同态 $f: k[x_1, \cdots, x_n] \to k$, $x_i \mapsto a_i$, 由于 $k[x_1, \cdots, x_n]$ 的任何元素可以写成 $g(x_1-a_1, \cdots, x_n-a_n)$ 的形式, 其中 $g \in k[x_1, \cdots, x_n]$, 故

$$\mathrm{Ker}(f) = (x_1-a_1, \cdots, x_n-a_n).$$

因此 $(x_1-a_1, \cdots, x_n-a_n)$ 是 $k[x_1, \cdots, x_n]$ 的一个极大理想.

反之, 设 J 是 $k[x_1, \cdots, x_n]$ 的一个极大理想, 则 $L = k[x_1, \cdots, x_n]/J$ 是 k 的有限生成扩张. 下面证明 L/k 是代数扩张, 否则根据定理 2.1.9, 存在 L 中代数无关的元素 $y_1, \cdots, y_d$, 使 L 是 $k[y_1, \cdots, y_d]$ 的整扩张. 这将推出 $1/y_1$ 是 $k[y_1, \cdots, y_d]$ 上的整元素, 与 $y_1, \cdots, y_d$ 的代数无关性矛盾. 因此 L/k 是代数扩张. 由 k 是代数封闭域, $L = k$.

---

① 关于齐次部参看引理 2.3.1 前的叙述.

取 a_i 为 x_i 在 L 中的像, 则 $J = (x_1 - a_1, \cdots, x_n - a_n)$. □

下面推论可以看成代数基本定理的推广.

系 2.1.11. 设 k 为代数闭域, J 是 $k[x_1, \cdots, x_n]$ 的一个真理想, 则存在 $a_1, \cdots, a_n \in k$, 使 $f(a_1, \cdots, a_n) = 0$ 对所有 $f \in J$ 成立.

证 任取 $k[x_1, \cdots, x_n]$ 的一个包含 J 的极大理想 $\mathfrak{m}$. 根据定理 2.1.10, 存在 $a_1, \cdots, a_n \in k$, 使 $\mathfrak{m} = (x_1 - a_1, \cdots, x_n - a_n)$. 对任意 $f(x_1, \cdots, x_n) \in J$, 存在 $h_1, \cdots, h_n \in k[x_1, \cdots, x_n]$, 使

$$f(x_1, \cdots, x_n) = (x - a_1)h_1(x_1, \cdots, x_n) + \cdots + (x - a_n)h_n(x_1, \cdots, x_n).$$

因此 $f(a_1, \cdots, a_n) = 0$. □

定理 2.1.12 (Hilbert 零点定理). 设 k 为代数闭域, $f_1, \cdots, f_r, g \in k[x_1, \cdots, x_n]$. 假如对满足 $f_1(a_1, \cdots, a_n) = \cdots = f_r(a_1, \cdots, a_n) = 0$ 的任意一组元素 $a_1, \cdots, a_n \in k$, 都有 $g(a_1, \cdots, a_n) = 0$, 则 g 的某个幂在由 $f_1, \cdots, f_r$ 生成的理想中.

证 若 $g = 0$ 则定理显然成立, 以下设 $g \neq 0$.

令 $R = k[x_0, x_1, \cdots, x_n]$, $J = Rf_1 + \cdots + Rf_r + R(x_0 g - 1)$. 若 $J \neq R$, 则由系 2.1.11 知, 存在 $a_0, a_1, \cdots, a_n \in k$, 使 $h(a_0, a_1, \cdots, a_n) = 0$ 对每一个 $h \in J$ 成立. 由于 $f_1, \cdots, f_r \in J$, 因此

$$f_1(a_1, \cdots, a_n) = \cdots = f_r(a_1, \cdots, a_n) = 0.$$

根据定理的条件, $g(a_1, \cdots, a_n) = 0$. 由 $x_0 g - 1 \in J$ 推得

$$-1 = a_0 g(a_1, \cdots, a_n) - 1 = 0,$$

产生矛盾. 因此 $J = R$, 即存在 $h_1, \cdots, h_r, h \in k[x_0, x_1, \cdots, x_n]$, 使

$$1 = h_1 f_1 + \cdots + h_r f_r + h(x_0 g - 1)$$

成立. 将 $x_0 = 1/g$ 代入并且在等式两边同乘 g 的充分高次的幂即得所需结果. □

2.2 仿射空间中的代数集

从本节开始至本章结束, 除非特殊说明, k 总是一个代数闭域.

集合 k^n 称为 n 维**仿射空间**, 记作 $\mathbb{A}_k^n$. 设 $S \subseteq k[X_1, \cdots, X_n]$, 则 $Z(S) = \{x \in \mathbb{A}_k^n \mid f(x) = 0 \, \forall f \in S\}$ 称为 $\mathbb{A}_k^n$ 中的一个**代数集**.

从集合论的角度来看仿射空间 $\mathbb{A}_k^n$ 和向量空间 k^n 没有什么区别, 只是考察的角度不同, 前者把该集合中的元素看成点而不是从坐标原点出发的一个向量, 因此所有的点都处于等同的地位, 不像在线性代数里零向量起着非常特殊的

作用.

引理 2.2.1. 空集,仿射空间自身都是代数集.任意多个代数集的交是代数集.两个代数集的并也是代数集.

证　$\varnothing = Z(\{1\})$, $\mathbb{A}_k^n = Z(\{0\})$ 都是代数集.

设 $\{Z(S_\alpha)\}_\alpha$ 是一族代数集,则

$$\bigcap_\alpha Z(S_\alpha) = Z(\bigcup_\alpha S_\alpha)$$

也是代数集.

设 $Z(S_1)$ 和 $Z(S_2)$ 是两个代数集,令 I_1, I_2 分别是 S_1, S_2 在 $k[X_1, \cdots, X_n]$ 中生成的理想,令 $I = I_1 \bigcap I_2$,只需验证 $Z(S_1) \bigcup Z(S_2) = Z(I)$. 设 $a \in Z(S_1)$,则 $f(a) = 0$ 对所有 $f \in S_1$ 成立,从而 $f(a) = 0$ 对所有 $f \in I_1$ 成立,于是 $f(a) = 0$ 对所有 $f \in I$ 成立,故 $a \in Z(I)$,即 $Z(S_1) \subseteq Z(I)$. 同理有 $Z(S_2) \subseteq Z(I)$,所以 $Z(S_1) \bigcup Z(S_2) \subseteq Z(I)$. 设 $b \in \mathbb{A}_k^n - [Z(S_1) \bigcup Z(S_2)]$,则存在 $f_1 \in S_1$, $f_2 \in S_2$,使 $f_1(b) \neq 0$, $f_2(b) \neq 0$. 令 $f = f_1 f_2$,则 $f \in I$ 但 $f(b) \neq 0$. 因此 $b \notin Z(I)$. 所以 $Z(S_1) \bigcup Z(S_2) = Z(I)$ 是代数集.　□

由此可见代数集族满足拓扑空间的闭集的公理,它定义了仿射空间上的一个拓扑结构,称为 **Zariski 拓扑**. 一个代数集上的 Zariski 拓扑规定为 $\mathbb{A}_k^n$ 的 Zariski 拓扑所诱导的拓扑.

定义 6.　一个非空的拓扑空间称为**不可约**的,若它不能表成两个真闭子集的并,否则它称为可约的.一个拓扑空间 X 的一个极大不可约闭子空间叫做 X 的一个不可约分支.如果对于 X 的任意一列递降的闭子空间 $X_1 \supseteq X_2 \supseteq \cdots$,都存在 n,使当 $i > n$ 时 $X_i = X_n$,则称 X 为一个 **Noether 空间**. 一个 Noether 空间 X 的**维数**定义为满足以下条件的 n 中的最大值:存在一列不可约闭子空间 $X_n \supset X_{n-1} \supset \cdots \supset X_0$.

例如,由单个点组成的空间是零维的.需要注意的是 Noether 空间的维数有可能是 $+\infty$.

引理 2.2.2.　设 X 是一个拓扑空间,则下列条件等价:

(1) X 是不可约的;

(2) X 的任意两个非空开集有非空的交;

(3) X 的任何一个非空开集都在 X 中稠密.

证　(1)$\Rightarrow$(2):设 U_1 和 U_2 是 X 的非空开子集,则 $X - U_1$ 和 $X - U_2$ 是 X 的两个真闭子集,由定义 6, $X \neq (X - U_1) \bigcup (X - U_2)$,故 $U_1 \bigcap U_2 \neq \varnothing$.

(2)$\Rightarrow$(3):设 U 是 X 的一个非空开子集.对任意点 $x \in X - U$,以及任意一个包含 x 的开集 V,根据条件 $U \bigcap V \neq \varnothing$. 因此 U 在 X 中稠密.

$(3) \Rightarrow (1)$：假如 X 可约，则 $X = F_1 \bigcup F_2$，其中 F_1 和 F_2 是 X 的真闭子空间，于是 $(X - F_1) \bigcap (X - F_2) = \varnothing$，这说明了开集 $X - F_1$ 不在 X 中稠密，与假设矛盾. □

在下面讨论中经常要用到一个集合 X 的子集族中的自然半序，它是由包含关系决定的半序.

命题 2.2.3. 任何一个拓扑空间 X 都是它的不可约分支的并.

证 设 X 是任意一个拓扑空间，设 $\{F_\lambda\}_{\lambda \in \Lambda}$ 是 X 的一个全序不可约子集族，令 $F = \bigcup_{\lambda \in \Lambda} F_\lambda$，设 U, V 是 F 的两个非空开子集，则存在一个 λ，使 $F_\lambda \bigcap U$ 和 $F_\lambda \bigcap V$ 都非空，于是 $U \bigcap V \bigcap F_\lambda$ 非空，从而 $U \bigcap V \bigcap F$ 非空，因此 F 是 X 的不可约子集，根据 Zorn 引理，X 中的任何一个点都包含在 X 的一个极大不可约子集中，由于不可约子集的闭包也不可约，因此极大不可约子集必定是闭集. 这证明了 X 是它的不可约分支的并. □

命题 2.2.4. 任何一个 Noether 空间 X 只有有限多个不同的不可约分支. 设 $X = \bigcup_{i=1}^{n} X_i$，其中 $X_1, \cdots, X_n$ 是 X 的全体两两不同的不可约分支，则对任何 $1 \leqslant i \leqslant n$，$X_i$ 都不包含在 $\bigcup_{j \neq i} X_j$ 中.

证 令 Γ 为由所有 X 的不能表示成有限多个不可约闭子集的并的闭子空间全体所构成的集合. 用反证法证明 Γ 是空集. 假定 $\Gamma \neq \varnothing$. 如果 Γ 中不存在极小元，则必有严格下降的无限序列

$$F_1 \supset F_2 \supset F_3 \supset \cdots,$$

这和 X 是 Noether 空间矛盾. 因此存在 Γ 的极小元 Y. 根据 Γ 的定义 Y 不是不可约的，即存在 Y 的两个真闭子集 Y_1, Y_2，使 $Y = Y_1 \bigcup Y_2$. 由于 Y 是 Γ 的极小元，Y_1, Y_2 都不属于 Γ，因此 Y_1, Y_2 都可以表示成有限多个不可约闭子集的并，从而 Y 也是有限多个不可约闭子集的并，这与 $Y \in \Gamma$ 矛盾. 因此 Γ 是空集.

设 $X = \bigcup_{i=1}^{n} Y_i$，其中 Y_i 是不可约闭子集. 每个 Y_i 包含在 X 的某个最大的不可约闭子集 X_i 中，于是有覆盖 $X = \bigcup_{i=1}^{n} X_i$，如有必要把重复的去掉，就可设 $X_1, \cdots, X_n$ 两两不同.

设 Z 是 X 的一个不可约分支，即 Z 是 X 的一个最大不可约闭子集，则 $Z = \bigcup_{i=1}^{n} Z \bigcap X_i$. 由于 Z 是不可约的，$Z = Z \bigcap X_i$ 对某个 i 成立. 于是 $Z \subseteq X_i$. 根据 Z 的极大性，$Z = X_i$. 因此 $X_1, \cdots, X_n$ 恰好是 X 的全体不可约分支.

最后证明 X_i 不包含在 $\bigcup_{j \neq i} X_j$ 中. 否则的话，$X_i = \bigcup_{j \neq i} X_i \bigcap X_j$. 根据 X_i 的不可约性推得 $X_i = X_i \bigcap X_j$ 对某个 $j \neq i$ 成立，这意味着 $X_i = X_j$，产生矛盾. □

与拓扑空间的连通分支不同，两个不可约分支的交集不一定是空集.

在通常的点集拓扑课程中很少讨论不可约子集的概念，主要原因是在分析

和几何中遇到的拓扑空间大部分是 Hausdorff 空间,而 Hausdorff 空间中的不可约子集只能是一个点. 所以非平凡的不可约子集只能出现在非 Hausdorff 空间中. Zariski 拓扑是一种"稀疏"的拓扑,因为它中的开集相对比较少,这使得不可约的概念显得重要了.

设 X 为 $\mathbb{A}_k^n$ 的一个子集,则

$$I(X) = \{f(x_1, \cdots, x_n) \in k[x_1, \cdots, x_n] \mid f(p) = 0 \,\forall\, p \in X\}$$

是一个理想. 反之设 J 为多项式环 $k[x_1, \cdots, x_n]$ 的一个理想,记 $Z(J) = \{p \in \mathbb{A}_k^n \mid f(p) = 0 \,\forall\, f \in J\}$,它是 $\mathbb{A}_k^n$ 中的一个代数集.

设 I 是交换环 A 的一个理想. 记 $\sqrt{I} = \{f \in A \mid f^n \in I$ 对某个自然数 n 成立$\}$,叫做 I 的幂零根,简称根.

命题 2.2.5. 仿射空间 $\mathbb{A}_k^n$ 中的代数集满足下面条件:

(1) 若代数集 $X_1 \subseteq X_2$ 则 $I(X_1) \supseteq I(X_2)$;

(2) 若理想 $J_1 \subseteq J_2$ 则 $Z(J_1) \supseteq Z(J_2)$;

(3) $I(X_1 \bigcup X_2) = I(X_1) \bigcap I(X_2)$ 对任意代数集 X_1, X_2 成立;

(4) (Hilbert 零点定理) $I(Z(J)) = \sqrt{J}$ 对任意理想 J 成立;

(5) $Z(I(X))$ 是 X 在 $\mathbb{A}_k^n$ 中的闭包,记作 $\overline{X}$.

证 (1) 设 $f \in I(X_2)$,则 $f(a) = 0$ 对任何 $a \in X_2$ 成立,因此 $f(a) = 0$ 对任何 $a \in X_1$ 成立,即得 $f \in I(X_1)$.

(2) 设 $a \in Z(J_2)$,则 $f(a) = 0$ 对任何 $f \in J_2$ 成立,因此 $f(a) = 0$ 对任何 $f \in J_1$ 成立,即得 $a \in Z(J_1)$.

(3) 根据(1)有 $I(X_1 \bigcup X_2) \subseteq I(X_1) \bigcap I(X_2)$. 设 $f \in I(X_1) \bigcap I(X_2)$,则 $f(a) = 0$ 对 $a \in X_1 \bigcup X_2$ 成立,因此 $f \in I(X_1 \bigcup X_2)$.

(4) 设 $f \in I(Z(J))$. 设 $f_1, \cdots, f_r$ 是 J 的生成元. 由于

$$f_1(a) = \cdots = f_r(a) = 0 \Rightarrow a \in Z(J) \Rightarrow f(a) = 0,$$

根据定理 2.1.12, f 的某个幂在 J 中,因此 $f \in \sqrt{J}$.

反之,设 $f \in \sqrt{J}$,那么

$$f^N = g_1 f_1 + \cdots + g_r f_r,$$

其中 N 是某个自然数,$g_1, \cdots, g_r \in k[x_1, \cdots, x_n]$. 对任何 $a \in Z(J)$,由于 $f_1(a) = \cdots = f_r(a) = 0$,故 $f(a)^N = 0$,得 $f(a) = 0$. 因此 $f \in I(Z(J))$.

(5) 显然有 $X \subseteq Z(I(X))$. 因为 $Z(I(X))$ 是闭集,所以 $\overline{X} \subseteq Z(I(X))$. 设 Y 是包含 X 的一个闭集. 设 $a \in Z(I(X))$,则 $f(a) = 0$ 对所有 $f \in I(X)$ 成立,故

$f(a) = 0$ 对所有 $f \in I(Y)$ 成立,因此 $a \in Y$,于是得 $Z(I(X)) \subseteq Y$. 所以 $Z(I(X)) = \overline{X}$. $\square$

一个多项式 $f(x_1, \cdots, x_n)$ 在 $\mathbb{A}_k^n$ 中的零点集合叫做一个仿射超曲面,它的余集就是 $\mathbb{A}_k^n$ 的一个开子集,叫做 $\mathbb{A}_k^n$ 的一个主开集,记作 $D(f)$.

引理 2.2.6. $\mathbb{A}_k^n$ 的任何一个开子集是有限多个主开集的并.

证 设 U 是 $\mathbb{A}_k^n$ 的一个开子集,则 $Z = \mathbb{A}_k^n - U$ 是一个代数集,它是有限多个多项式 $f_1, \cdots, f_r$ 的公共零点集. 于是 $Z = \bigcap_{i=1}^r Z_i$,其中 Z_i 是 f_i 在 $\mathbb{A}_k^n$ 中的零点集. 因此

$$U = \bigcup_{i=1}^r (\mathbb{A}_k^n - Z_i)$$
$$= \bigcup_{i=1}^r D(f_i). \quad \square$$

系 2.2.7. 主开集全体构成的开集族是 $\mathbb{A}_k^n$ 的 Zariski 拓扑的一个开基.

命题 2.2.8. $\mathbb{A}_k^n$ 中任何一个代数集是紧的.

证 由于紧空间的闭子空间也是紧的,只要证明 $\mathbb{A}_k^n$ 是紧空间就可以了. 设 $\mathbb{A}_k^n = \bigcup_{\lambda \in \Lambda} U_\lambda$ 是 $\mathbb{A}_k^n$ 的一个开覆盖,我们需要证明存在一个有限子覆盖. 根据引理 2.2.6 和它的推论,可以设每个 U_λ 是主开集,即 $U_\lambda = D(f_\lambda)$,其中 $f_\lambda \in k[x_1, \cdots, x_n]$. 条件 $\mathbb{A}_k^n = \bigcup_{\lambda \in \Lambda} U_\lambda$ 意味着 $\{f_\lambda\}_{\lambda \in \Lambda}$ 的公共零点集是空集. 设 I 是 $\{f_\lambda\}_{\lambda \in \Lambda}$ 生成的理想,根据系 2.1.11,$I = k[x_1, \cdots, x_n]$. 因此

$$1 = h_1 f_{\lambda_1} + \cdots + h_r f_{\lambda_r},$$

其中 $\lambda_1, \cdots, \lambda_r \in \Lambda$,$h_1, \cdots, h_r \in k[x_1, \cdots, x_n]$. 因此 $f_{\lambda_1}, \cdots, f_{\lambda_r}$ 在 $\mathbb{A}_k^n$ 中没有公共零点. 所以 $\mathbb{A}_k^n = \bigcup_{i=1}^r U_{\lambda_i}$. $\square$

定义 7. 设 p 是交换环 R 的一个素理想,p 所包含的最长素理想链 $p = p_n \supsetneq p_{n-1} \supsetneq \cdots \supsetneq p_0$ 的长度 n 称为 p 的高度,记作 $h(p)$. R 的所有的素理想的高度的最大值叫做 R 的 **Krull 维数**. 以后凡是提到交换环的维数都是指 Krull 维数. 对 R 的任意一个真理想 I 定义它的高度 $h(I)$ 为所有包含 I 的素理想的高度的最小值.

在定义中 I 是真理想这个条件是必要的,它保证了包含它的素理想的存在性.

引理 2.2.9. 设 I 是交换环 R 的一个真理想,则 $h(I) = h(\sqrt{I}) = \dim(R/I)$.

证 对任何素理想 P 都有 $I \subseteq P \Leftrightarrow \sqrt{I} \subseteq P$. 因此 $h(I) = h(\sqrt{I})$. 由于 R/I 的理想集合和 R 的包含 I 的理想集合之间有一一对应关系,因此 $h(I) = \dim(R/I)$. $\square$

引理 2.2.10. 设 P 是交换环 R 的一个极小素理想,则 P 中每个非零元素是 R 的零因子.

证 由于 PR_P 是局部环 R_P 的唯一的素理想,而任何一个交换环的幂零根是它的全部素理想的交,因此 PR_P 是 R_P 的幂零根,这意味着对任意 $b \in P$,存在自然数 n 和元素 $s \in R - P$,使 $sb^n = 0$. 对这对固定的元素 s, b,设 n 是使 $sb^n = 0$ 的最小自然数 n,即 $e = sb^{n-1} \neq 0$. 因此两个非零元素 e, b 的乘积等于零,这表明 b 是 R 的零因子. □

定理 2.2.11(Krull 主理想定理). 设 R 是一个 Noether 环,$f \in R$ 是 R 中的一个非可逆元,则主理想 (f) 的高度 $h((f))$ 不超过 1. 如果更进一步 f 不是零因子(即由 $af = 0$, $a \in R$ 可推出 $a = 0$),则 $h((f)) = 1$.

证 由于 f 不是 R 中的可逆元,(f) 是 R 的真理想. 利用 Zorn 引理容易证明在 R 的包含 f 的素理想集合中存在一个极小元 p,即如果 q 是 R 的一个满足 $f \in q$ 和 $q \subseteq p$ 的素理想,那么 $q = p$. 下面用反证法证明 p 的高度不超过 1. 假如相反,则存在素理想 p_1, p_2,满足 $p_2 \subset p_1 \subset p$. 在整区 R/p_2 中 p 的自然像 $\bar{p}$ 是包含 $\bar{f}$ 的极小素理想,因此不妨假定 R 本身是一个整区且 $p_2 = 0$. 记 $q = p_1$. 再进一步,对于 p 作局部化后 p 和 q 生成的理想仍为满足同样性质的素理想. 这样问题就归结于证明下面情况不可能发生:m 是局部 Noether 整区 R 的极大理想,f 是 m 中的一个元素,m 的任何一个真子素理想都不含 f,m 有一个非零的真子素理想 q.

由于 R 中唯一的极大理想 m 是包含 f 的极小素理想,商环 $R/(f)$ 只有一个素理想. 又由于零维的 Noether 环是 Artin 环,因此 $R/(f)$ 是 Artin 环. 对 $n > 0$ 令 $q_n = R \bigcap q^n R_q$,则 $R/(f)$ 的理想降链

$$(q_1 + (f))/(f) \supseteq (q_2 + (f))/(f) \supseteq \cdots$$

在有限步后稳定,即存在 $n > 0$,使

$$(q_n + (f))/(f) = (q_{n+1} + (f))/(f).$$

于是对任意 $\alpha \in q_n$,存在 $\beta \in q_{n+1}$ 和 $b \in R$,使 $\alpha = \beta + fb$,于是 $fb \in q_n$. 由于 f 是 R_q 中的可逆元,$b \in q^n R_q$,从而 $b \in q_n$. 这说明了 $q_n = mq_n$. 由 Nakayama 引理得 $q_n = 0$. 特别有 $q^n = 0$. 产生矛盾. 因此 $h((f)) \leqslant 1$.

如果 f 不是零因子,根据引理 2.2.10,$h((f)) > 0$. 根据已证结果 $h((f)) = 1$. □

命题 2.2.12. $\mathbb{A}_k^n$ 中的代数集和 $k[x_1, \cdots, x_n]$ 的根理想之间有一一对应关系,不可约代数集对应于素理想. 若不可约代数集 X 对应于素理想 P,则商环

$A(X) = k[x_1, \cdots, x_n]/P$ 称为不可约代数集 X 的**坐标环**.

证 根据命题 2.2.5 中的 (4) 和 (5)，$X \mapsto I(X)$ 给出了 $\mathbb{A}_k^n$ 中的代数集和 $k[x_1, \cdots, x_n]$ 的根理想之间的一一对应关系.

假定代数集 X 可约，则 $X = X_1 \bigcup X_2$，其中 X_1，X_2 是代数集，且 $X_1 \neq X$，$X_2 \neq X$. 取 $f_1 \in I(X_1) - I(X)$，$f_2 \in I(X_2) - I(X)$，则 $f_1 f_2 \in I(X)$，因此 $I(X)$ 不是素理想. 再设代数集 X 不可约. 若 f_1，$f_2 \in k[X_1, \cdots, X_n]$ 满足 $f_1 f_2 \in I(X)$，令 J_1 和 J_2 分别为 $k[X_1, \cdots, X_n]$ 的由 $I(X)$ 与 f_1 和 f_2 生成的理想. 设 $X_1 = Z(J_1)$，$X_2 = Z(J_2)$. 若 $a \in X$，则 $f_1(a)f_2(a) = 0$. 因此 $f_1(a) = 0$ 或 $f_2(a) = 0$. 前者表示 $a \in X_1$，后者表示 $a \in X_2$. 因此 $X = X_1 \bigcup X_2$. 根据 X 的不可约性得 $X = X_1$ 或 $X = X_2$. 不妨设 $X = X_1$，则 $f_1 \in I(X)$. 这表明 $I(X)$ 是素理想. 所以不可约代数集对应于素理想. □

根据这个命题得知对 $k[x_1, \cdots, x_n]$ 的任何理想 I，环 $k[x_1, \cdots, x_n]/I$ 的极小素理想对应于 $V(I)$ 的不可约分支.

系 2.2.13. 对 $k[x_1, \cdots, x_n]$ 的任何理想 I，环 $k[x_1, \cdots, x_n]/I$ 只有有限多个极小素理想.

证 这是命题 2.2.4 的直接推论. □

系 2.2.14. $\mathbb{A}_k^n$ 是不可约的.

证 由于 $\mathbb{A}_k^n$ 的坐标环 $k[x_1, \cdots, x_n]$ 是整区，由命题 2.2.12 得知 $\mathbb{A}_k^n$ 是不可约的. □

下面命题指出了仿射代数集的维数和它的坐标环的 Krull 维数是一致的.

命题 2.2.15. 设 I 是 $k[x_1, \cdots, x_n]$ 的一个理想，$V(I) = \{x \in \mathbb{A}^n \mid f(x) = 0 \ \forall \ f \in I\}$，则 $\dim V(I) = \dim(k[x_1, \cdots, x_n]/\sqrt{I}) = h(I)$.

证 由引理 2.2.9 得 $h(I) = h(\sqrt{I}) = \dim(k[x_1, \cdots, x_n]/\sqrt{I})$. 又根据命题 2.2.12 可知，$V(I)$ 中的任何一个不可约代数集降链对应于 $k[x_1, \cdots, x_n]$ 中的一个同样长度的包含 $\sqrt{I}$ 的素理想升链. 这表明 $V(I)$ 的维数等于 $\dim(k[x_1, \cdots, x_n]/\sqrt{I})$. □

习题

1. 设 R 是一个交换环，$\{p_i\}_{i \in \Lambda}$ 是 R 的一族全序素理想，即对任意 i，$j \in \Lambda$，$p_i \subseteq p_j$ 或 $p_j \subseteq p_i$，两者必有一个成立. 证明 $\bigcap_{i \in \Lambda} p_i$ 是一个素理想.

2. 设 f 是交换环 R 中的一个不可逆元. 证明存在 R 的一个包含 f 的极小素理想.

2.3 射影空间中的代数集

记 $\mathbb{P}_k^n$ 为 n 维**射影空间**.

至少有 3 种不同的方式定义 $\mathbb{P}_k^n$. 第一种方式是在 $k^{n+1} - \{0\}$ 中定义等价关系:

$$(a_0, a_1, \cdots, a_n) \sim (b_0, b_1, \cdots, b_n)$$

当且仅当存在 $\lambda \in k^*$,使 $a_i = \lambda b_i$ 对 $0 \leqslant i \leqslant n$ 成立,等价类集合就可以定义为 $\mathbb{P}_k^n$. 由 $(a_0, a_1, \cdots, a_n)$ 代表的等价类记成 $(a_0 : a_1 : \cdots : a_n)$,其中的 $a_0, a_1, \cdots, a_n$ 叫做**齐次坐标**.

第二种方式是把 $\mathbb{P}_k^n$ 定义成 k 上的 $n+1$ 维向量空间中的一维子空间全体所构成的集合,这是一种与坐标无关的定义方式,它具有更强的几何特色.

第三种方式是把 $\mathbb{P}_k^n$ 定义成群 k^* 在 $k^{n+1} - \{0\}$ 上的作用下的轨道空间,元素 $\lambda \in k^*$ 在 $k^{n+1} - \{0\}$ 上的作用方式是 $\lambda(a_0, a_1, \cdots, a_n) = (\lambda a_0, \lambda a_1, \cdots, \lambda a_n)$. 容易看出这 3 种定义是等价的.

与仿射空间不同的是 $n+1$ 个齐次坐标并不是独立的,但是又不能把任何一个坐标写成其他坐标的函数. 假定 S 是 $\mathbb{P}^n$ 中的一个集合,按照 $\mathbb{P}_k^n$ 的第二种定义,它是由 $\mathbb{P}_k^{n+1}$ 中的一些过原点的直线所组成的,即 $\mathbb{A}_k^{n+1}$ 中的锥.

与射影空间 $\mathbb{P}_k^n$ 密切相关的是 $n+1$ 个变量的多项式环

$$k[x_0, x_1, \cdots, x_n].$$

对于一个一般的多项式

$$f(x_0, x_1, \cdots, x_n) \in k[x_0, x_1, \cdots, x_n],$$

无法定义它在 $\mathbb{P}_k^n$ 中的零点集合,因为 $f(a_0, a_1, \cdots, a_n) = 0$ 并不能保证 $f(\lambda a_0, \lambda a_1, \cdots, \lambda a_n) = 0$.

如果一个多项式的每一项的次数都等于同一个数 d,则该多项式叫做一个 d 次**齐次多项式**. 为了方便,约定 0 是任意次的齐次多项式. 这样的话,所有同次的齐次多项式就构成向量空间. 若将所有 d 次齐次多项式构成的向量空间记成 H_d,则

$$k[x_0, x_1, \cdots, x_n] = \bigoplus_{d=0}^{\infty} H_d,$$

并且 $H_d \cdot H_e \subseteq H_{d+e}$ 对所有非负整数 d, e 都成立. 在这个分解式下 $k[x_0, x_1, \cdots, x_n]$ 是一个分次环.

设 $F(x_0, x_1, \cdots, x_n)$ 是一个 d 次齐次多项式,则

$$F(\lambda x_0, \lambda x_1, \cdots, \lambda x_n) = \lambda^d F(x_0, x_1, \cdots, x_n)$$

对任何 $\lambda \in k$ 成立. 所以 F 在 $\mathbb{P}_k^n$ 中的零点集合就有意义了,它是 $\mathbb{P}_k^n$ 中所有满足 $F(a_0, a_1, \cdots, a_n) = 0$ 的点 $(a_0 : a_1 : \cdots : a_n)$ 所构成的集合. 同样,如果 $F_1, \cdots, F_r$ 是一组齐次多项式,它们在 $\mathbb{P}_k^n$ 中的公共零点集合也有意义,这样的集合叫做 $\mathbb{P}_k^n$ 中的代数集.

设 $f(x_0, x_1, \cdots, x_n)$ 是一个非零多项式,则 f 可以唯一地写成

$$f(x_0, x_1, \cdots, x_n) = \sum_{i=0}^d f_i(x_0, x_1, \cdots, x_n),$$

其中 $f_i(x_0, x_1, \cdots, x_n)$ 是 i 次齐次多项式,叫做 f 的 i 次齐次部.

设 T 是 $k[x_0, x_1, \cdots, x_n]$ 的一个子集. 对任何非负整数 d, 记

$$T_d = \{F \in T \mid F \text{ 是 } d \text{ 次齐次多项式}\}.$$

引理 2.3.1. 设 I 是 $k[x_0, x_1, \cdots, x_n]$ 的一个理想,则下列条件等价:

(1) I 由一组齐次多项式 $F_1, \cdots, F_r$ 生成;

(2) I 中任意一个非零多项式的所有齐次部都在 I 中;

(3) $I = \bigoplus_{d=0}^\infty I_d$.

证 $(1) \Rightarrow (2)$:记 m_i 为 F_i 的次数. 设 $f \in I$,则 $f = g_1 F_1 + \cdots + g_r F_r$,其中 $g_1, \cdots, g_r \in k[x_0, x_1, \cdots, x_n]$. 因此

$$f_d = g_{1, d-m_1} F_1 + \cdots + g_{r, d-m_r} F_r \in I.$$

$(2) \Leftrightarrow (3)$:显然.

$(2) \Rightarrow (1)$:设 $f_1, \cdots, f_s$ 是理想 I 的一组生成元,则它们所有的齐次部生成 I. $\square$

定义 8. 满足引理 2.3.1 中任何一个条件的理想叫做 $k[x_0, x_1, \cdots, x_n]$ 的一个齐次理想.

设 $\mathbb{P}_k^n$ 中的一个代数集 X 是齐次多项式 $F_1, \cdots, F_r$ 的公共零点集,则它也是 $F_1, \cdots, F_r$ 生成的齐次理想的公共零点集. 反之,设 J 为 $k[x_0, \cdots, x_n]$ 的一个齐次理想,根据引理 2.3.1, $Z(J) = \{p \in \mathbb{P}_k^n \mid f(p) = 0 \forall f \in J\}$ 是 J 的一组齐次生成元的公共零点集. 所以 $\mathbb{P}_k^n$ 中的代数集也可以定义为齐次理想的公共零点集.

引理 2.3.2. 空集、射影空间自身都是代数集. 任意多个代数集的交是代数集. 两个代数集的并也是代数集.

因此代数集族定义了射影空间上的一个 Zariski 拓扑.

引理 2.3.3. $\mathbb{P}_k^n$ 中的非空代数集和 $k[x_0, \cdots, x_n]$ 的不包含 $(x_0, x_1, \cdots, x_n)$ 的齐次根理想之间有一一对应关系, 不可约代数集对应于齐次素理想. 若不可约代数集 X 对应于齐次素理想 P, 则分次整区 $S(X) = k[x_0, \cdots, x_n]/P$ 称为 X 的**齐次坐标环**.

更一般地, 可以抽象地定义分次环: 设 S 是一个 (带 1 的) 交换环, 作为 Abel 群, 它分解成直和 $S = S_0 \oplus S_1 \oplus S_2 \oplus \cdots$, 使 $S_i S_j \subseteq S_{i+j}$ 对任何 $i, j \geqslant 0$ 成立, 那么 S 就称为一个**分次环**, 其中 S_i 是 S 的 i 次齐次部分. 根据直和的定义, S 中任何一个元素 a 可以唯一地写作 $a = \sum_{i=0}^{\infty} a_i$, $a_i \in S_i$, 只有有限多个 i 使 $a_i \neq 0$. 元素 a_i 便称为 a 的齐次部.

与分次环 S 紧密相关的结构是分次模: 设 M 是一个 S-(左) 模, 作为 Abel 群它分解成直和

$$M = \oplus_{i \in \mathbb{Z}} M_i,$$

使 $S_i M_j \subseteq M_{i+j}$ 对任何 $i \geqslant 0$, $j \in \mathbb{Z}$ 成立, 那么 M 就称为一个 S-**分次模**, 其中 M_i 是 M 的 i 次齐次部分.

分次模 M 的子模 N 称为齐次子模, 若 N 的任何一个元素的任何次齐次部都属于 N. S 本身也是一个 S-分次模, 它的齐次子模就称为齐次理想. 容易证明引理 2.3.1 对一般的分次环都成立.

设 M, N 是两个 S-分次模, $f: M \to N$ 是一个模同态, 且存在 $d \in \mathbb{Z}$, 使 $f(M_i) \subseteq N_{i+d}$ 都成立, 则 f 称为从 M 到 N 的 d 次同态. 很容易验证 f 的核是一个齐次子模. 下面的引理是比较明显的.

引理 2.3.4. 设 I 是分次环 S 的一个齐次理想, 则 S/I 有自然的分次环结构, 其 i 次齐次部分是 S_i/I_i.

令 $U_i = \mathbb{P}_k^n - Z(x_i)$,

$$\phi_i: U_i \to \mathbb{A}_k^n, \quad (x_0 : \cdots : x_n) \mapsto \left(\frac{x_0}{x_i}, \cdots, \frac{x_{i-1}}{x_i}, \frac{x_{i+1}}{x_i}, \cdots, \frac{x_n}{x_i} \right), \quad (2.3)$$

则 ϕ_i 是一个同胚. 因此 n 维射影空间被 $n+1$ 个仿射空间覆盖 (作为拓扑空间). 这个开覆盖也称为标准仿射开覆盖, 是非常有用的. 容易看出每个 U_i 在 $\mathbb{P}_k^n$ 中稠密. 由于 $\mathbb{A}_k^n$ 是不可约的, 因此 $\mathbb{P}_k^n$ 也是不可约的.

设 X 是 U_i 的一个闭子集, 我们来考察 X 在 $\mathbb{P}^n$ 中的闭包. 为了记号的方便, 不妨设 $i = 0$.

对任何非零 $f(x_1, \cdots, x_n) \in k[x_1, \cdots, x_n]$, 记

$$\tilde{f} = x_0^d f\left(\frac{x_1}{x_0}, \cdots, \frac{x_n}{x_0}\right),$$

其中 $d = \deg(f)$. 则 $\tilde{f}$ 是 $k[x_0, x_1, \cdots, x_n]$ 中的一个齐次多项式.

设 I 为 $k[x_0, x_1, \cdots, x_n]$ 的一个理想, 记 $\tilde{I}$ 为由所有 $\tilde{f}$, $(f \in I)$ 在 $k[x_0, x_1, \cdots, x_n]$ 中所生成的理想, 它是一个齐次理想, 叫做 I 的**齐次化**.

反之, 设 J 是 $k[x_0, x_1, \cdots, x_n]$ 的一个齐次理想, 则

$$J' = \{F(1, x_1, \cdots, x_n) \mid F \in J\}$$

是 $k[x_1, \cdots, x_n]$ 的一个理想, 称为 J' 的非齐次化. 如果 $F_1, \cdots, F_s$ 是 J 的一组齐次生成元, 则

$$J' = (F_1(1, x_1, \cdots, x_n), \cdots, F_s(1, x_1, \cdots, x_n)).$$

命题 2.3.5. 令 $\tilde{X}$ 为 $\tilde{I}$ 所定义的代数集, 则 $\tilde{X}$ 是 X 在 $\mathbb{P}^n$ 中的闭包.

证 记 $\overline{X}$ 为 X 在 $\mathbb{P}^n$ 中的闭包. 设 $(a_1, \cdots, a_n) \in X$, 则 $f(a_1, \cdots, a_n) = 0$ 对任意 $f \in I$ 成立. 因此

$$\tilde{f}(1 : a_1 : \cdots : a_n) = f(a_1, \cdots, a_n) = 0$$

对任意 $f \in I$ 成立, 即 $X \subseteq \tilde{X}$. 所以 $\overline{X} \subseteq \tilde{X}$.

再设 $(a_0 : a_1 : \cdots : a_n) \in \mathbb{P}^n - \overline{X}$. 则存在一个 d 次齐次多项式 $F(x_0, x_1, \cdots, x_n)$, 使 $F(a_0, a_1, \cdots, a_n) \neq 0$ 且 $F(1, b_1, \cdots, b_n) = 0$ 对任何 $(b_1, \cdots, b_n) \in X$ 成立. 令 $f(x_1, \cdots, x_n) = F(1, x_1, \cdots, x_n)$. 根据 Hilbert 零点定理, 存在 $N > 0$, 使 $f^N \in I$. 因 $F^N = x_0^r \tilde{f^N}$, 故 $(a_0 : a_1 : \cdots : a_n) \notin \tilde{X}$. 所以 $\tilde{X} \subseteq \overline{X}$. □

习题

1. 求 $k[x_0, x_1, \cdots, x_n]$ 中所有 d 次齐次多项式所构成的向量空间的维数.

2. 证明引理 2.3.2.

3. 证明引理 2.3.3.

4. 设 P 是 $k[x_0, x_1, \cdots, x_n]$ 的一个齐次理想. 证明 P 是一个素理想当且仅当对任意齐次多项式 F, G, 若 $F \notin P$, $G \notin P$, 必有 $FG \notin P$.

5. 设 $F(x_0, x_1, \cdots, x_n)$ 是 $k[x_0, x_1, \cdots, x_n]$ 中的一个非零齐次多项式, $x_0^r \mid F(x_0, x_1, \cdots, x_n)$ 但 x_0^{r+1} 不整除 $F(x_0, x_1, \cdots, x_n)$. 令 $f(x_1, \cdots, x_n) = F(1, x_1, \cdots, x_n)$. 证明 $\tilde{f}(x_0, x_1, \cdots, x_n) = F(x_0, x_1, \cdots, x_n)/x_0^r$.

6. 证明引理 2.3.4.

2.4 准代数簇

流形是某个拓扑空间上的一种结构,按照函数的类型(连续,可微,解析)分成拓扑流形、微分流形和解析流形. 在代数几何中与流形相对应的概念是代数簇,取代连续、可微、解析函数的是正则函数. 粗略地讲,正则函数是能够在适当的坐标下表示成一个分式函数的函数.

先定义仿射代数集上的正则函数,通过它来定义仿射代数集之间的正则映射. 然后定义一般的准代数簇,再把正则函数和正则映射的概念推广到准代数簇上.

在微分流形的定义中,有一个不可缺少的条件是流形的空间是 Hausdorff 空间,这是一种可分性条件. 在代数簇的定义中也须有相应的可分性的条件,在本节中先忽略这个条件,因此在"代数簇"前加上"准"字.

定义 9. 设 X 是 $\mathbb{A}^n_k$ 中的一个不可约代数集,U 是 X 的一个非空开子集. U 上的 k 值函数 f 称为在 $p \in X$ 正则,若存在 U 的一个包含 p 点的开邻域 V 及 $g, h \in k[x_1, \cdots, x_n]$,使得 h 在 V 的任何一点都不等于零,并且在 V 的每一点 b 都有 $f(b) = g(b)/h(b)$. 如果 f 在 U 的每一点都正则,称 f 是 U 上的正则函数.

由定义看出,函数的正则性是一个局部性质,和复分析中的解析函数非常类似.

引理 2.4.1. 正则函数是连续函数.

证 设 X 是 $\mathbb{A}^n_k$ 中的一个不可约代数集,U 是 X 的一个非空开子集,f 是 U 上的正则函数. 只需验证 k 中每个点 b 的原像 $f^{-1}(b)$ 是闭集. 为此只要证明 $U - f^{-1}(b)$ 是 X 的开子集就可以了.

对任意 $p \in U - f^{-1}(b)$,设 V 是 p 在 U 中的一个开邻域并且 $f(q) = g(q)/h(q)$ 对所有 $q \in V$ 成立,其中 $g, h \in k[x_1, \cdots, x_n]$. 记 Z 为多项式 $g - bh$ 在 $\mathbb{A}^n_k$ 中的零点集,则 $V - Z$ 是 p 点在 U 中的一个开邻域,满足 $(V - Z) \bigcap f^{-1}(b) = \varnothing$. 因此 $U - f^{-1}(b)$ 是 X 的开子集.   □

定义 10. 设 X 是 $\mathbb{A}^n_k$ 中的一个不可约代数集,Y 是 $\mathbb{A}^m_k$ 中的一个不可约代数集. 设 $\phi: X \to Y$ 是一个连续映射. 如果对 Y 的任意一个非空开子集 W 以及 W 上任意一个正则函数 f,$\phi^{-1}(W)$ 上的函数 $f \circ \phi$ 总是正则函数,那么 ϕ 就叫做从 X 到 Y 的一个正则映射.

有了仿射空间中的不可约代数集上正则函数和正则映射的概念,就可以仿照流形的方式定义一般的准代数簇.

定义 11.　设 X 是一个不可约拓扑空间. 如果存在 X 的一个有限开覆盖 $X = \bigcup_{i=1}^r U_i$ 以及同胚 $f_i : U_i \to Y_i$, $(1 \leqslant i \leqslant r)$, 其中 Y_i 是 $\mathbb{A}_k^{n_i}$ 中的不可约代数集, 满足条件: 对任何 $1 \leqslant i, j \leqslant r$, $f_i \circ f_j^{-1}$ 是从 $f_j(U_i \cap U_j)$ 到 $f_i(U_i \cap U_j)$ 的正则映射, 那么 X 就叫做一个**准代数簇**(prevariety). 这样的开覆盖叫做仿射开覆盖.

X 的一个非空开子集 V 上的一个 k 值函数 f 称为一个正则函数, 若对 $1 \leqslant i \leqslant r$, 函数 $f \circ f_i^{-1}$ 是 $f_i(V)$ 上的正则函数.

设 Y 是另一个准代数簇. 从 X 到 Y 的连续映射 ϕ 定义为一个态射, 若对 Y 的任何一个开子集 U 和 U 上的正则函数 f, 函数 $f \circ \phi$ 是 $\phi^{-1}(U)$ 上的正则函数.

从定义可以看出, 像微分流形一样, 准代数簇是由不可约仿射代数集拼起来的, 要求转换函数是分式函数. 这样就有一个准代数簇范畴.

设 U 是一个准代数簇 X 的一个开子集, 那么 U 就自然是 X 的一个开子簇吗？这个问题不像微分流形中开子流形那么简单. 设 $X = \bigcup_{i=1}^r U_i$ 是 X 的一个仿射开覆盖, $Y_i = f_i(U_i)$ 是 $\mathbb{A}_k^{n_i}$ 中的不可约代数集, 但 $f_i(U \cap U_i)$ 不一定是 $\mathbb{A}_k^{n_i}$ 的代数集. 希望 $U \cap U_i$ 有一个仿射开覆盖 $U \cap U_i = \bigcup_{j=1}^{t_i} V_{ij}$, 同胚 $f_{ij} : V_{ij} \to Z_{ij}$, 其中 Z_{ij} 是 $\mathbb{A}_k^{n_{ij}}$ 中的代数集, 并且满足下面条件: $f_i \circ f_{ij}^{-1} : Z_{ij} \to Y_i$ 是一个正则映射. 以下引理告诉我们这样的仿射开覆盖是存在的.

引理 2.4.2.　设 X 是 $\mathbb{A}_k^n$ 中的一个不可约代数集, U 是 X 的一个非空开子集, 则存在 U 的一个仿射开覆盖 $U = \bigcup_{i=1}^r U_i$, 同胚 $f_i : U_i \to Y_i$, Y_i 是 $\mathbb{A}_k^{n+1}$ 的代数集, 使 U 成为一个准代数簇. 对每个 $1 \leqslant i \leqslant r$, 映射 $f_i^{-1} : Y_i \to X$ 是正则映射.

证　设 $U = X \cap \widetilde{U}$, 这里 $\widetilde{U}$ 是 $\mathbb{A}_k^n$ 的一个开子集. 由于主开集是 Zariski 拓扑的开基, 存在 $a_1, \cdots, a_r \in k[x_1, \cdots, x_n]$, 使 $\widetilde{U} = \bigcup_{i=1}^r D(a_i)$, 其中 $D(a_i) = \{p \in \mathbb{A}_k^n \mid a_i(p) \neq 0\}$ 是 a_i 所决定的主开集. 令 $U_i = D(a_i) \cap X$, 则 $U = \bigcup_{i=1}^r U_i$.

令
$$Y_i = \{(p, t) \in \mathbb{A}_k^{n+1} \mid p \in X, a_i(p)t - 1 = 0\},$$
则 Y_i 是 $\mathbb{A}_k^{n+1}$ 的代数集. 作映射
$$f_i : U_i \to \mathbb{A}_k^{n+1}, \quad p \mapsto \left(p, \frac{1}{a_i(p)}\right),$$
则 f_i 是从 U_i 到 Y_i 的同胚. 容易看出 U 在 $\{f_i\}_i$ 下形成一个准代数簇.

设 f 是 X 的开子集 V 上的一个正则函数, 则存在 $g, h \in k[x_1, \cdots, x_n]$, 使 $f(q) = g(q)/h(q)$ 对 $q \in V$ 成立. 于是 $f(q) = g(q)/h(q)$ 对 $(q, 1/a_i(q)) \in f_i(V \cap U_i)$ 都满足, 这里 g, h 看成是 $k[x_1, \cdots, x_n, t]$ 中的多项式. 也就是说,

$f \circ f_i^{-1}$ 是 $f_i(V \cap U_i)$ 上的正则函数. 根据定义映射 $f_i^{-1}: Y_i \to X$ 是正则映射. □

显然 $\mathbb{A}_k^n$ 中的一个不可约代数集是一个准代数簇, 与它同构的任何一个准代数簇叫做一个仿射簇. 以上讨论告诉我们任何一个准代数簇有一个有限仿射开覆盖.

仿射簇全体构成了准代数簇范畴的一个子范畴. 引理 2.4.2 表明, 仿射簇的任何一开子集是一个准代数簇, 这样的准代数簇通常叫做**拟仿射簇**(quasiaffine variety). 拟仿射簇全体构成了准代数簇范畴的一个包含仿射簇范畴的子范畴.

引理 2.4.3. 设 f, g 为仿射簇 X 上的正则函数, 在 X 的一个非空开子集 V 上 $f = g$, 那么在 X 的每一点都有 $f = g$.

证 这是因为满足 $f = g$ 的点集是 X 的包含 V 的闭子集, 而 V 在 X 中稠密. □

引理 2.4.4. 设 f 为仿射簇 $X \subseteq \mathbb{A}_k^n$ 上的正则函数, $g, h \in k[x_1, \cdots, x_n]$, U 是 X 的一个非空开子集, h 在 U 的任何一点不等于零, 并且 $f(p) = g(p)/h(p)$ 对所有 $p \in U$ 成立, 则 $f(p)h(p) = g(p)$ 对所有 $p \in X$ 成立.

证 由于 $fh - g$ 是 X 上的正则函数, 并且在 U 上取值零, 根据引理 2.4.3, $fh - g$ 在 X 上处处取值零. □

对任意准代数簇 X, 记 $\mathcal{O}(X)$ 为 X 上的正则函数全体所构成的集合, 它在通常的加法和乘法运算下构成一个交换环.

引理 2.4.5. 对任意准代数簇 X, $\mathcal{O}(X)$ 是一个整区.

证 设 $f, g \in \mathcal{O}(X)$ 满足 $fg = 0$. 令 $E = \{p \in X \mid f(p) = 0\}$, $F = \{p \in X \mid g(p) = 0\}$, 则 E, F 都是 X 的闭子集. 由于 $fg = 0$, 故 $X = E \cup F$. 因 X 不可约, $X = E$ 或 $X = F$ 成立, 因此 $f = 0$ 或 $g = 0$. □

定理 2.4.6. 仿射簇 X 上的正则函数环 $\mathcal{O}(X)$ 和它的坐标环同构.

证 设 $\mathbb{A}_k^n$ 中的仿射簇 X 的坐标环是 $A = k[x_1, \cdots, x_n]/P$, 其中 P 是 $k[x_1, \cdots, x_n]$ 的一个素理想. 设 $[f] \in A$, 按照定义 f 是 X 上的一个正则函数, 如果 f' 是 $[f]$ 的另一个代表元, 则 $f' = f + g$, $g \in P$. 由于 $g(a) = 0$ 对任意 $a \in X$ 成立, 因此 f' 和 f 决定了同一个正则函数, 所以 A 中的每个元素都决定了一个正则函数. 假定 $[f], [f'] \in A$ 决定同一个正则函数, 则 $f(a) - f'(a) = 0$ 对任何 $a \in X$ 成立, 因此 $f - f' \in P$, 故 $[f] = [f']$. 所以 A 中不同的元素决定了 X 上不同的正则函数. 剩下需要证明任何一个正则函数都是 A 中的元素.

设 $f: X \to k$ 是一个正则函数. 根据定义, 每个 $p \in X$ 都具有一个开邻域 U_p 以及 $g_p, h_p \in k[x_1, \cdots, x_n]$, 使 $h_p(q) \neq 0$ 且 $f(q) = g_p(q)/h_p(q)$ 对所有 $q \in U_p$ 成立. 根据命题 2.2.8, X 在 Zariski 拓扑下是紧的, 存在开覆盖 $X = \bigcup_{p \in X} U_p$

的一个有限子覆盖 $X = \bigcup_{i=1}^{s} U_{p_i}$. 根据引理 2.4.4 $g_{p_i}(b) = h_{p_i}(b)f(b)$ 对所有 $b \in X$ 成立.

由于 $h_{p_1}, \cdots, h_{p_s}$ 在 X 中没有公共零点, 根据 Hilbert 零点定理, 存在多项式 $u_1, \cdots, u_s$ 和 $v \in P$, 使

$$1 = u_1 h_{p_1} + \cdots + u_s h_{p_s} + v.$$

令 $w = u_1 g_{p_1} + \cdots + u_s g_{p_s}$, 则 $w \in k[x_1, \cdots, x_n]$.

对任意点 $b \in X$,

$$
\begin{aligned}
f(b) &= u_1(b)h_{p_1}(b)f(b) + \cdots + u_s(b)h_{p_s}(b)f(b) \\
&= u_1(b)g_{p_1}(b) + \cdots + u_s(b)g_{p_s}(b) \\
&= w(b).
\end{aligned}
$$

因此由 w 决定的正则函数与 f 相等.　□

设 $f : X \rightarrow Y$ 是两个仿射簇间的态射, 它诱导出环同态

$$f' : \mathcal{O}(Y) \rightarrow \mathcal{O}(X), \quad g \mapsto g \circ f.$$

因此 $\mathcal{O}$ 是从仿射簇范畴到有限生成 k-整区范畴的一个反变函子.

定理 2.4.7.　$\mathcal{O}$ 给出仿射簇范畴到有限生成 k-整区范畴的等价.

证　设 $R = k[x_1, \cdots, x_n]/P$, 其中 P 是 $k[x_1, \cdots, x_n]$ 的一个素理想. 令 $Z(R)$ 为 P 在 $\mathbb{A}_k^n$ 中所决定的代数集, 它是一个仿射簇. 设 $R' = k[y_1, \cdots, y_m]/P'$, $\phi : R \rightarrow R'$ 是一个 k-代数同态. 令

$$Z(\phi) : Z(R') \rightarrow \mathbb{A}_k^n, \quad p \mapsto (\phi(\bar{x}_1)(p), \cdots, \phi(\bar{x}_n)(p)).$$

对任意 $\overline{g(x_1, \cdots, x_n)} \in R$, 有

$$\phi(\overline{g(x_1, \cdots, x_n)}) = g(\phi(\bar{x}_1), \cdots, \phi(\bar{x}_n)).$$

因此 $g(\phi(\bar{x}_1), \cdots, \phi(\bar{x}_n)) = 0$ 对任何 $g(x_1, \cdots, x_n) \in P$ 成立. 所以 $Z(\phi)$ 的像在 $Z(R)$ 中. 容易验证 $Z(\phi)$ 是从 $Z(R')$ 到 $Z(R)$ 的态射, 并且 Z 是从有限生成 k-整区范畴到仿射簇范畴的一个反变函子.

根据定理 2.4.6, $\mathcal{O}(Z(R)) \cong R$, 并且 $Z(\mathcal{O}(X)) \cong X$ 对任意仿射簇 X 成立. 不难验证, $\mathcal{O}$ 和 Z 这两个函子也保持态射集合间的一一对应.　□

整个代数几何的基础在于代数集和多项式环中的理想的良好的对应关系, 要是基域 k 不是代数闭的则没有这些好的对应关系, 原因是 Hilbert 零点定理对非代数闭域不再成立.

引理 2.4.8.　设 Z 是准代数簇 X 的一个不可约闭子集, $j : Z \rightarrow X$ 是 Z 到 X

中的自然单射,则 Z 具有准代数簇结构,使 j 成为一个态射.

证　设 $X = \bigcup_{i=1}^{r} U_i$ 是 X 的一个仿射开覆盖,$f_i : U_i \to Y_i$ 是同胚,Y_i 是 $\mathbb{A}_k^{n_i}$ 中的不可约代数集,则 $Z = \bigcup_{i=1}^{r} Z \cap U_i$ 是 Z 的一个开覆盖. 不失一般性,可以设每个 $Z \cap U_i$ 非空.

由于 $f_i : U_i \to Y_i$ 是同胚,$f_i(Z \cap U_i)$ 是 Y_i 的不可约闭子集,因此它也是 $\mathbb{A}_k^{n_i}$ 中的不可约代数集. 很明显,$f_j \circ f_i^{-1} : f_i(Z \cap U_i \cap U_j) \to f_j(Z \cap U_i \cap U_j)$ 是正则映射. 所以 Z 成为一个准代数簇. 容易看出,j 是一个态射.　□

鉴于引理 2.4.8,准代数簇 X 的不可约闭子集也可以称为 X 的 **闭子簇**.

命题 2.4.9.　射影空间 $\mathbb{P}_k^n$ 中任意一个不可约代数集是准代数簇.

证　首先,$\mathbb{P}_k^n$ 的标准仿射开覆盖赋予它一个准代数簇的结构. 根据引理 2.4.8,它的每个闭子集是 $\mathbb{P}_k^n$ 的闭子簇.　□

鉴于命题 2.4.9,射影空间 $\mathbb{P}_k^n$ 中不可约代数集称作**射影簇**,射影簇的开子簇称为**拟射影簇**.

各种簇之间的关系可以用图 2.1 表示.

准代数簇
|
拟射影簇
射影簇　　　　拟仿射簇
|
仿射簇

图 2.1

习题

1. 设 X 是 $\mathbb{P}_k^n$ 中的一个不可约代数集,在命题 2.4.9 的意义下成为准代数簇. 证明 X 上的函数 f 在 X 的一个开子集上正则当且仅当存在相同次数的齐次多项式 $G, H \in k[x_0, \cdots, x_n]$,使得在 U 的每一点 p 都有 $f(p) = G(p)/H(p)$.

2. 设 Z 是仿射簇 X 的一个不可约闭子集,U 是 X 的一个开子集. 证明 $Z \cap U$ 是一个拟仿射簇.

2.5　准代数簇的局部环和函数域

设 X 是一个准代数簇,$p \in X$. 令

$$A = \{(U, f) \mid U \text{ 是包含 } p \text{ 点的开集}, f \text{ 是 } U \text{ 上的正则函数}\}.$$

对于 $(U, f), (V, g) \in A$,若存在包含 p 的开子集 $W \subseteq U \cap V$,使 $f(q) = g(q)$ 对所有 $q \in W$ 成立,则规定 $(U, f) \sim (V, g)$. 这显然是个等价关系. 记 $\mathcal{O}_{X, p}$ 为 A 的等价类集合. 将 (U, f) 代表的等价类记作 $[U, f]$.

在 $\mathcal{O}_{X, p}$ 上定义运算

$$[U, f] + [V, g] = [U \cap V, f+g],$$

$$[U, f][V, g] = [U \cap V, fg].$$

容易看出这些运算是有意义的,即与代表元的选取无关.

命题 2.5.1. $\mathcal{O}_{X,p}$ 在以上定义的运算下构成一个局部环,以 k 为剩余类域,它是一个整区.

证 容易验证 $\mathcal{O}_{X,p}$ 是交换环. 设 $[U, f]$, $[V, g]$ 是 $\mathcal{O}_{X,p}$ 中的非零元素. 设 W 是任意一个满足 $p \in W \subseteq U \cap V$ 的开子集. 令 $U_1 = \{q \in W \mid f(q) \neq 0\}$, $V_1 = \{q \in W \mid g(q) \neq 0\}$. 因 $[U, f] \neq 0$, $[V, g] \neq 0$, 故 $U_1 \neq \varnothing$, $V_1 \neq \varnothing$. 因 X 不可约, 故 $U_1 \cap V_1 \neq \varnothing$, 因此 fg 在 W 中不恒等于零, 所以 $\mathcal{O}_{X,p}$ 是整区.

作满同态:

$$\pi: \mathcal{O}_{X,p} \to k, \quad [U, f] \mapsto f(p),$$

则

$$\mathrm{Ker}(\pi) = \mathfrak{m}_p = \{[U, f] \in \mathcal{O}_{X,p} \mid f(p) = 0\}$$

是 $\mathcal{O}_{X,p}$ 的一个极大理想, 并且 $\mathcal{O}_{X,p}/\mathfrak{m}_p \cong k$. 设 $[U, f] \notin \mathfrak{m}_p$, 即 $f(p) \neq 0$, 则存在包含点 p 的一个开邻域 V, 使 $f(q) \neq 0$ 对所有 $q \in V$ 成立, 因而 $1/f$ 也是 V 上的正则函数, 并且 $[U, f][V, 1/f] = 1$. 因此 $\mathfrak{m}_p$ 是 $\mathcal{O}_{X,p}$ 的唯一的极大理想, 即 $\mathcal{O}_{X,p}$ 是局部环. □

局部环 $\mathcal{O}_{X,p}$ 叫做 X 在 p 点的局部环, 在不会引起混淆的情况下可以记成 $\mathcal{O}_p$.

注 2. 熟悉直极限(也叫正向极限)的读者可以看出 $\mathcal{O}_p = \varinjlim \mathcal{O}(U)$, 其中 U 是包含 p 的开子集, 而 $\mathcal{O}(U)$ 是 U 上的正则函数环.

设 $\phi: X \to Y$ 是准代数簇间的一个态射, 对任何一点 $p \in X$, ϕ 都诱导出一个环同态 $\phi': \mathcal{O}_{Y, \phi(p)} \to \mathcal{O}_{X,p}$ 满足 $\phi'(\mathfrak{m}_{Y, \phi(p)}) \subseteq \mathfrak{m}_{X,p}$. 它的定义如下:

设 $[U, f] \in \mathcal{O}_{Y, \phi(p)}$. 任取 p 的一个开邻域 $V \subseteq \phi^{-1}(U)$, 定义 $\phi'([U, f]) = [V, f \circ \phi]$. 显然 $[V, f \circ \phi]$ 和 V 的选取无关, 它也和 $[U, f]$ 的代表元选取无关. 所以映射 ϕ' 的定义是有意义的. 由于

$$[U_1, f_1] + [U_2, f_2] = [U_1 \cap U_2, f_1 + f_2],$$
$$[U_1, f_1][U_2, f_2] = [U_1 \cap U_2, f_1 f_2],$$

ϕ' 是一个环同态. 设 $f \in \mathfrak{m}_{Y, \phi(p)}$, 即 $f(\phi(p)) = 0$, 则 $(f \circ \phi)(p) = 0$, 即 $\phi'(f) \in \mathfrak{m}_{X,p}$. 因此 $\phi'(\mathfrak{m}_{Y, \phi(p)}) \subseteq \mathfrak{m}_{X,p}$. 换言之, ϕ' 是一个局部同态, 即从一个局部环到另一个局部环并且把极大理想映入极大理想的同态.

定义 12. 准代数簇间的一个态射 $\phi: X \to Y$ 叫做**闭嵌入**, 如果下面条件成立:

(1) ϕ 是单射;

(2) $\phi(X)$ 是 Y 的闭子集；

(3) 对任何点 $p\in X$，局部同态 $\phi':\mathcal{O}_{Y,\phi(p)}\to\mathcal{O}_{X,p}$ 是满射.

初学者容易忽略第三个条件. 从下面例子可以看出这个条件的重要性.

例 2. 设 $X=\mathbb{A}_k^1$，$Y=\mathbb{A}_k^2$. 令 $\phi(x)=(x^2,x^3)$，则前两个条件满足，然而第三个条件在 $x=0$ 这一点并不满足，这是因为 $[X,x]$ 不在 ϕ' 的像中.

引理 2.5.2. 设 $\phi:X\to Y$ 是一个闭嵌入，则 ϕ 是从 X 到它的像的同胚.

证 只需证明在定义 12 的 (1)，(3) 条件下 $\phi:X\to\mathrm{Im}(\phi)$ 是开映射.

先设 $X\subseteq\mathbb{A}_k^n$ 和 $Y\subseteq\mathbb{A}_k^m$ 都是仿射簇. 设 U 是 X 的一个开子集，则存在 f_1，$\cdots$，$f_r\in k[x_1,\cdots,k_n]$，使 $X-U$ 是 f_1，$\cdots$，f_r 的公共零点集. 任取 $p\in U$，则存在 f_i，使 $f_i(p)\neq 0$. 记 $\bar{f}_i$ 为 f_i 在 $\mathcal{O}_{X,p}$ 中的像. 由于局部同态 $\phi':\mathcal{O}_{Y,\phi(p)}\to\mathcal{O}_{X,p}$ 是满射，存在 $g,h\in k[y_1,\cdots,y_m]$，满足 $h(\phi(p))\neq 0$ 且 $\bar{f}_i=\phi'(g/h)$. 由于 $f_i(p)\neq 0$，故 $g(\phi(p)\neq 0$. 设 Z 为 g,h 在 Y 中的公共零点集，则 $W=\mathrm{Im}(\phi)\bigcap(Y-Z)$ 是 $\mathrm{Im}(\phi)$ 的包含点 $\phi(p)$ 的开子集. 对任意 $q\in W$，由于 $f_i(\phi^{-1}(q))=g(q)/h(q)\neq 0$，故 $\phi^{-1}(q)\in U$. 因此 $q\in\phi(U)$. 即得 $W\subseteq\phi(U)$. 所以 $\phi(U)$ 是 $\mathrm{Im}(\phi)$ 的开子集.

对一般情形，取 Y 的仿射开覆盖 $Y=\bigcup_i V_i$. 对每个 i 取 $\phi^{-1}(V_i)$ 的仿射开覆盖 $\phi^{-1}(V_i)=\bigcup_j U_{ij}$，则 $\phi:U_{ij}\to V_i\bigcap\mathrm{Im}(\phi)$ 仍满足定义 12 中 (1)，(3) 的条件，因此是开映射.

设 U 是 X 的任意一个开子集，则

$$\phi(U)=\bigcup_i\bigcup_j\phi(U\bigcap U_{ij}).$$

因为每个 $\phi(U\bigcap U_{ij})$ 是 $V_i\bigcap\mathrm{Im}(\phi)$ 的开子集，所以 $\phi(U)$ 是 $\mathrm{Im}(\phi)$ 的开子集. $\square$

引理 2.5.3. 闭嵌入的复合是闭嵌入.

证 由定义立刻推得. $\square$

设 X 是一个准代数簇 Y 的不可约闭子集，$j:X\to Y$ 是自然单射. 从引理 2.4.8 已经知道 j 是一个闭嵌入. 所以，就称 X 是 Y 的一个闭子簇.

很明显，射影簇的闭子簇也是射影簇.

设 X 是一个准代数簇. 令 Δ 为元素对 (U,f) 全体，其中 U 为 X 的非空开子集，f 为 U 上的正则函数. 设 $(U,f),(V,g)\in\Delta$，根据引理 2.2.2(2)，$U\bigcap V\neq\varnothing$，规定 $(U,f)\sim(V,g)$，若 f 和 g 在 $U\bigcap V$ 上取值相等. 易见 $\sim$ 是个等价关系. 在 $\Delta/\sim$ 中定义

$$(U,f)+(V,g)=(U\bigcap V,f+g),\quad(U,f)(V,g)=(U\bigcap V,fg).$$

容易看出这些运算是有意义的，即与代表元的选取无关.

命题 2.5.4. $\Delta/\sim$ 形成一个域,称为 X 的**函数域**,它里面的元素称为 X 上的有理函数.

证 用和命题 2.5.1 相仿的方法证明 $\Delta/\sim$ 是个整区. 设 $[U, f]$ 是它中的一个非零元,则存在 U 的一个非空开子集 V,使 $f(q) \neq 0$ 对所有 $q \in V$ 成立,故 $(V, 1/f) \in \Delta$ 且 $[U, f][V, 1/f] = 1$. 因此 $\Delta/\sim$ 形成一个域. $\square$

准代数簇 X 的函数域记作 $K(X)$.

引理 2.5.5. 一个准代数簇的函数域和它的任何一个非空开子簇的函数域同构.

证 设 U 是准代数簇 X 的一个非空开子集,则有自然的同态

$$\phi : K(U) \to K(X), \quad [V, f] \mapsto [V, f].$$

只要证明 ϕ 是满射就可以了.

设 $[W, f] \in K(X)$. 由于 $W \cap U \neq \varnothing$,故 $[W \cap U, f|_{W \cap U}] \in K(U)$ 且 $\phi([W \cap U, f|_{W \cap U}]) = [W, f]$. $\square$

引理 2.5.6. 设 X 是一个准代数簇.

(1) 对任意 $p \in X$,$[U, f] \mapsto [U, f]$ 给出从局部环 $\mathcal{O}_p$ 到函数域 $K(X)$ 的单同态;

(2) 对 X 的任意开子集 U,映射

$$\xi : \mathcal{O}(U) \to K(X), \quad f \mapsto [U, f]$$

是单同态,并且 $\mathcal{O}(U) = \bigcap_{p \in U} \mathcal{O}_p$.

证 (1) 设 $[U, f] \in \mathcal{O}_p$ 并且 (U, f) 代表 $K(X)$ 中的零元素,则存在非空开集 V,使 $(V, 0)$ 和 (U, f) 等价,即 $f(p) = 0$ 对所有 $p \in U \cap V$. 由于 X 不可约,故 $U \cap V$ 在 U 中稠密,因此 $f(p) = 0$ 对所有 $p \in U$ 成立,故从 $\mathcal{O}_p$ 到 $K(X)$ 的自然映射是单同态.

(2) 根据和 (1) 完全相同的理由可知 ξ 是单同态. 因此 $\mathcal{O}(U)$ 和 $\bigcap_{p \in U} \mathcal{O}_p$ 都是 $K(X)$ 的子环,对它们进行比较是有意义的. 从定义立刻推出

$$\mathcal{O}(U) = \bigcap_{p \in U} \mathcal{O}_p. \quad \square$$

设 $[U, f] \in K(X)$. 对任意 $p \in X$,若存在 p 的一个开邻域 V 和 V 上的正则函数 g,使 $(U, f) \sim (V, g)$,则称有理函数 $[U, f]$ 在 p 点有定义. 令 $\mathrm{dom}(f)$ 为由所有在点 p 有定义的点所构成的集合,则 $\mathrm{dom}(f)$ 是 X 的开子集,叫做 f 的定义域.

引理 2.5.7. 设 $[U, f] \in K(X)$,则存在唯一的 $h \in \mathcal{O}(\mathrm{dom}(f))$,使 $h|_U = f$ 并且对任何 $(V, g) \sim (U, f)$,都有 $V \subseteq \mathrm{dom}(f)$,$h|_V = g$.

证　对任意 $p \in \mathrm{dom}(f)$，根据 $\mathrm{dom}(f)$ 的定义存在 p 的一个开邻域 V 和 V 上的正则函数 g，使 $(U, f) \sim (V, g)$．假定 V_1 和 g_1 是另一组满足同样条件的元素，则 $(V_1, g_1) \sim (U, f) \sim (V, g)$，于是 $g_1(p) = g(p)$．因此可以定义 $\mathrm{dom}(f)$ 上的一个 k 值函数 h，它在点 p 的值是 $g(p)$．显然，$h \in \mathcal{O}(\mathrm{dom}(f))$ 且 $h|_U = f$．本引理的其余部分是很明显的．　□

准代数簇 X 上的一个有理函数 $[U, f]$ 经常用 f 表示，把它理解为 $\mathrm{dom}(f)$ 上的一个 k 值函数，而不是 X 上的 k-值函数．

命题 2.5.8.　设 X 为 $\mathbb{A}_k^n$ 中的一个仿射簇，A 为坐标环 $k[x_1, \cdots, x_n]/P$，则

(1) $\mathcal{O}(X) \cong A$；

(2) X 的函数域 $K(X)$ 同构于 A 的分式域；

(3) 设 A 的极大理想 $\mathfrak{m}$ 对应于 X 的点 p，则 $\mathcal{O}_p \cong A_{\mathfrak{m}} = S^{-1}A$，其中 $S = A - \mathfrak{m}$，$K(X)$ 同构于 $\mathcal{O}_p$ 的分式域．

证　(1) 这是定理 2.4.6 的内容．

(2)，(3) 可从定义推出．　□

2.6　代数簇的积

与流形不同，定义准代数簇的积是比较复杂的．先讨论仿射簇的积，再讨论射影簇的积．

设 X, Y 分别是 $\mathbb{A}_k^n$ 和 $\mathbb{A}_k^m$ 中的不可约代数集，其坐标环分别是 $k[x_1, \cdots, x_n]/P$ 和 $k[y_1, \cdots, y_m]/Q$．按通常的方式定义

$$X \times Y = \{(p, q) \in \mathbb{A}_k^n \times \mathbb{A}_k^m \mid p \in X, q \in Y\}.$$

很明显 $\mathbb{A}_k^n \times \mathbb{A}_k^m \cong \mathbb{A}_k^{n+m}$．所以 $X \times Y$ 是 $\mathbb{A}_k^{n+m}$ 的子集．设 $f_1, \cdots, f_r$ 是素理想 P 的生成元，$g_1, \cdots, g_s$ 是素理想 Q 的生成元．把 $f_1, \cdots, f_r, g_1, \cdots, g_s$ 都看成 $k[x_1, \cdots, x_n, y_1, \cdots, y_m]$ 中的多项式，则 $X \times Y$ 是 $f_1, \cdots, f_r, g_1, \cdots, g_s$ 在 $\mathbb{A}_k^{n+m}$ 中的公共零点集，所以 $X \times Y$ 是 $\mathbb{A}_k^{n+m}$ 中的代数集．

引理 2.6.1.　$X \times Y$ 是不可约的．

证　需要证明 $(f_1, \cdots, f_r, g_1, \cdots, g_s)$ 是 $k[x_1, \cdots, x_n, y_1, \cdots, y_m]$ 的素理想．

设 $u, v \in k[x_1, \cdots, x_n, y_1, \cdots, y_m]$，且

$$uv = a_1 f_1 + \cdots + a_r f_r + b_1 g_1 + \cdots + b_s g_s, \tag{2.4}$$

其中 $a_1, \cdots, a_r, b_1, \cdots, b_s \in k[x_1, \cdots, x_n, y_1, \cdots, y_m]$．

为使记号简单,记

$$u(x,\ y) = u(x_1,\ \cdots,\ x_n,\ y_1,\ \cdots,\ y_m),$$
$$v(x,\ y) = v(x_1,\ \cdots,\ x_n,\ y_1,\ \cdots,\ y_m).$$

令

$$A = \{q \in Y \mid u(x,\ q) \in (f_1,\ \cdots,\ f_r)\},$$
$$B = \{q \in Y \mid v(x,\ q) \in (f_1,\ \cdots,\ f_r)\}.$$

先证明 A 是 Y 的闭子集. 设 $q = (q_1,\ \cdots,\ q_m) \in Y - A$. 由于 $q \notin A$,存在 $p \in X$,使 $u(p,\ q) \neq 0$. 因此存在 q 在 Y 中的一个开邻域 U,使 $u(p,\ q') \neq 0$ 对所有 $q' \in U$ 成立,故 $U \subseteq Y - A$. 这证明了 A 是 Y 的闭子集. 同理 B 也是 Y 的闭子集.

设 q 是 Y 中任意一点. 根据(2.4)式, $u(p,\ q)v(p,\ q) = 0$ 对任意 $p \in X$ 成立,因此 $u(x,\ q)v(x,\ q) \in P$. 由于 P 是素理想, $u(x,\ q) \in P$ 或 $v(x,\ q) \in P$,即 $q \in A \cup B$. 因此 $Y = A \cup B$. 因为 Y 不可约,故 $A = Y$ 或 $B = Y$. 不妨设 $A = Y$. 于是 $u(p,\ q) = 0$ 对任意 $p \in X$, $q \in Y$ 成立.

多项式 $u(x,\ y)$ 可以写成

$$u(x,\ y) = a_1(x)b_1(y) + \cdots + a_t(x)b_t(y) + c_1(x)d_1(y) + \cdots + c_s(x)d_s(y) \tag{2.5}$$

的形式,其中 $t \geqslant 0$, $a_1(x),\ \cdots,\ a_t(x),\ c_1(x),\ \cdots,\ c_s(x) \in k[x_1,\ \cdots,\ x_n]$, $b_1(y),\ \cdots,\ b_t(y) \in k[y_1,\ \cdots,\ y_m]$, $d_1(y),\ \cdots,\ d_s(y) \in Q$. 可以在所有这样的表达式中选取一个使 t 最小,那么对任意一组不全为零的 $\lambda_1,\ \cdots,\ \lambda_t \in k$,线性组合 $\lambda_1 b_1(y) + \cdots + \lambda_t b_t(y)$ 不属于 Q. 否则的话, $b_1(y),\ \cdots,\ b_t(y)$ 中的一个元素将可表示成其他元素的线性组合再加上 Q 中的某个元素. 代入(2.5)式后得到 $u(x,\ y)$ 的一个与(2.5)式同样形式的表达式,但 t 的值减小了,这和 t 的极小性矛盾.

由于 $u(p,\ q) = 0$ 对任意 $p \in X$, $q \in Y$ 成立,对任意 $p \in X$,

$$a_1(p)b_1(y) + \cdots + a_t(p)b_t(y) \in Q,$$

因此 $a_1(p) = \cdots = a_t(p) = 0$. 这表明 $a_1(x),\ \cdots,\ a_t(x) \in P$. 所以 $u(x,\ y) \in (f_1,\ \cdots,\ f_r,\ g_1,\ \cdots,\ g_s)$. 因此 $(f_1,\ \cdots,\ f_r,\ g_1,\ \cdots,\ g_s)$ 是素理想. $\qquad\square$

值得注意的是, $X \times Y$ 的拓扑并不是 X 和 Y 的积拓扑. 然而,在积拓扑下的闭子集也是 $X \times Y$ 的闭子集.

仿射簇的积具有如下特征.

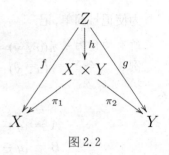

图 2.2

引理 2.6.2.　设 X, Y 是仿射簇, Z 是任意一个准代数簇. 假定 $f: Z \to X$, $g: Z \to Y$ 是两个态射, 则存在唯一的态射 $h: Z \to X \times Y$ 使 $f = \pi_1 \circ h$, $g = \pi_2 \circ h$, 其中 π_1, π_2 分别为 $X \times Y$ 到 X 和 Y 的投影映射(见图 2.2).

证　毫无疑问, π_1, π_2 是态射. 为使 $f = \pi_1 \circ h$, $g = \pi_2 \circ h$ 满足, $h(z)$ 必须等于 $(f(z), g(z))$. 因此只要证明映射

$$h: Z \to X \times Y, \quad z \mapsto (f(z), g(z))$$

是态射就可以了. 由态射的局部性质, 可以假定 Z 是仿射簇. 因为 f, g 分别由多项式给出, h 也由多项式给出, 所以 h 是正则映射. $\quad\square$

接下来构造任意两个准代数簇的积. 设 X, Y 分别是准代数簇, $X = \bigcup_{i=1}^{n} U_i$, $Y = \bigcup_{i=1}^{m} V_i$ 分别为它们的仿射开覆盖. 作为集合, 有

$$X \times Y = \bigcup_{i=1}^{n} \bigcup_{j=1}^{m} U_i \times V_j.$$

设 $f_i: U_i \to X_i \subseteq \mathbb{A}_k^{n_i}$ 和 $g_j: V_j \to Y_j \subseteq \mathbb{A}_k^{m_j}$ 为同胚. 映射

$$b_{ij}: U_i \times V_j \to X_i \times Y_j \subseteq \mathbb{A}_k^{n_i + m_j}, \quad (a, b) \mapsto (f_i(a), g_j(b))$$

是一一对应.

对任意 $1 \leqslant i, i' \leqslant n$, $1 \leqslant j, j' \leqslant m$, 有

$$(U_i \times V_j) \bigcap (U_{i'} \times V_{j'}) = (U_i \bigcap U_{i'}) \times (V_j \bigcap V_{j'}).$$

而

$$b_{ij} \circ b_{i'j'}^{-1}: b_{i'j'}((U_i \bigcap U_{i'}) \times (V_j \bigcap V_{j'})) \to b_{ij}((U_i \bigcap U_{i'}) \times (V_j \bigcap V_{j'}))$$

由

$$b_{ij} \circ b_{i'j'}^{-1}(a, b) = (f_i \circ f_{i'}^{-1}(a), g_j \circ g_{j'}^{-1}(b))$$

给出. 由引理 2.6.2 知 $b_{ij} \circ b_{i'j'}^{-1}$ 是正则映射, 当然它的逆也是正则映射, 从而它是一个准代数簇间的同构. 于是 $X \times Y$ 上有唯一的拓扑, 使每个 b_{ij} 是同胚. 这使 $X \times Y$ 成为一个准代数簇.

不难证明, 任意准代数簇的积也具有引理 2.6.2 中的性质.

定义 13.　一个准代数簇是**代数簇**若对角线

$$\Delta = \{(p, p) \in X \times X \mid p \in X\}$$

是 $X \times X$ 的闭子集.

所有的仿射簇是代数簇.

例 4. 令 $Y = Z = \mathbb{A}_k^1. 0_Y, 0_Z$ 分别为 Y, Z 上的零点. 令 $U = Y - \{0_Y\}, V = Z - \{0_Z\}$. 令 $\phi: U \to V$ 为把 U 中坐标为 x 的点映成 V 中坐标为 x 的点的映射. 于是 Y 和 Z 通过 ϕ 粘合成一个准代数簇 X. 由于 $(0_Y, 0_Z) \in X \times X - \Delta$ 而它在 Δ 的闭包中, 因此 X 不是代数簇.

接下来讨论射影簇的积. 从 $\mathbb{A}_k^n \times \mathbb{A}_k^m \cong \mathbb{A}_k^{n+m}$ 容易联想到 $\mathbb{P}_k^n \times \mathbb{P}_k^m \cong \mathbb{P}_k^{n+m}$. 然而这却是不正确的. 让我们介绍有名的 Segre 映射.

命题 2.6.3. 映射

$$\phi: \mathbb{P}_k^n \times \mathbb{P}_k^m \to \mathbb{P}_k^{(n+1)(m+1)-1}$$
$$((x_0 : x_1 : \cdots : x_n), (y_0 : y_1 : \cdots : y_m))$$
$$\longmapsto (x_0 y_0 : x_0 y_1 : \cdots : x_0 y_m : x_1 y_0 : \cdots : x_n y_m)$$

是一个闭嵌入.

证 将 $\mathbb{P}_k^{(n+1)(m+1)-1}$ 的 $(n+1)(m+1)$ 个齐次坐标排成矩阵, 则它中的点写成

$$\boldsymbol{A} = \begin{pmatrix} a_{00} & a_{01} & \cdots & a_{0m} \\ a_{10} & a_{11} & \cdots & a_{1m} \\ \vdots & \vdots & & \vdots \\ a_{n0} & a_{n1} & \cdots & a_{nm} \end{pmatrix}.$$

将 $\mathbb{P}_k^{(n+1)(m+1)-1}$ 的齐次坐标环写成

$$k[x_{00}, x_{01}, \cdots, x_{0m}, x_{10}, x_{11}, \cdots, x_{1m}, \cdots, x_{n0}, x_{n1}, \cdots, x_{nm}].$$

$\phi((x_0 : x_1 : \cdots : x_n), (y_0 : y_1 : \cdots : y_m))$ 可表示成

$$\begin{pmatrix} x_0 y_0 & x_0 y_1 & \cdots & x_0 y_m \\ x_1 y_0 & x_1 y_1 & \cdots & x_1 y_m \\ \vdots & \vdots & & \vdots \\ x_n y_0 & x_n y_1 & \cdots & x_n y_m \end{pmatrix}. \tag{2.6}$$

由于 $x_0, x_1, \cdots, x_n$ 不全为零, $y_0, y_1, \cdots, y_m$ 也不全为零, 因此

$$x_0 y_0, x_0 y_1, \cdots, x_0 y_m, x_1 y_0, \cdots, x_n y_m$$

不全为零, 映射 ϕ 是有意义的.

设

$$A = \begin{pmatrix} a_{00} & a_{01} & \cdots & a_{0m} \\ a_{10} & a_{11} & \cdots & a_{1m} \\ \vdots & \vdots & & \vdots \\ a_{n0} & a_{n1} & \cdots & a_{nm} \end{pmatrix} \in \mathrm{Im}(\phi).$$

不妨设 $a_{00} \neq 0$, 那么 $\phi^{-1}(A)$ 只含一个点

$$((a_{00}:a_{10}:\cdots:a_{n0}),\ (a_{00}:a_{01}:\cdots:a_{0m})).$$

因此 ϕ 是单射.

利用线性代数, 不难看出

$$A = \begin{pmatrix} a_{00} & a_{01} & \cdots & a_{0m} \\ a_{10} & a_{11} & \cdots & a_{1m} \\ \vdots & \vdots & & \vdots \\ a_{n0} & a_{n1} & \cdots & a_{nm} \end{pmatrix} \in \mathrm{Im}(\phi)$$

当且仅当 A 的秩等于 1, 也就是说 $\mathrm{Im}(\phi)$ 是所有 2×2 子式的公共零点集, 所以 $\mathrm{Im}(\phi)$ 是 $\mathbb{P}_k^{(n+1)(m+1)-1}$ 的闭子集.

设 $p = ((a_0:a_1:\cdots:a_n),\ (b_0:b_1:\cdots:b_m)) \in \mathbb{P}_k^n \times \mathbb{P}_k^m$. 不失一般性可设 $a_0 = b_0 = 1$. 于是 $p = ((a_1, \cdots, a_n), (b_1, \cdots, b_m)) \in \mathbb{A}_k^n \times \mathbb{A}_k^m$. 设 $h \in \mathcal{O}_{\mathbb{P}_k^n \times \mathbb{P}_k^m, p}$, 则存在 p 的一个开邻域 U 和多项式 $f(x_1, \cdots, x_n, y_1, \cdots, y_m)$, $g(x_1, \cdots, x_n, y_1, \cdots, y_m)$, 使 $h(q) = f(q)/g(q)$ 对任意 $q \in U$ 成立.

$\phi(p)$ 在 $\mathbb{P}_k^{(n+1)(m+1)-1}$ 的第一个齐次坐标 a_{00} 不等于零的仿射开集中. 令

$$F = f(x_{10}, \cdots, x_{n0}, y_{01}, \cdots, y_{0m}),$$
$$G = g(x_{10}, \cdots, x_{n0}, y_{01}, \cdots, y_{0m}),$$

则 F/G 是 $\mathbb{P}_k^{(n+1)(m+1)-1}$ 在 $\phi(p)$ 的某个开邻域上的正则函数, 并且 $\phi'(F/G) = h$. 因此 $\phi': \mathcal{O}_{\mathbb{P}_k^{(n+1)(m+1)-1}, \phi(p)} \to \mathcal{O}_{\mathbb{P}_k^n \times \mathbb{P}_k^m, p}$ 是满射. 所以 ϕ 是一个闭嵌入. □

系 2.6.4. **两个射影簇的积是射影簇.**

证　这是命题 2.6.3 和引理 2.5.3 的推论. □

在多项式环 $k[x_1, \cdots, x_n, y_1, \cdots, y_m]$ 中把变量分成 $x_1, \cdots, x_n$ 和 $y_1, \cdots, y_m$ 两组. 有时可把单项式 $x_1^{i_1} \cdots x_n^{i_n} y_1^{j_1} \cdots y_m^{j_m}$ 简记为 $x^i y^j$, 记 $|i| = i_1 + \cdots + i_n$, $|j| = j_1 + \cdots + j_m$. 就说 $x^i y^j$ 的 x-次数是 $|i|$, y-次数是 $|j|$.

设 r, s 是一对非负整数, $F \in k[x_1, \cdots, x_n, y_1, \cdots, y_m]$. 假如 F 的每个非零项的 x-次数都等于 r, y-次数都等于 s, 就称 F 是一个 (r, s) 次双齐次多项式. 它具有如下特征:

$$F(cx_1, \cdots, cx_n, y_1, \cdots, y_m) = c^r F(x_1, \cdots, x_n, y_1, \cdots, y_m),$$
$$F(x_1, \cdots, x_n, cy_1, \cdots, cy_m) = c^s F(x_1, \cdots, x_n, y_1, \cdots, y_m).$$

因此 F 在 $\mathbb{P}_k^n \times \mathbb{P}_k^n$ 的零点集是有意义的.

引理 2.6.5.　$\mathbb{P}_k^n \times \mathbb{P}_k^n$ 的一个子集 X 是闭集当且仅当它是一组双齐次多项式 $F_1, \cdots, F_t$ 的公共零点集.

证　$\Rightarrow$：设 Y 是 X 在 Segre 映射 ϕ 下的像, 则它是 $\mathbb{P}_k^{(n+1)(m+1)-1}$ 的一个闭子集, 因此它是

$$k[x_{00}, x_{01}, \cdots, x_{0m}, x_{10}, x_{11}, \cdots, x_{1m}, \cdots, x_{n0}, x_{n1}, \cdots, x_{nm}]$$

中若干个齐次多项式 $G_1, \cdots, G_t$ 的公共零点集. 设 G_i 的次数等于 d_i.

令 $F_i = G_i \circ \phi, (1 \leqslant i \leqslant t)$, 则 F_i 是一个 (d_i, d_i) 次的双齐次多项式. 容易看出 X 是 $F_1, \cdots, F_t$ 的公共零点集.

$\Leftarrow$：设 F_i 是 (r_i, s_i) 次双齐次多项式, 不妨设 $r_i \leqslant s_i$. 由于 $F_i(a, b) = 0$ 当且仅当 $a_0^{s_i - r_i} F_i(a, b) = \cdots = a_n^{s_i - r_i} F_i(a, b) = 0$, 而对每个 $1 \leqslant j \leqslant n$, 都存在

$$k[x_{00}, x_{01}, \cdots, x_{0m}, x_{10}, x_{11}, \cdots, x_{1m}, \cdots, x_{n0}, x_{n1}, \cdots, x_{nm}]$$

中的 s_i 次齐次多项式 G_{ij}, 使 $G_{ij} \circ \phi = x_j^{s_i - r_i} F_i(x, y)$. 因此 $X = \phi^{-1}(Y)$, 其中 Y 是 $\mathbb{P}_k^{(n+1)(m+1)-1}$ 的一个闭子集.　□

系 2.6.6.　射影空间是代数簇.

证　$\mathbb{P}_k^n \times \mathbb{P}_k^n$ 的对角线

$$\Delta = \{(p, p) \mid p \in \mathbb{P}_k^n\}$$

是一个闭子集. 因为它是全体 $(1, 1)$ 次双齐次多项式 $\{x_i y_j - x_j y_i\}_{0 \leqslant i < j \leqslant n}$ 的公共零点集.　□

命题 2.6.7.　任何一个代数簇的开子簇和闭子簇是代数簇.

证　设 U 是代数簇 X 的一个开子簇. 根据积的构造, $U \times U$ 的拓扑由 $X \times X$ 的拓扑诱导. 由于

$$\Delta_U = \Delta_Z \bigcap (U \times U),$$

因此 Δ_U 是 $U \times U$ 的闭子集.

闭子簇的证明相同.　□

立刻得到下面推论.

系 2.6.8.　拟射影簇是代数簇.

设 $F \in k[x_1, \cdots, x_n, y_1, \cdots, y_m]$. 假如 F 的每个非零项的 x -次数都等于 r, 就称 F 是关于 x 的 r 次齐次多项式. 它具有如下特征：

$$F(cx_1, \cdots, cx_n, y_1, \cdots, y_m) = c^r F(x_1, \cdots, x_n, y_1, \cdots, y_m).$$

因此 F 在 $\mathbb{P}_k^n \times \mathbb{A}_k^m$ 的零点集是有意义的. 如果把 $k[x_1, \cdots, x_n, y_1, \cdots, y_m]$ 看成系数在环 $k[y_1, \cdots, y_m]$ 上关于变元 $x_1, \cdots, x_n$ 的多项式环, 则 F 就是通常意义下的齐次多项式.

引理 2.6.9. $\mathbb{P}_k^n \times \mathbb{A}_k^m$ 的一个子集 X 是闭集当且仅当它是一组关于 x 的齐次多项式 $F_1, \cdots, F_t$ 的公共零点集.

证 $\Leftarrow$: $\mathbb{P}_k^n \times \mathbb{A}_k^m$ 是 $\mathbb{P}_k^n \times \mathbb{P}_k^m$ 的开子集. 令 $\widetilde{F}_1, \cdots, \widetilde{F}_t$ 为 $F_1, \cdots, F_t$ 关于变量 y 的齐次化, 则 X 在 $\mathbb{P}_k^n \times \mathbb{P}_k^m$ 中的闭包 $\overline{X}$ 是 $\widetilde{F}_1, \cdots, \widetilde{F}_t$ 的公共零点集. 因此 $X = \overline{X} \bigcap \mathbb{P}_k^n \times \mathbb{A}_k^m$ 是 $\mathbb{P}_k^n \times \mathbb{A}_k^m$ 的闭子集.

$\Rightarrow$: 若 X 是 $\mathbb{P}_k^n \times \mathbb{A}_k^m$ 的闭子集, 则 X 是 $\mathbb{P}_k^n \times \mathbb{P}_k^m$ 的一个闭子集 Z 与 $\mathbb{P}_k^n \times \mathbb{A}_k^m$ 的交, 而 Z 是一组双齐次多项式的公共零点集, 因此 X 是一组关于 x 的齐次多项式的公共零点集. $\square$

定义 14. 设 $f: X \to Y$ 是代数簇之间的一个态射, 则集合

$$\Gamma_f = \{(p, q) \in X \times Y \mid q = f(p)\}$$

称为 f 的图像.

引理 2.6.10. 对代数簇间的任何态射 $f: X \to Y$, Γ_f 是 $X \times Y$ 的不可约闭子集, 并且 $\gamma_f: X \to X \times Y$, $p \mapsto (p, f(p))$ 是闭嵌入.

证 作态射

$$\phi: X \times Y \to Y \times Y,$$
$$(x, y) \mapsto (f(x), y),$$

则

$$\Gamma_f = \phi^{-1}(\Delta_Y).$$

由于 Δ_Y 是闭集, 故 Γ_f 也是闭集.

由于 $j: X \to \Gamma_f$, $p \mapsto (p, f(p))$ 是同胚, 因此 Γ_f 是不可约的. $\square$

引理 2.6.11. 投影映射 $\pi: \mathbb{P}_k^n \times \mathbb{A}_k^m \to \mathbb{A}_k^m$ 把任何一个闭集映成闭集.

证 设 X 是 $\mathbb{P}_k^n \times \mathbb{A}_k^m$ 的一个闭子集, 根据引理 2.6.9, X 是关于 $n+1$ 个变量 $x_0, x_1, \cdots, x_n$ 系数在 $k[y_1, \cdots, y_m]$ 中的齐次多项式 $F_1, \cdots, F_t$ 的公共零点集. 设 F_i 关于 x 的次数是 d_i, 于是

$$\pi(X) = \{b \in \mathbb{A}_k^m \mid \{F_i(x, b)\}_{1 \leqslant i \leqslant t} \text{ 在 } \mathbb{P}_k^n \text{ 中有公共零点}\}.$$

记 I_s 为 $k[x_0, \cdots, x_n]$ 的理想 $(x_0, \cdots, x_n)^s$. 令

$$Z_s = \{b \in \mathbb{A}_k^m \mid I_s \nsubseteq (F_1(x, b), \cdots, F_t(x, b))\}.$$

由 Hilbert 零点定理推得 $\pi(X) = \bigcap_{s=1}^{\infty} Z_s$. 只要证明每个 Z_s 是闭集就可以了.

设 $\{M^\alpha\}_{1 \leqslant \alpha \leqslant \sigma}$ 为全体关于 x 的 s 次单项式. 设 $\{N_i^\beta\}_{1 \leqslant \beta \leqslant \tau_i}$ 是全体关于 x 的 $s - d_i$ 次单项式. 在等式

$$\sum_{i=1}^{t} F_i(x, y) \left(\sum_{\beta=1}^{\tau_i} c_{i\beta} N_i^\beta \right) = \sum_{\alpha=1}^{\sigma} h_\alpha(y, c_{i\beta}) M^\alpha$$

中, $h_\alpha(y, c_{i\beta})$ 是系数在 $k[y_1, \cdots, y_m]$ 中的关于变元 $\{c_{i\beta}\}$ 的线性型. 因此

$$\sum_{i=1}^{t} F_i(x, y) \left(\sum_{\beta=1}^{\tau_i} c_{i\beta} N_i^\beta \right) = (c_1, \cdots, c_{1\tau_1}, \cdots, c_{t1}, \cdots, c_{t\tau_t}) A \begin{pmatrix} M^1 \\ \vdots \\ M^\sigma \end{pmatrix},$$

其中 A 是 $k[y_1, \cdots, y_m]$ 上的 $T \times \sigma$ 矩阵, $T = \tau_1 + \cdots + \tau_t$. 根据线性代数, $I_s \nsubseteq (F_1(x, y), \cdots, F_t(x, y)) \Leftrightarrow \mathrm{rank}(A) < \sigma \Leftrightarrow A$ 的所有 σ 阶子式等于零. 因此 Z_s 是闭集. $\square$

系 2.6.12. 设 Y 是一个仿射簇, 则投影映射 $\pi: \mathbb{P}_k^n \times Y \to Y$ 把任何一个闭集映成闭集.

证 设 Y 是 $\mathbb{A}_k^m$ 的闭子集, 则 $\mathbb{P}_k^n \times Y$ 是 $\mathbb{P}_k^n \times \mathbb{A}_k^m$ 的闭子集. 根据引理 2.6.10, π 把 $\mathbb{P}_k^n \times Y$ 的任何一个闭子集映成 $\mathbb{A}_k^m$ 的闭子集. $\square$

定理 2.6.13. 设 X 是一个射影簇, Y 是一个任意的代数簇, $\pi: X \times Y \to Y$ 是投影映射, 则 π 把任何一个闭集映成闭集.

证 设 X 是射影空间 $\mathbb{P}_k^n$ 的闭子集. 由于 $X \times Y$ 是 $\mathbb{P}_k^n \times Y$ 的闭子集, 只需证明 $\pi: \mathbb{P}_k^n \times Y \to Y$ 把任何一个闭集映成闭集.

取 Y 的一个仿射开覆盖 $Y = \bigcup_i U_i$, 则 $\mathbb{P}_k^n \times Y = \bigcup_i \mathbb{P}_k^n \times U_i$ 是 $\mathbb{P}_k^n \times Y$ 的一个开覆盖. 设 Z 是 $\mathbb{P}_k^n \times Y$ 的一个闭子集. 根据系 2.6.12, $\pi(Z \cap (\mathbb{P}_k^n \times U_i))$ 是 U_i 的闭子集. 因此

$$\pi(Z) = \bigcup_i \pi(Z \cap (\mathbb{P}_k^n \times U_i))$$

是 Y 的闭子集. $\square$

定理 2.6.14. 设 $f: X \to Y$ 是从一个射影簇 X 到一个代数簇 Y 的态射, 则 $f(X)$ 是 Y 的一个闭子集.

证 设 Z 是 X 的一个闭子集. 根据引理 2.6.10, $\gamma_f: X \to X \times Y$, $p \mapsto (p, f(p))$ 是一个闭嵌入, $\gamma_f(Z)$ 是 $X \times Y$ 的闭子集. 由于 $f(Z) = \pi(\gamma_f(Z))$, 根据定理 2.6.13, $f(Z)$ 是 Y 的闭子集. $\square$

命题 2.6.15.　设 X 为 $\mathbb{P}^n_k$ 中的一个射影簇,以 $S(X)$ 为齐次坐标环,则

(1) $\mathcal{O}(X) = k$;

(2) 函数域 $K(X)$ 同构于 $S(X)_{(0)}$;

(3) 设齐次极大理想 $\mathfrak{m}$ 对应于 X 的点 p,则 $\mathcal{O}_p \cong S(X)_{(\mathfrak{m})}$. $K(X)$ 同构于 $\mathcal{O}_p$ 的分式域.

证　(1) 设 $f \in \mathcal{O}(X)$,则 f 给出一个态射

$$f: X \to \mathbb{A}^1_k \subseteq \mathbb{P}^1_k.$$

根据定理 2.6.14, $f(X)$ 是 $\mathbb{P}^1_k$ 的闭子集. 由于 X 不可约, $f(X)$ 也不可约. 又由于 $f(X) \neq \mathbb{P}^1_k$, $f(X)$ 只能是一个点. 因此 f 是平凡函数.

(2) 设 X 是 $\mathbb{P}^n_k$ 的闭子簇,其齐次坐标环是 $S(X) = k[x_0, x_1, \cdots, x_n]/P, P$ 是一个齐次素理想. 若 F, G 是两个同次的齐次多项式并且 $G \notin P$,则 $U = \{p \in X \mid G(p) \neq 0\}$ 是 X 的非空开子集,故 $[U, F/G] \in K(X)$. 很明显,所有这样的元素,即 $S(X)_{(0)}$,构成了 $K(X)$ 的一个子域.

设 $[V, f]$ 是 $K(X)$ 中任意一个元素. 不失一般性可设 $V \cap U_0 \neq \varnothing$,其中 $U_0 = \{(a_0 : a_1 : \cdots : a_n) \in \mathbb{P}^n_k \mid a_0 \neq 0\}$,则 $[V, f] = [V \cap U_0, f]$. 由于 $X \cap U_0$ 是仿射空间 $U_0 \cong \mathbb{A}^n_k$ 中的仿射簇,存在多项式 $g, h \in k[x_1, \cdots, x_n]$,使 h 在 $V \cap U_0$ 中处处不等于零并且 $f(q) = g(q)/h(q)$ 对所有 $q \in V \cap U_0$ 成立. 设 $r = \deg(g)$, $s = \deg(h)$. 令 $m = \max(r, s)$, $G = x_0^m g(x_1/x_0, \cdots, x_n/x_0)$, $H = x_0^m h(x_1/x_0, \cdots, x_n/x_0)$,则 G, H 是同次数的齐次多项式,并且 $G(q)/H(q) = f(q)$ 对任意 $q \in V \cap U_0$ 成立.

(3) 由于 $\mathcal{O}_p = \{G/H \in S(X)_{(0)} \mid H(p) \neq 0\}$. □

系 2.6.16.　设 X 是一个射影空间 $\mathbb{P}^n_k$ 中的一个不可约闭子集. 若 X 同时是一个仿射簇,则 X 是一个点.

证　设 $A = k[x_1, \cdots, x_r]/P$ 为 X(作为仿射簇) 的坐标环,则 $\mathcal{O}(X) = A$. 根据命题 2.6.15,有 $\mathcal{O}(X) = k$. 因此 $A = k$. 这说明素理想 P 是极大理想. 因此 X 是一个点. □

2.7　准代数簇的维数理论

众所周知,一个(连通的)微分流形在任何一点的维数都是相同的,对于不可约代数簇这个命题也成立. 下面先来探讨不可约 Noether 空间有没有类似的性质.

引理 2.7.1.　设 X 是一个有限维的不可约 Noether 空间, U 是 X 的一个非空开子集,则 $\dim U \leqslant \dim X$.

证 设 $F_1 \supset F_2 \supset \cdots \supset F_n$ 是 U 中的一个严格递降的不可约闭子集链. 令 $\overline{F}_i$ 为 F_i 在 X 中的闭包,则 $\overline{F}_1 \supset \overline{F}_2 \supset \cdots \supset \overline{F}_n$ 是 X 中的一个严格递降的不可约闭子集链. 所以 $\dim U \leqslant \dim X$. $\square$

引理中的不等式不能改成等式. 最简单的例子如下:令 X 是由两个点 a, b 构成的集合,将 $\varnothing$, X, $\{a\}$ 规定为 X 的全部开集,则 X 是一个不可约 Noether 空间,然而 $\dim X = 1$, $\dim\{a\} = 0$.

引理 2.7.2. 设 X 是一个准代数簇,则存在 X 的一个仿射开子集 U,使 $\dim U = \dim X$.

证 设 $P_0 \supset P_1 \supset \cdots \supset P_n$ 是 X 中一列严格递减的不可约闭子集链,其中 $n = \dim X$. 根据维数定义,这个链是长度最大的不可约闭子集链,因此 P_n 是一个点. 任取 X 的包含 P_n 的仿射开子集 U,则对每个 i, $P_i \cap U \neq \varnothing$. 根据准代数簇的定义,$X$ 是不可约的,因此 U 在 X 中稠密. 由于 P_i 是 X 的不可约闭子集,P_i 是 $P_i \cap U$ 在 X 中的闭包,由此推得 $P_i \cap U \neq P_{i-1} \cap U$ 对所有 $1 \leqslant i \leqslant n$ 成立. 因此 $P_0 \cap U \supset P_1 \cap U \supset \cdots \supset P_n \cap U$ 是 X 中一列严格递减的不可约闭子集链. 这证明了 $\dim X \leqslant \dim U$. 再根据引理 2.7.1 得 $\dim X = \dim U$. $\square$

定理 2.7.3. 设 A 是域 k 上的一个有限生成整区,K 是 A 的分式域,则 A 的 Krull 维数等于 K 在 k 上的超越次数.

证 设 d 是 K 的超越次数,根据定理 2.1.9,存在代数无关的 $y_1, \cdots, y_d \in A$,使 A 在 $k[y_1, \cdots, y_d]$ 上是整的. 根据引理 2.1.7 和定理 2.1.8,A 和 $k[y_1, \cdots, y_d]$ 具有相同的 Krull 维数. 所以可设 A 为多项式环 $k[y_1, \cdots, y_d]$.

对 $0 < i \leqslant d$,令 p_i 为 $\{y_1, \cdots, y_i\}$ 在 $k[y_1, \cdots, y_d]$ 中生成的理想,则 $0 = p_0 \subset p_1 \subset \cdots \subset p_d$ 是 A 的一个素理想升链. 所以 d 不超过 A 的 Krull 维数.

下面用归纳法证明 d 不小于 A 的 Krull 维数. 设 $0 = q_0 \subset q_1 \subset \cdots \subset q_r$ 是 A 的一个素理想升链. 任取 q_1 中的一个不可约多项式 F_1,则整区 $A/(F_1)$ 的 Krull 维数不小于 $r-1$. 然而 $A/(F_1)$ 的超越次数不超过 $d-1$. 由归纳法假设知 $d-1 \geqslant r-1$. $\square$

以下推论是引理 2.7.2 的推广.

系 2.7.4. 设 W 是一个准代数簇 X 的非空仿射开子集,则 $\dim W = \dim X$. 特别地,任何准代数簇都是有限维的.

证 根据引理 2.7.2,存在 X 的仿射开子集 U,使 $\dim U = \dim X$. 设 A 和 B 分别为 U 和 W 的坐标环. 根据引理 2.5.5,A 和 B 的分式域都同构于 X 的函数域,由定理 2.7.3 推得 $\dim A = \dim B$. 因此 $\dim W = \dim U = \dim X$. $\square$

设 Z 是代数簇 X 的闭子集,$Z = \bigcup_{i=1}^n Z_i$ 是 Z 的不可约分解. 定义

$$\dim(Z) = \max_{i=1}^{n} \dim(Z_i).$$

闭子集 Z 在 X 中的余维数定义为

$$\mathrm{codim}_X(Z) = \dim(X) - \dim(Z).$$

设 X 是仿射空间 $\mathbb{A}_k^n$ 中的一个代数集，以 $A = k[x_1, \cdots, x_n]/I$ 为坐标环. $X = \bigcup_{i=1}^{r} X_i$ 是其不可约分解. 设 P_i 是 $k[x_1, \cdots, x_n]$ 与 X_i 对应的 A 的极小素理想. 由于每个素理想降链必包含一个极小素理想, A 的 Krull 维数等于 $\max_{i=1}^{r} \dim(X_i)$, 因此对于仿射代数集来说, 如上定义的维数和以前的定义是一致的.

命题 2.7.5. 设 Z 是代数簇 X 的真闭子集, 则 $\dim(Z) < \dim(X)$.

证 不妨设 Z 是不可约的. 设 $r = \dim(Z)$, 则存在长度为 r 的不可约闭子集链

$$T_0 \subset T_1 \subset \cdots \subset T_r = Z.$$

由于

$$T_0 \subset T_1 \subset \cdots \subset T_r = Z \subset X$$

是一个长度等于 $r+1$ 的闭子集链, 因此 $\dim(X) > r$. □

引理 2.7.6. 设 X 是射影空间 $\mathbb{P}_k^n$ 中的一个非空的代数集, $X = \bigcup_{i=1}^{r} X_i$ 是其不可约分解. 设 H 是 $\mathbb{P}_k^n$ 的一个不包含任何 X_i 的超平面, 则 $\dim X$ 等于 $\mathbb{P}_k^n - H$ 中的代数集 $X - H$ 的维数.

证 由于 H 不包含 X_i, 对每个 i, $X_i - H$ 是 X_i 的非空仿射开子集, 根据系 2.7.4 $\dim X_i = \dim(X_i - H)$. 因此 $\dim X = \dim(X - H)$. □

引理 2.7.7. 设 X 是射影空间 $\mathbb{P}_k^n$ 中的一个非空的代数集, $X = \bigcup_{i=1}^{r} X_i$ 是其不可约分解, 则存在一个不包含任何一个 X_i 的超平面 H.

证 设 $x_0, x_1, \cdots, x_n$ 为 $\mathbb{P}_k^n$ 的齐次坐标. 对每个 i, 令

$$V_i = \{(c_0, c_1, \cdots, c_n) \in k^{n+1} \mid c_0 x_0 + c_1 x_1 + \cdots + c_n x_n = 0$$
$$\forall (x_0 : x_1 : \cdots : x_n) \in X_i\}.$$

由于 $(0:0:\cdots:0) \notin \mathbb{P}_k^n$, V_i 是向量空间 k^{n+1} 的真子空间. 又由于 k 是无限域, 则根据线性代数中熟知结果, 存在 $(c_0, c_1, \cdots, c_n) \in k^{n+1} - \bigcup_{i=1}^{r} V_i$. 令 H 为由 $c_0 x_0 + c_1 x_1 + \cdots + c_n x_n = 0$ 定义的超平面, 则它不包含任何 X_i. □

引理 2.7.8. 设 X 是射影空间 $\mathbb{P}_k^n$ 中的一个维数大于零的代数集, H 是 $\mathbb{P}_k^n$ 的一个超平面, 则 $X \bigcap H \neq \varnothing$.

证 不失一般性可设 X 不可约. 假定 $X \cap H = \varnothing$, 则 X 是仿射空间 $\mathbb{A}_k^n = \mathbb{P}_k^n - H$ 的不可约闭子集. 根据系 2.6.16, X 只含一个点, 与 $\dim X > 0$ 矛盾. □

命题 2.7.9. 设 X 是射影空间 $\mathbb{P}_k^n$ 中的一个维数大于零的代数集, $X = \bigcup_{i=1}^r X_i$ 是其不可约分解, H 是 $\mathbb{P}_k^n$ 的一个不包含任何 X_i 的超平面, 则 $\dim(H \cap X) = \dim(X) - 1$.

证 不失一般性, 可设 X 是一个维数大于零的不可约代数集. 根据引理 2.7.8, 存在 $p \in X \cap H$. 任取一个不同于 H 并且不包含 p 的超平面 H_0, 设之为由 $x_0 = 0$ 定义的超平面. 于是 $X - H_0$ 是 X 的非空仿射开子集, 位于 $\mathbb{A}_k^n = \mathbb{P}_k^n - H_0$ 中, 其坐标环 $A = k[x_1, \cdots, x_n]/P$ 是一个整区, 即 P 是 $k[x_1, \cdots, x_n]$ 的一个素理想. 而 $H - H_0$ 是一个线性函数 $f = c_0 + c_1 x_1 + \cdots + c_n x_n$ 的零点, 其中 c_0, c_1, $\cdots$, $c_n \in k$. 由于 $p \in X - H_0$ 且 $f(p) = 0$, 故 f 在 A 中的自然像不是 A 的可逆元. 又因为 H 不包含 X, 故 $f \notin P$. 根据定理 2.2.11, A 的主理想 $(\bar{f})$ 的高度等于 1. 因此 $\dim A/(\bar{f}) = \dim(A) - 1 = \dim(X) - 1$. 所以 $\dim(H \cap X) = \dim(X) - 1$. □

2.8 射影簇的 Hilbert 多项式

定义 15. 多项式 $\lambda(x) \in \mathbb{Q}[x]$ 称为一个整值多项式, 若存在 $N \in \mathbb{Z}$, 使当 $n > N$ 时, $\lambda(n) \in \mathbb{Z}$.

引理 2.8.1. $\lambda(x) \in \mathbb{Q}[x]$ 是一个 r 次整值多项式当且仅当

$$\lambda(x) = c_0 \binom{x}{r} + c_1 \binom{x}{r-1} + \cdots + c_r, \tag{2.7}$$

其中 $\binom{x}{r}$ 表示 $x(x-1) \cdots (x-r+1)/r!$, $c_i \in \mathbb{Z}$, $c_0 \neq 0$.

证 很明显, 对每个非负整数 i, 有理系数多项式 $\binom{x}{i}$ 是整值多项式.

反过来, 设 $\lambda(x) \in \mathbb{Q}[x]$ 是一个整值多项式, 它总可唯一地表达成 (2.7) 式的形式, 其中 $c_i \in \mathbb{Q}$, 需证每个 $c_i \in \mathbb{Z}$. 为此, 对 r 进行归纳. 当 $r = 0$ 时, $c_0 \in \mathbb{Z}$ 是显然的, 假定引理对次数小于 r 的多项式成立, 令 $f(x) = \lambda(x+1) - \lambda(x)$. 由

$$\binom{x+1}{i} - \binom{x}{i} = \binom{x}{i-1}$$

推得

$$f(x) = c_0 \binom{x}{r-1} + c_1 \binom{x}{r-2} + \cdots + c_{r-1},$$

这是个次数小于 r 的整值多项式, 由归纳假设 $c_0, \cdots, c_{r-1} \in \mathbb{Z}$. 由于

$$\lambda(x) - c_0 \binom{x}{r} - c_1 \binom{x}{r-1} - \cdots - c_{r-1} x$$

是整值多项式, c_r 也是整数. □

引理 2.8.2. 设 $f: \mathbb{Z} \to \mathbb{Z}$ 是一个映射, 假如存在一个整值多项式 $\lambda(x)$, 使 $f(s) - f(s-1) = \lambda(s)$ 对充分大的 $s \in \mathbb{Z}$ 成立, 则存在整值多项式 $\mu(x)$, 使 $f(s) = \mu(s)$ 对充分大的 s 成立.

证 设

$$\lambda(x) = c_0 \binom{x}{r} + c_1 \binom{x}{r-1} + \cdots + c_r,$$

其中 $c_i \in \mathbb{Z}$, 令

$$\xi(x) = c_0 \binom{x}{r+1} + c_1 \binom{x}{r} + \cdots + c_r x,$$

则 $\xi(x+1) - \xi(x) = \lambda(x)$, 于是 $\xi(s+1) - f(s) = \xi(s) - f(s-1)$ 对充分大的 $s \in \mathbb{Z}$ 成立, 即当 s 充分大时 $\xi(s+1) - f(s)$ 是个常数. □

引理 2.8.3. 设 I 为 $k[x_0, \cdots, x_n]$ 的齐次理想, $S = k[x_0, \cdots, x_n]/I$, S_r 为 S 的 r 次部分, 则存在一个整值多项式 $P_I(x) \in \mathbb{Q}[x]$, 使 $P_I(r) = \dim_k(S_r)$ 对充分大的 r 成立.

证 设 Δ 为由所有使命题不成立的齐次理想 I 所组成的集合, 如果 $\Delta \neq \varnothing$, 则存在一个极大元 I, 显然 $I \neq (x_0, \cdots, x_n)$, 于是有某个 i, 满足 $x_i \notin I$, 令 J 为由 I 和 x_i 生成的齐次理想, 根据假设结论对 J 成立, 记 $S' = k[x_0, \cdots, x_n]/J$.

令 $\phi: k[x_0, \cdots, x_n] \to S$, $a \mapsto x_i a$, 这是 $k[x_0, \cdots, x_n]$-分次模间的 1 次同态, $\mathrm{Ker}(\phi)$ 是 $k[x_0, \cdots, x_n]$ 的齐次理想且 $\mathrm{Ker}(\phi) \supseteq I$, 令 $S'' = k[x_0, \cdots, x_n]/\mathrm{Ker}(\phi)$, 于是有正合列

$$0 \to S'' \xrightarrow{\bar{\phi}} S \to S' \to 0,$$

其中 $\bar{\phi}$ 是由 ϕ 诱导的同态, 从而

$$\dim_k(S_r) = \dim_k(S_r') + \dim_k(S_{r-1}'') \tag{2.8}$$

对所有 r 成立. 如果 $\mathrm{Ker}(\phi) \neq I$, 由 I 的极大性得知引理对 $\mathrm{Ker}(\phi)$ 成立, 根据

(2.8)式得知结论对于 I 成立, 形成矛盾. 如果 $\mathrm{Ker}(\phi)=I$, 则 $S''_{r-1}=S_{r-1}$, 于是

$$\dim_k(S_r) - \dim_k(S_{r-1}) = \dim_k(S'_r)$$

对所有 r 成立, 根据引理 2.8.2 结论对于 I 也成立, 也形成矛盾. 因此 Δ 是空集. □

定义 16.　引理 2.8.3 中的整值多项式 $P_I(x)$ 称为齐次理想 I 的 Hilbert 多项式. 若 X 是 $\mathbb{P}^n_k$ 中的一个代数集, 由齐次理想 I 定义, $P_I(x)$ 也记作 $P_X(x)$, 称为 X 的 Hilbert 多项式.

设 I 为 $k[x_0, \cdots, x_n]$ 的齐次理想. 定义

$$I' = \{z \in k[x_0, \cdots, x_n] \mid zx_i \in I (i = 0, \cdots, n)\}.$$

显然 I' 是 $k[x_0, \cdots, x_n]$ 的包含 I 的齐次理想. 下面的引理是定义 I' 的第一个原因.

引理 2.8.4.　设 I 为 $k[x_0, \cdots, x_n]$ 的齐次理想, I' 如上定义, 则 I 和 I' 具有相同的 Hilbert 多项式, 即 $P_I(x) = P_{I'}(x)$.

证　设 $F_1, \cdots, F_r$ 为 I' 的一组齐次生成元. 令 $d = \max_{i=1}^{r} \deg F_i$. 对任何自然数 $s > r$ 和任何 $G \in I'_s$, 都存在正次数的齐次元 $H_1, \cdots, H_r$, 使 $G = F_1 H_1 + \cdots + F_r H_r$. 根据 I' 的定义 $G \in I$. 因此 $I_s = I'_s$ 对 $s > r$ 都成立. 引理得证. □

引理 2.8.5.　齐次理想 I 和 I' 具有相同的零点集.

证　设 $c = (c_0, \cdots, c_n) \in \mathbb{P}^n_k$ 是 I 的一个零点. 设 $F \in I'$, 则 $x_i F \in I$ 对 $i = 0, \cdots, n$ 成立. 因此 $c_i F(c) = 0$ 对 $i = 0, \cdots, n$ 成立. 由于 $c_0, \cdots, c_n$ 不全为零, 故 $F(c) = 0$. □

对任意齐次元 z 定义 $Ann_I(z) = \{a \in k[x_0, \cdots, x_n] \mid az \in I\}$. 它是包含 I 的一个齐次理想, 且 $Ann_I(z) \subseteq (x_0, \cdots, x_n)$ 当且仅当 $z \notin I$. 记 $\Gamma(I) = \{Ann_I(z) \mid z \notin I\}$.

引理 2.8.6.　理想集合 $\Gamma(I)$ 中的极大元都是齐次素理想.

证　设 $J = Ann_I(z)$ 是 $\Gamma(I)$ 中的一个极大元. 设 a, b 是 $k[x_0, \cdots, x_n]$ 中两个齐次元, 满足 $ab \in J$, 即 $abz \in I$. 如果 $bz \in I$, 则 $b \in J$, 否则 $a \in Ann_I(bz) \in \Gamma(I)$. 由于 $Ann_I(z) \subseteq Ann_I(bz)$, 由 J 的极大性推得 $Ann_I(bz) = J$, 即得 $a \in J$. 所以 J 是素理想. □

记 $\Pi(I)$ 为 $\Gamma(I)$ 中的素理想全体构成的子集. 由于 $\Gamma(I)$ 的任何一个成员都包含在 $\Gamma(I)$ 的某个极大元中, 故 $\bigcup_{J \in \Gamma(I)} J = \bigcup_{J \in \Pi(I)} J$.

引理 2.8.7.　素理想集合 $\Pi(I)$ 是个有限集合.

证　令 Δ 是 $k[x_0, \cdots, x_n]$ 的使这个引理不成立的全部齐次理想 I 构成的

集合. 假定 $\Delta \neq \varnothing$. 设 I 是它的一个极大元. 任取 $\Gamma(I)$ 中的一个极大元 $J = Ann_I(z)$. 令 L 为由 I 和 z 生成的理想. 根据 I 的极大性, 引理对齐次理想 L 成立. 设 $P_1, \cdots, P_m$ 是 $\Gamma(L)$ 中的全部素理想. 设 $P = Ann_I(y)$ 是 $\Gamma(I)$ 的任意一个素理想. 对于元素 y 分两种情形讨论. 第一种情形是存在齐次元 $a \in k[x_0, \cdots, x_n]$, 使 $ay \in L \backslash I$, 则存在齐次元 b 及 $v \in I$, 使 $ay = bz + v$ 并且 $bz \notin I$. 由于 $Ann_I(z) \subseteq Ann_I(bz)$ 且 $Ann_I(z)$ 是 $\Gamma(I)$ 中的极大元, $Ann_I(bz) = Ann_I(z) = J$. 设 $c \in Ann_I(ay)$, 则 $cay \in I$, 故 $ca \in P$. 由 $ay \notin I$ 推得 $a \notin P$. 因 P 是素理想, 故 $c \in P$. 因此 $P = Ann_I(y) = Ann_I(ay) = Ann_I(bz) = J$. 第二种情形是对任何齐次元 $a \in k[x_0, \cdots, x_n]$, 只要 $ay \in L$, 就有 $ay \in I$. 这意味着 $Ann_I(y) = Ann_L(y)$, 因此 $P \in \{P_1, \cdots, P_m\}$. 因此在任何情形下 $P \in \{J, P_1, \cdots, P_m\}$. 与 $I \in \Delta$ 矛盾. 因此 $\Delta = \varnothing$. $\qquad \square$

下面的引理是定义 I' 的另一个原因.

引理 2.8.8. 设 I 为 $k[x_0, \cdots, x_n]$ 的包含在 $(x_0, \cdots, x_n)$ 中但不等于 $(x_0, \cdots, x_n)$ 的齐次理想, I' 如上定义. 则 $I \neq I'$ 当且仅当对任意 $c_0, \cdots, c_n \in k$, 都存在 $b \notin I$ 使 $b(c_0 x_0 + \cdots + c_n x_n) \in I$.

证 先设 $I \neq I'$. 任取 $b \in I' \backslash I$, 则 $b(c_0 x_0 + \cdots + c_n x_n) \in I$ 对任意 $c_0, \cdots, c_n \in k$ 成立.

再设对任意 $c_0, \cdots, c_n \in k$, 都存在 $b \notin I$, 使 $b(c_0 x_0 + \cdots + c_n x_n) \in I$. 根据 $\Gamma(I)$ 的定义有 $(x_0, \cdots, x_n) = \bigcup_{J \in \Gamma(I)} J = \bigcup_{J \in \Pi(I)} J$. 根据引理 2.8.7 和 ([2], p. 8, 1.11), $(x_0, \cdots, x_n)$ 是 $\Pi(I)$ 的一个成员, 也就是说存在 $z \in k[x_0, \cdots, x_n] \backslash I$, 使 $(x_0, \cdots, x_n) = Ann_I(z)$. 根据 I' 的定义 $z \in I'$. $\qquad \square$

定理 2.8.9. 设 I 为 $k[x_0, \cdots, x_n]$ 的包含在 $(x_0, \cdots, x_n)$ 中但不等于 $(x_0, \cdots, x_n)$ 的齐次理想, X 是 I 在射影空间 $\mathbb{P}_k^n$ 中的零点集, 则 I 的 Hilbert 多项式的次数等于 X 的维数.

证 对 $\dim X$ 进行归纳. 先设 $\dim X = 0$, 则存在 x_i, 使 $x_i^r \notin I$ 对任何自然数 r 成立. 不失一般性可设 $i = 0$. 令 $J = \{f(1, x_1, \cdots, x_n) \mid f(x_0, x_1, \cdots, x_n) \in I\}$. 由于 $\dim X = 0$, 环 $A = k[x_1, \cdots, x_n]/J$ 是 Artin 环, 这意味着 A 是有限维 k 向量空间. 设 $d = \dim_k A$. 设 $\bar{f_1}, \cdots, \bar{f_d}$ 为 A 在 k 上的一组基, 其中 $f_1, \cdots, f_d \in k[x_1, \cdots, x_n]$. 设 $N = \max\{\deg f_i\}_{1 \leq i \leq d}$. 对任何自然数 $m \geq N$ 和任何 $1 \leq i \leq d$, 令

$$F_i = x_0^m f_i\left(\frac{x_1}{x_0}, \cdots, \frac{x_n}{x_0}\right).$$

容易看出 m 次齐次多项式 $F_1, \cdots, F_d$ 在 $k[x_0, x_1, \cdots, x_n]/I$ 中的像是该分次

环的 m 次齐次部分的 k-基. 因此 X 的 Hilbert 多项式是非零常数 d, 也就是说它是零次多项式.

再设 $\dim X > 0$. 根据引理 2.8.4 和引理 2.8.5 可设 $I' = I$. 再由引理 2.8.8, 存在 $x_0, \cdots, x_n$ 生成的 k-空间中的非零元 x, 使 $xb \notin I$ 对任何 $b \notin I$ 成立. 经适当的线性变换可设 $x = x_0$.

记 $S = k[x_0, x_1, \cdots, x_n]/I$. 根据刚才对 x_0 所加的条件映射 $\phi: S \to S$, $f \mapsto x_0 f$ 是单射, 故有正合列

$$0 \to S \xrightarrow{\phi} S \to S' \to 0, \tag{2.9}$$

其中 $S' = k[x_0, \cdots, x_n]/I'$, I' 是由 x_0 和 I 生成的齐次理想. 根据命题 2.7.9, I' 的零点集的维数是 $\dim X - 1$. 根据归纳假设 $\deg P_{I'}(x) = \dim X - 1$. 由正合列 (2.9) 式推得 $P_I(x) - P_I(x-1) = P_{I'}(x)$. 所以

$\deg P_I(x) = \deg P_{I'}(x) + 1 = \dim X.$ $\quad\square$

定义 17. 设 X 是射影空间中的一个 r 维代数集, 它的 Hilbert 多项式的首项系数为 c, 则整数 $r!c$ 定义为 X 的次数.

例 5. 任何 $\mathbb{P}_k^r$ 的次数等于 1; 任何 d 次超曲面的次数等于 d.

设 D 是 $\mathbb{P}_k^n$ 中的一个射影曲线, H 是一个不包含 D 的 r 次超曲面, 由 r 次齐次多项式 $F(X_0, \cdots, X_n) = 0$ 定义, 则 $H \bigcap D$ 含有限多个点. 对于 $p \in H \bigcap D$, 不妨设 $p \in U_0 = \{(a_0 : \cdots : a_n) \in \mathbb{P}_k^n \mid a_0 \neq 0\}$, 设 $x_1, \cdots, x_n$ 为 U_0 的仿射坐标, $D \bigcap U_0$ 的坐标环为 A, 令 $f(x_1, \cdots, x_n) = F(1, x_1, \cdots, x_n)$, 则 A_p/fA_p 是有限维的 k-空间, 定义 D 与 H 在点 p 的相交数为 $I_p(D, H) = \dim_k(A_p/fA_p)$. 定义 D 和 H 的相交数 $D \cdot H = \sum_{p \in D \bigcap H} I_p(D, H)$.

2.9 有理映射

设 X, Y 是 k 上的代数簇. 记 Γ 为元素对 (U, f) 全体构成的集合, 其中 U 是 X 的一个非空开子集, f 是从 U 到 Y 的一个态射. 对 $(U, f), (V, g) \in \Gamma$, 如果 $f|_{U \cap V} = g|_{U \cap V}$, 则规定 $(U, f) \sim (V, g)$.

验证这是一个等价关系. 自反性和对称性是明显的, 只需验证传递性. 设 $(U, f) \sim (V, g) \sim (W, h)$. 由于 X 不可约, $U \bigcap V \bigcap W \neq \varnothing$. 由于 $f|_{U \cap V} = g|_{U \cap V}$, $g|_{V \cap W} = h|_{V \cap W}$, 因此 $f|_{U \cap V \cap W} = h|_{U \cap V \cap W}$. 令 $\sigma: U \bigcap W \to Y \times Y$ 为由 $\sigma(p) = (f(p), h(p))$ 定义的态射, 则

$$\{p \in U \bigcap W \mid f(p) = h(p)\} = \sigma^{-1}(\Delta_Y),$$

其中 $\Delta_Y = \{(q, q) \mid q \in Y\}$ 是 Y 的对角线. 由代数簇的定义得知 Δ_Y 是 $Y \times Y$ 的闭子集, 因此 $\{p \in U \cap W \mid f(p) = h(p)\}$ 是 $U \cap W$ 的闭子集. 由于 $U \cap V \cap W$ 在 $U \cap W$ 中稠密, 因此 $\{p \in U \cap W \mid f(p) = h(p)\} = U \cap W$, 即 $f \mid_{U \cap W} = h \mid_{U \cap W}$. 因此 $[U, f] \sim [W, h]$.

在这个等价关系下的一个等价类 $[U, f]$ 称为从 X 到 Y 的一个有理映射, 通常记作

$$f : X \dashrightarrow Y.$$

设 $[U, f]$ 是从 X 到 Y 的一个有理映射, $[V, g]$ 是从 Y 到 Z 的一个有理映射. 一般情况下并不能定义它们的复合. 如果 $f(U)$ 在 Y 中稠密 (这样的有理映射叫做几乎满的映射), 则 $f^{-1}(V) \neq \varnothing$. 此时 $[f^{-1}(V), g \circ f]$ 就定义为 $[U, f]$ 和 $[V, g]$ 的复合, 记为 $[V, g] \circ [U, f]$.

引理 2.9.1. 设 X, Y 为仿射簇, 分别以 A, B 为坐标环. 设 $f : X \to Y$ 是一个态射, 对应环同态 $\phi : B \to A$, 则 f 是几乎满的映射当且仅当 ϕ 是单射.

证 设 Z 为 $f(X)$ 在 Y 中的闭包. 如果 f 不是几乎满的映射, 则 $Z \neq Y$. 因此存在非零的 $h \in I(Z)$. 于是 $h \in \mathrm{Ker}(\phi)$. 故 ϕ 不是单射. 反之, 设 ϕ 不是单射, 则 $\mathrm{Ker}(\phi)$ 的在 Y 中的公共零点集 W 是 Y 的真闭子集. 对任意 $p \in X$ 和任意 $h \in \mathrm{Ker}(\phi)$, 都有 $h(f(p)) = \phi(h)(p) = 0$. 因此 $f(p) \in W$, 即得 $f(X) \subseteq W$. 因此 f 不是几乎满的映射. $\square$

设 $[U, f]$ 是从 X 到 Y 的一个几乎满的映射. 如果存在从 Y 到 X 的一个几乎满的映射 $[V, g]$, 使 $[V, g] \circ [U, f]$ 和 $[U, f] \circ [V, g]$ 都是恒等映射, 则称 $[U, f]$ 为从 X 到 Y 的一个**双有理映射**. 这时 $[V, g]$ 是从 Y 到 X 的一个双有理映射. 如果 $f : X \to Y$ 是一个态射并且 $[X, f]$ 是双有理映射, 则 f 称作一个**双有理态射**.

例 6. 从 $\mathbb{P}_k^n$ 的一个标准仿射主开集到 $\mathbb{A}_k^n$ 的同构映射是一个双有理映射.

设 $[U, f]$ 是从 X 到 Y 的一个有理映射. 对任意 $q \in X$, 若存在 q 的一个开邻域 V 和从 V 到 Y 的态射 g, 使 $f(p) = g(p)$ 对所有 $p \in U \cap V$ 成立, 则称有理映射 $[U, f]$ 在点 q 有定义. 令 $\mathrm{dom}(f)$ 为由所有使 $[U, f]$ 在点 q 有定义的点 q 所构成的集合, 则 $\mathrm{dom}(f)$ 是 X 的开子集, 叫做 f 的**定义域**.

引理 2.9.2. 设 $[U, f]$ 是从 X 到 Y 的一个有理映射, 则存在唯一的态射 $h : \mathrm{dom}(f) \to Y$, 使 $h \mid_U = f$, 并且对任何 $[V, g] \sim [U, f]$, 都有 $V \subseteq \mathrm{dom}(f)$, $h \mid_V = g$.

证 对任意 $p \in \mathrm{dom}(f)$, 根据 $\mathrm{dom}(f)$ 的定义, 存在 p 的一个开邻域 V 和态射 $g : V \to Y$, 使 $(U, f) \sim (V, g)$. 假定 V_1 和 g_1 是另一组满足同样条件的元素,

则$(V_1, g_1) \sim (U, f) \sim (V, g)$,于是$g_1(p) = g(p)$.因此可以定义一个态射$h$: $\mathrm{dom}(f) \to Y$满足$h(p) = g(p)$.特别,$h|_U = f$成立.

假定$(V, g) \sim (U, f)$.根据$\mathrm{dom}(f)$的定义,$V \subseteq \mathrm{dom}(f)$.又根据$h$的定义, 有$h|_V = g$.　□

定理 2.9.3.　从代数簇X到另一代数簇Y的一个有理映射$[U, f]$是双有理映射当且仅当存在U的一个非空开子集V,使$f:V \to f(V)$是一个同构.

证　设$[U, f]$是双有理映射,则存在从Y到X的一个几乎满的映射$[V, g]$,使$[V, g] \circ [U, f]$和$[U, f] \circ [V, g]$都是恒等映射.于是$f:f^{-1}(g^{-1}(U)) \to g^{-1}(f^{-1}(V))$是一个同构.

充分性是显然的.　□

习题

1. 证明两个拟仿射簇的积是拟仿射簇,两个拟射影簇的积是拟射影簇.

2. 设$f:X \to Y$是从一个射影簇X到一个拟仿射簇Y的态射,则$f(X)$是一个点.

3. 令
$$X = \{((x_1, x_2), (z_0 : z_1)) \in \mathbb{A}_k^2 \times \mathbb{P}_k^1 \mid x_1 z_0 = x_2 z_1\},$$
$$\pi : X \to \mathbb{A}_k^2, ((x_1, x_2), (z_0 : z_1)) \mapsto (x_1, x_2).$$

证明:

(1) X是不可约代数簇;

(2) π是双有理态射;

(3) $\pi^{-1}((0, 0)) \cong \mathbb{P}_k^1$.

(X, π)叫做$\mathbb{A}_k^2$在点$(0, 0)$的爆炸.

4. 设X和Y是两个代数簇.证明$\dim(X \times Y) = \dim(X) + \dim(Y)$.

5. 将$\mathbb{A}_k^2$按标准的方式看作$\mathbb{P}_k^2$的开子集.令$f(x, y) = (y/x, y)$为从$\mathbb{A}_k^2$的开子集$U = \{(x, y) \in \mathbb{A}_k^2 \mid x \neq 0\}$到$\mathbb{A}_k^2$的态射,则$(U, f)$定义了从$\mathbb{P}_k^2$到自身的一个有理映射.试决定$\mathrm{dom}(f)$.

2.10　代数簇的光滑性

定义 18.　设X是$\mathbb{A}_k^n$中的一个d维仿射簇,$f_1, \cdots, f_s$为理想$I(X)$的一组生成元,p为X上一点.若Jacobi矩阵$(\partial f_i / \partial x_j)$在点$p$的秩等于$n-d$,则称$X$在点$p$**光滑**;若$X$在每一点都光滑,则称$X$为一个光滑仿射簇.非光滑点也叫做**奇点**.

按照这个定义,x 上的点不是光滑点就是奇点.

定义 19. 设 R 为一个局部诺特环,$\mathfrak{m}$ 为它的极大理想,$k = R/\mathfrak{m}$. 若 $\dim_k(\mathfrak{m}/\mathfrak{m}^2)$ 等于 R 的 Krull 维数,则称 R 为**正则局部环**.

引理 2.10.1. 设 X 是 $\mathbb{A}_k^n$ 中的一个仿射簇,$f_1,\cdots,f_s$ 为理想 $I(X)$ 的一组生成元,$a = (a_1,\cdots,a_n)$ 为 X 上一点,r 为 Jacobi 矩阵 $(\partial f_i(a)/\partial x_j)$ 的秩,$\mathfrak{m}$ 为 $\mathcal{O}_a$ 的极大理想,则 $\dim_k(\mathfrak{m}/\mathfrak{m}^2) = n - r$.

证 把多项式环 $k[x_1,\cdots,x_n]$ 在点 a 的极大理想 $(x_1-a_1,\cdots,x_n-a_n)$ 记作 q,则 $I(X)_a \subseteq q$ 且 $\mathfrak{m} = q/I(X)_a$,对任意 $b \in q$,它在 $\mathfrak{m}$ 中的像记作 $[b]$.

不妨设 r 阶子式 $|\partial f_i(a)/\partial x_j|_{1\leqslant i\leqslant r,\, 1\leqslant j\leqslant r} \neq 0$. 由

$$
\begin{bmatrix} f_1 \\ \vdots \\ f_r \end{bmatrix} \equiv \begin{bmatrix} \dfrac{\partial f_1}{\partial x_1}(a) & \cdots & \dfrac{\partial f_1}{\partial x_n}(a) \\ \vdots & & \vdots \\ \dfrac{\partial f_r}{\partial x_1}(a) & \cdots & \dfrac{\partial f_r}{\partial x_n}(a) \end{bmatrix} \begin{bmatrix} x_1 - a_1 \\ \vdots \\ x_n - a_n \end{bmatrix} \pmod{q^2}
$$

推得

$$
\begin{bmatrix} x_1 - a_1 \\ \vdots \\ x_r - a_r \end{bmatrix} \equiv \begin{bmatrix} \dfrac{\partial f_1}{\partial x_1}(a) & \cdots & \dfrac{\partial f_1}{\partial x_r}(a) \\ \vdots & & \vdots \\ \dfrac{\partial f_r}{\partial x_1}(a) & \cdots & \dfrac{\partial f_r}{\partial x_r}(a) \end{bmatrix}^{-1} \begin{bmatrix} f_1 \\ \vdots \\ f_r \end{bmatrix}
$$

$$
- \begin{bmatrix} \dfrac{\partial f_1}{\partial x_1}(a) & \cdots & \dfrac{\partial f_1}{\partial x_r}(a) \\ \vdots & & \vdots \\ \dfrac{\partial f_r}{\partial x_1}(a) & \cdots & \dfrac{\partial f_r}{\partial x_r}(a) \end{bmatrix}^{-1} \begin{bmatrix} \dfrac{\partial f_1}{\partial x_{r+1}}(a) & \cdots & \dfrac{\partial f_1}{\partial x_n}(a) \\ \vdots & & \vdots \\ \dfrac{\partial f_r}{\partial x_{r+1}}(a) & \cdots & \dfrac{\partial f_r}{\partial x_n}(a) \end{bmatrix} \begin{bmatrix} x_{r+1} - a_{r+1} \\ \vdots \\ x_n - a_n \end{bmatrix} \pmod{q^2}.
$$

因此 q 中的任意一个元素 b 均可表成

$$ b \equiv c_1 f_1 + \cdots + c_r f_r + c_{r+1}(x_{r+1} - a_{r+1}) + \cdots + c_n(x_n - a_n) \pmod{q^2}, $$

其中 $c_i \in k$,这表示

$$ [b] \equiv c_{r+1}[x_{r+1} - a_{r+1}] + \cdots + c_n[x_n - a_n] \pmod{\mathfrak{m}^2}, $$

因此 $f_1,\cdots,f_r,x_{r+1}-a_{r+1},\cdots,x_n-a_n$ 在 q/q^2 中的像构成 k-向量空间 q/q^2 的基,而 k-向量空间 $\mathfrak{m}/\mathfrak{m}^2$ 由 $[x_{r+1}-a_{r+1}],\cdots,[x_n-a_n]$ 生成.

假如 $c_{r+1},\cdots,c_n \in k$,使 $c_{r+1}[x_{r+1}-a_{r+1}] + \cdots + c_n[x_n-a_n] \equiv 0 \pmod{\mathfrak{m}^2}$,

则

$$c_{r+1}(x_{r+1} - a_{r+1}) + \cdots + c_n(x_n - a_n) \equiv f \pmod{q^2},$$

其中 $f \in I(X)$. 于是存在 $c_1, \cdots, c_r \in k$, 使

$$f \equiv c_1 f_1 + \cdots + c_r f_r \pmod{q^2},$$

即得

$$-c_1 f_1 - \cdots - c_r f_r + c_{r+1}(x_{r+1} - a_{r+1}) + \cdots + c_n(x_n - a_n) \equiv 0 \pmod{q^2},$$

故 $c_1 = \cdots = c_n = 0$, 即 $[x_{r+1} - a_{r+1}], \cdots, [x_n - a_n]$ 线性无关, 所以 $\dim_k(\mathfrak{m}/\mathfrak{m}^2) = n - r$. $\square$

定理 2.10.2. 一个仿射簇在一点光滑当且仅当它在该点的局部环是正则局部环.

证 由引理 2.10.1 立刻推出. $\square$

定义 20. 一个代数簇在一点**光滑**若它在该点的局部环是正则局部环; 若它在每一点都光滑, 则称该代数簇为**光滑代数簇**.

与定义 18 比较, 本定义和仿射坐标无关, 因此是内蕴的. 特别, 定义 18 中的维数与理想的生成元的选取无关.

引理 2.10.3. 设 R 是一个有限维局部诺特整区, I 是 R 中的一个非零真理想, 则 $\dim(R) > \dim(R/I)$.

证 设 $d = \dim(R/I)$, $\bar{I}_0 \subset \bar{I}_1 \subset \cdots \subset \bar{I}_d$ 是 R/I 中的一个素理想升链, 其中 $I_0, I_1, \cdots, I_d$ 是 R 中包含 I 的素理想, 则

$$0 \subset I_0 \subset I_1 \subset \cdots \subset I_d$$

是 R 中长度等于 $d+1$ 的素理想升链, 因此 $\dim(R) > d$. $\square$

引理 2.10.4. 设 $f_1, \cdots, f_n \in k[x_1, \cdots, x_n]$, $a = (a_1, \cdots, a_n) \in \mathbb{A}_k^n$ 满足

$$f_1(a) = \cdots = f_n(a) = 0, \quad \left| \frac{\partial f_i(a)}{\partial x_j} \right|_{1 \leqslant i, j \leqslant n} \neq 0,$$

则对任意 $1 \leqslant r \leqslant n$, $f_1, \cdots, f_r$ 在局部环 $S = k[x_1, \cdots, x_n]_a$ 中生成的理想是素理想.

证 令 $\mathfrak{m} = (x_1 - a_1, \cdots, x_n - a_n)S$. 由于 $\left| \frac{\partial f_i(a)}{\partial x_j} \right|_{1 \leqslant i, j \leqslant n} \neq 0$, $f_1, \cdots, f_n$ 在 $\mathfrak{m}/\mathfrak{m}^2$ 中的像生成 $\mathfrak{m}/\mathfrak{m}^2$.

对任何自然数 d, 由于

$$\{(x_1-a_1)^{e_1}\cdots(x_n-a_n)^{e_n}\}_{e_i\geq 0,\ \sum_i e_i\leq d}$$

在 $S/\mathfrak{m}^{d+1}$ 中的像构成 k-向量空间 $S/\mathfrak{m}^{d+1}$ 的基,而

$$\{f_1^{e_1}\cdots f_n^{e_n}\}_{e_i\geq 0,\ \sum_i e_i\leq d}$$

在 $S/\mathfrak{m}^{d+1}$ 中的像生成 $S/\mathfrak{m}^{d+1}$,所以 $\{f_1^{e_1}\cdots f_n^{e_n}\}_{e_i\geq 0,\ \sum_i e_i\leq d}$ 在 $S/\mathfrak{m}^{d+1}$ 中的像也构成了 $S/\mathfrak{m}^{d+1}$ 的基.

对任意 $1\leq r\leq n$,令 I 为 $f_1,\cdots,f_r$ 在 S 中生成的理想,$R=S/I$,$\mathfrak{m}'=\mathfrak{m}/I$,则 $\mathfrak{m}'$ 是诺特局部环 R 的极大理想,故 $\bigcap_{i=0}^{\infty}\mathfrak{m}'^{i}=0$. 设 α,β 为 R 中的非零元,分别由 S 中的元素 a,b 所代表,则存在自然数 c,d,使 $\alpha\notin\mathfrak{m}'^{c+1}$,$\beta\notin\mathfrak{m}'^{d+1}$. 将 a,b 分别表示成

$$a=\sum_{\sum e_i\leq c}\lambda_{e_1,\cdots,e_n}f_1^{e_1}\cdots f_n^{e_n}\quad(\mathrm{mod}\ \mathfrak{m}^{c+1}),$$

$$b=\sum_{\sum e_i\leq d}\mu_{e_1,\cdots,e_n}f_1^{e_1}\cdots f_n^{e_n}\quad(\mathrm{mod}\ \mathfrak{m}^{d+1}),$$

则存在非负整数 $u_{r+1},\cdots,u_n$ 及 $v_{r+1},\cdots,v_n$,满足 $u_{r+1}+\cdots+u_n\leq c$,$v_{r+1}+\cdots+v_n\leq d$,$\lambda_{0,\cdots,0,u_{r+1},\cdots,u_n}\neq 0$,$\mu_{0,\cdots,0,v_{r+1},\cdots,v_n}\neq 0$. 因此 $\alpha\beta\notin\mathfrak{m}'^{c+d+1}$,故 $\alpha\beta\neq 0$,由此推得 I 是素理想. □

定理 2.10.5. 设 X 是由多项式 $f_1,\cdots,f_s\in k[x_1,\cdots,x_n]$ 定义的 d 维仿射代数簇,$a=(a_1,\cdots,a_n)$ 是 X 的一个光滑点,则存在 $\mathbb{A}_k^n$ 的一个包含 a 的开子集 U 及 $f_1,\cdots,f_s$ 中 $n-d$ 个元素,不妨设为 $f_1,\cdots,f_{n-d}$,使 $X\bigcap U=Z\bigcap U$,其中 Z 是 $f_1,\cdots,f_{n-d}$ 在 $\mathbb{A}_k^n$ 中的公共零点集.

证 设 S 为 $\mathbb{A}_k^n$ 在 a 点的局部环,则 $R=S/(f_1,\cdots,f_s)S$. 令 $r=n-d$. 不失一般性,可设 $\left|\dfrac{\partial f_i(a)}{\partial x_j}\right|_{1\leq i\leq r,\ 1\leq j\leq r}\neq 0$. 由引理 2.10.4 知,$S/(f_1,\cdots,f_r)S$ 是一个整区. 根据引理 2.10.3 知,$R=S/(f_1,\cdots,f_r)S$.

设 Z 是 $f_1,\cdots,f_{n-d}$ 在 $\mathbb{A}_k^n$ 中的公共零点集,则 $\mathcal{O}_{Z,a}=R$. 于是 a 是 Z 的光滑点. 因此 Z 只有一个不可约分支包含点 a. 存在 $\mathbb{A}_k^n$ 的包含点 a 的开子集 U,使 $Z\bigcap U$ 不可约,故 $\dim(Z\bigcap U)=d$. 因为 $X\bigcap U\subseteq Z\bigcap U$,所以 $X\bigcap U=Z\bigcap U$. □

系 2.10.6. 设 X 是 $\mathbb{P}_{\mathbb{C}}^n$ 中的一个 d 维光滑射影簇,则 X 是一个 d 维紧复流形.

证 由于 X 不可约,它在通常的拓扑下是连通的. 由定理 2.10.5 知,X 是一个 d 维复流形. 由于 $\mathbb{P}_{\mathbb{C}}^n$ 在通常的拓扑下是紧的,而 X 是闭子集,因此 X 在通常的拓扑下是紧的. □

系 2.10.7. 设 X 和 Y 是复数域上的代数簇,$f:X\to Y$ 是一个态射,$f(p)=$

q，X，Y 分别在点 p，q 光滑，则 f 在 p 的附近是全纯映射.

　　证　这是因为在局部坐标下 f 由分式函数定义.　□

　　由以上系 2.10.6 和系 2.10.7 即得从复射影曲线范畴到紧 Riemann 面范畴的自然函子.

第 3 章 一维代数函数域

3.1 有限可分扩张的范和迹

在这一节里先复习有限扩张的范和迹这两个常用的映射. 为简单起见,限于可分扩张的情形.

设 L 是域 K 的 n 次可分扩张. 设 $\sigma_1, \cdots, \sigma_n$ 是从 L 到 L 的代数闭包 $\overline{L}$ 中的保持 K 中元素不变的两两不同的嵌入. 对任何 $\alpha \in L$,定义

$$N_{L/K}(\alpha) = \prod_{i=1}^{n} \sigma_i(\alpha),$$

$$Tr_{L/K}(\alpha) = \sum_{i=1}^{n} \sigma_i(\alpha),$$

分别称为 α 的范和迹.

设 $p(x) \in K[x]$ 是 α 在 K 上的极小多项式,$d = \deg(p)$. 根据域的有限扩张的理论,n 是 d 倍数,即 $n = dr$,其中 r 是自然数. 将 n 次多项式 $f(x) = p(x)^r$ 称为 α 的特征多项式.

设 $\tau_1, \cdots, \tau_d$ 是从 $K[\alpha]$ 到 $\overline{L}$ 中的保持 K 中元素不变的嵌入,则

$$\sigma_1 \mid_{K[\alpha]}, \cdots, \sigma_n \mid_{K[\alpha]}$$

分成 d 组,每一组含 r 个与某个 τ_i 相同的元素,而且不同的组里的元素不相同.

由于 α 在 K 上可分,$p(x)$ 在 $\overline{L}$ 中有 d 个两两不同的根 $\alpha = \alpha_1, \cdots, \alpha_d$. 因此

$$p(x) = (x - \alpha_1) \cdots (x - \alpha_d) = (x - \tau_1(\alpha)) \cdots (x - \tau_d(\alpha)).$$

于是 α 的特征多项式是

$$f(x) = (x - \sigma_1(\alpha)) \cdots (x - \sigma_n(\alpha)).$$

由此推得 $N_{L/K}(\alpha) \in K$, $Tr_{L/K}(\alpha) \in K$.

设 $\alpha, \beta \in L$,则

$$N_{L/K}(\alpha\beta) = \prod_{i=1}^{n} \sigma_i(\alpha\beta) = \prod_{i=1}^{n} \sigma_i(\alpha) \prod_{i=1}^{n} \sigma_i(\beta) = N_{L/K}(\alpha) N_{L/K}(\beta),$$

$$Tr_{L/K}(\alpha+\beta) = \sum_{i=1}^{n}\sigma_i(\alpha+\beta) = \sum_{i=1}^{n}\sigma_i(\alpha) + \sum_{i=1}^{n}\sigma_i(\beta) = Tr_{L/K}(\alpha) + Tr_{L/K}(\beta).$$

于是有下述命题.

命题 3.1.1. $N_{L/K}:L^{*} \to K^{*}$ 是乘法同态, $Tr_{L/K}:L \to K$ 是加法同态.

另一方面, 对固定的 $\alpha \in L$, 映射

$$\rho_{\alpha}:L \to L, \quad \beta \longmapsto \alpha\beta$$

是一个 K-线性映射.

定理 3.1.2. 元素 $\alpha \in L$ 的特征多项式 $f(x)$ 恰好等于线性变换 ρ_{α} 的特征多项式. 特别, $N_{L/K}(\alpha)$ 和 $Tr_{L/K}(\alpha)$ 分别等于 ρ_{α} 在任意一组基下的矩阵的行列式和迹.

证 设 α 的极小多项式为 $p(x) = x^d + a_{d-1}x^{d-1} + \cdots + a_1x + a_0$. 任取 L 在 $K[\alpha]$ 上的一组基 $\beta_1, \cdots, \beta_r$, 则

$$\beta_1, \alpha\beta_1, \cdots, \alpha^{d-1}\beta_1,$$
$$\beta_2, \alpha\beta_2, \cdots, \alpha^{d-1}\beta_2,$$
$$\cdots\cdots$$
$$\beta_r, \alpha\beta_r, \cdots, \alpha^{d-1}\beta_r$$

构成 L 在 K 上的一组基. 在这组基下线性变换 ρ_{α} 的矩阵是分块对角阵

$$\begin{pmatrix} M & & \\ & \ddots & \\ & & M \end{pmatrix},$$

其中

$$M = \begin{pmatrix} 0 & 0 & 0 & \cdots & 0 & -a_0 \\ 1 & 0 & 0 & \cdots & 0 & -a_1 \\ 0 & 1 & 0 & \cdots & 0 & -a_2 \\ \vdots & \vdots & \ddots & \ddots & \vdots & \vdots \\ \vdots & \vdots & & \ddots & 0 & \vdots \\ 0 & 0 & 0 & \cdots & 1 & -a_{d-1} \end{pmatrix}.$$

所以 ρ_{α} 的特征多项式等于 $p(x)^r$. $\quad\square$

定理 3.1.3. 设 L/K 是 n 次有限可分扩张, 则映射

$$\phi:L \times L \to K, \quad (x, y) \longmapsto Tr_{L/K}(xy)$$

是非退化的 K-双线性型. 设 $L = K[\alpha]$, α 的极小多项式是 $f(x)$. 设

$$f(x) = (x-\alpha)(\beta_0 + \beta_1 x + \cdots + \beta_{n-1} x^{n-1}),$$

则 K-空间 L 的基

$$1, \alpha, \cdots, \alpha^{n-1}$$

在双线性型 ϕ 下的对偶基是

$$\frac{\beta_0}{f'(\alpha)}, \cdots, \frac{\beta_{n-1}}{f'(\alpha)}.$$

证　显然 ϕ 是 K-双线性型. 由于 L/K 是可分扩张, $f'(\alpha) \neq 0$, 因此 $\beta_i / f'(\alpha) \in L$.

设 $\sigma_1, \sigma_2, \cdots, \sigma_n$ 是从 L 到 L 的代数闭包 $\overline{L}$ 中的保持 K 中所有元素不变的嵌入全体, 记

$$\alpha_1 = \sigma_1(\alpha), \cdots, \alpha_n = \sigma_n(\alpha),$$

则

$$f(x) = (x-\alpha_i)(\sigma_i(\beta_0) + \sigma_i(\beta_1) x + \cdots + \sigma_i(\beta_{n-1}) x^{n-1}) \tag{3.1}$$

对 $1 \leqslant i \leqslant n$ 成立. 对 $0 \leqslant r \leqslant n-1$, 令

$$F_r(x) = x^r - \sum_{i=1}^{n} \frac{f(x)}{x-\alpha_i} \frac{\alpha_i^r}{f'(\alpha_i)}.$$

由 $\deg(F_r) \leqslant n-1$ 并且由 (3.1) 式推得 $\alpha_1, \cdots, \alpha_n$ 都是 $F_r(x) = 0$ 的根, $F_r(x)$ 恒等于零. 即

$$\sum_{i=1}^{n} (\sigma_i(\beta_0) + \sigma_i(\beta_1) x + \cdots + \sigma_i(\beta_{n-1}) x^{n-1}) \frac{\alpha_i^r}{f'(\alpha_i)} = x^r$$

对所有 $0 \leqslant r \leqslant n-1$ 成立. 比较等式两边的系数, 得

$$\sum_{i=1}^{n} \frac{\sigma_i(\beta_j)}{f'(\sigma_i(\alpha))} \sigma_i(\alpha)^r = \begin{cases} 1, & \text{若 } j = r, \\ 0, & \text{若 } j \neq r. \end{cases}$$

因此

$$\frac{\beta_0}{f'(\alpha)}, \cdots, \frac{\beta_{n-1}}{f'(\alpha)}$$

是

$$1, \alpha, \cdots, \alpha^{n-1}$$

的对偶基. 从而得知 ϕ 是非退化双线性型. $\quad\square$

3.2　域的超越扩张

在这一节中总假定 k 是一个域.

命题 3.2.1. 设 R 是一个整闭 Noether 环, K 是 R 的分式域, 域 L 是 K 的一个有限可分扩张, 则 R 在 L 中的整闭包 A 是一个有限 R -模, 并且 L 是 A 的分式域.

证　设 $\alpha \in L$, 则存在 a_0, a_1, $\cdots$, $a_{n-1} \in K$, 使

$$\alpha^n + a_{n-1}\alpha^{n-1} + \cdots + a_1\alpha + a_0 = 0. \tag{3.2}$$

由于 K 是 R 的分式域, 存在非零 $c \in R$, 使 $ca_i \in R$ 对 $0 \leqslant i \leqslant n-1$ 成立. 在(3.2)式的两边同乘 c^n, 得

$$(c\alpha)^n + ca_{n-1}(c\alpha)^{n-1} + \cdots + c^{n-1}a_1(c\alpha) + c^n a_0 = 0.$$

因此 $c\alpha \in A$. 所以 L 是 A 的分式域.

设 u_1, $\cdots$, $u_n \in A$ 为 L 在 K 上的一组基. 根据定理 3.1.3 知, $Tr_{L/K}(xy)$ 是 K -向量空间 L 上的一个非退化双线性型. 令 v_1, $\cdots$, $v_n \in L$ 为 u_1, $\cdots$, u_n 的对偶基. 设 a 是 A 中任意一个元素, 则 $a = c_1 v_1 + \cdots + c_n v_n$, 其中 $c_i \in K$. 因 $c_i = Tr_{L/K}(au_i)$ 是一个整元素, 故 $c_i \in R$. 因此 $A \subseteq Rv_1 + \cdots + Rv_n$. 因为 Noether 环上有限生成模的任意一个子模是有限生成的, 所以 A 是一个有限 R -模. $\quad\square$

定义 21.　设 L 是域 K 的一个扩域, 映射 $\sigma: L \to L$ 称为一个 K -导子, 若下面条件成立:

(1) $\sigma(a) = 0$, $\forall a \in K$;

(2) $\sigma(b_1 b_2) = b_1\sigma(b_2) + b_2\sigma(b_1)$, $\forall b_1$, $b_2 \in L$.

这些导子全体构成的集合记为 $\mathrm{Der}(L/K)$.

$\mathrm{Der}(L/K)$ 是一个 L -向量空间.

命题 3.2.2.　设 L 是域 K 的一个有限扩域, 则 $\mathrm{Der}(L/K) = 0$ 当且仅当 L 是 K 的可分扩域.

证　$\Leftarrow$: 设 $L = K(\alpha)$, $f(x) \in K[x]$ 为 α 的极小多项式. 由于 L/K 是可分扩张, $f'(\alpha) \neq 0$. 设 $\sigma \in \mathrm{Der}(L/K)$, 则 $f'(\alpha)\sigma(\alpha) = 0$, 从而 $\sigma(\alpha) = 0$.

$\Rightarrow$: 设 L/K 不可分, 则存在中间域 E, 使 $L = E(\alpha)$ 且 α 在 E 上的极小多项式为 $x^p - a$, 其中 $a \in E$, 素数 p 是域 K 的特征. 作映射

$$\sigma: E[x] \to L, \quad f(x) \mapsto f'(\alpha).$$

对任意 $g(x) \in E[x]$，都有

$$\sigma(g(x)(x^p - a)) = g'(\alpha)(\alpha^p - a) = 0.$$

因此 σ 诱导出从 L 到 L 的 E-线性映射，仍记作 σ。由于 $\sigma(\alpha) = 1$，故 σ 是 $\mathrm{Der}(L/E)$ 中的一个非零元素，因此也是 $\mathrm{Der}(L/K)$ 中的非零元素。$\square$

定义 22. 设 K 是 k 的有限生成扩域，$x_1, \cdots, x_d \in K$ 在 k 上代数无关，如果 $K/k(x_1, \cdots, x_d)$ 是有限扩张，则 $x_1, \cdots, x_d$ 称为 K/k 的一个**超越基**，d 称为 K/k 的超越次数。如果 $K/k(x_1, \cdots, x_d)$ 是可分的，则 $x_1, \cdots, x_d$ 称为 K/k 的一个**可分超越基**。如果可分超越基存在，则称 K/k 是**可分生成**的。

引理 3.2.3. 设 K 是 k 的超越次数为 d 的扩域，由元素 $x_1, \cdots, x_n \in K$ 生成。若 K/k 是可分生成的，则存在 $1 \leqslant i_1 < \cdots < i_d \leqslant n$，使 $x_{i_1}, \cdots, x_{i_d}$ 是 K/k 的一组可分超越基。

证 设 p 为 k 的特征，若 $p = 0$ 则结论显然成立，故设 $p > 0$。

对 d 进行归纳。先设 $d = 1$，$z \in K$ 是 K/k 的一个可分超越基。令 $E = k(z^p)$，则 K/E 是一个不可分的代数扩张，于是 $x_1, \cdots, x_n$ 中至少有一个元素是 E 上的不可分元素，设 x_1 是这样一个元素。设 x_1 在 $k(z)$ 上的极小多项式为 $f(X, z) = X^r + d_1(z)X^{r-1} + \cdots + d_r(z)$，其中 $d_i(z) \in k(z)$，则

$$\frac{\partial f}{\partial X}(x_1, z) \neq 0. \tag{3.3}$$

假如 $d_1(z), \cdots, d_r(z) \in k$，则 x_1 在 k 上可分，从而 x_1 在 E 上可分，矛盾。故至少有一个 $d_i(z) \notin k$，因此 x_1 是 k 上的一个超越元。设 $c_0(z) \in k[z]$ 是 $d_1(z), \cdots, d_r(z)$ 的最小公分母，对 $1 \leqslant i \leqslant r$，令 $c_i(z) = c_0(z)d_i(z)$。令 $F(X, z) = c_0(z) f(X, z)$，则 $F(X, z) = c_0(z)X^r + c_1(z)X^{r-1} + \cdots + c_r(z)$。由 (3.3) 式推得

$$\frac{\partial F}{\partial X}(x_1, z) \neq 0.$$

由于 $F(X, Z)$ 是不可约多项式，$F(x_1, Z) \in k(x_1)[Z]$ 是 z 在 $k(x_1)$ 上的极小多项式乘以一个 $k(x_1)$ 中的因子。假如 z 在 $k(x_1)$ 上不可分，则 $F(x_1, Z)$ 关于变量 Z 的每个非零项的次数都是 p 的倍数，从而 $f(X, z)$ 成为 x_1 在 $k(z^p)$ 上的极小多项式。由 (3.3) 式推得 x_1 在 $k(z^p)$ 可分，矛盾。所以 z 在 $k(x_1)$ 上可分，从而 $K/k(x_1)$ 是可分扩张。所以当 $d = 1$ 时引理成立。

设 $d > 1$，$z_1, \cdots, z_d \in K$ 是 K/k 的可分超越基。令 $k' = k(z_1)$，由归纳假设可设 $x_1, \cdots, x_{d-1}$ 是 K/k' 的可分超越基。于是 $K/k(x_1, \cdots, x_{d-1})$ 是超越次数为 1 的可分生成扩张，由 $x_d, \cdots, x_n$ 生成。利用 $d = 1$ 的情形，存在 $d \leqslant i \leqslant n$，使 x_i

是 $K/k(x_1, \cdots, x_{d-1})$ 的可分超越基. 因此 $x_1, \cdots, x_{d-1}, x_i$ 便是 K/k 的可分超越基.　$\square$

引理 3.2.4. 设 K 是 k 的超越次数为 d 的扩域, 由元素 $x_1, \cdots, x_n \in K$ 生成. 若 K/k 不是可分生成的, 则存在 $x_1, \cdots, x_n$ 中的 $d+1$ 个元素 $x_{i_1}, \cdots, x_{i_{d+1}}$, 使 $k(x_{i_1}, \cdots, x_{i_{d+1}})/k$ 不是可分生成的.

证 对 n 进行归纳. 若 $n = d+1$ 结论自然成立. 设 $n > d+1$, 可设 x_n 在 $k(x_1, \cdots, x_{n-1})$ 上是代数的. 若 $k(x_1, \cdots, x_{n-1})/k$ 不是可分生成的, 则由归纳假设即得结论. 若 $k(x_1, \cdots, x_{n-1})/k$ 是可分生成的, 由引理 3.2.3 可设 $x_1, \cdots, x_d$ 是 $k(x_1, \cdots, x_{n-1})/k$ 的可分超越基, 故 $K/k(x_1, \cdots, x_d, x_n)$ 是可分代数扩张, 从而 $k(x_1, \cdots, x_d, x_n)/k$ 不是可分生成的.　$\square$

定义 23. 域 k 称为**完满** 的(perfect), 若下列两个条件之一成立:

(1) k 的特征为零;

(2) k 的特征为 $p > 0$, 且对任意 $a \in k$, 存在 $b \in k$, 使 $b^p = a$.

代数封闭域和有限域都是完满域.

定理 3.2.5. 设 k 是一个完满域, 则 k 的任意一个有限生成扩张都是可分生成的.

证 假如定理不真, 由引理 3.2.4 可知, 存在 k 的超越次数为 d 的非可分生成的扩域 $k(x_1, \cdots, x_{d+1})$. 设 d 达到最小值.

假定 x_i 是 $k(x_1, \cdots, x_{i-1}, x_{i+1}, \cdots, x_{d+1})$ 上的超越元. 根据 d 的极小性, $k(x_1, \cdots, x_{i-1}, x_{i+1}, \cdots, x_{d+1})/k$ 是可分生成的. 这将推出 $k(x_1, \cdots, x_{d+1})/k$ 是可分生成扩张, 与假设矛盾. 因此 $x_1, \cdots, x_{d+1}$ 中任意 d 个是代数无关的.

由于 $x_1, \cdots, x_{d+1}$ 代数相关, 存在不可约多项式 $f(X_1, \cdots, X_{d+1}) \in k[X_1, \cdots, X_{d+1}]$, 使 $f(x_1, \cdots, x_{d+1}) = 0$. 设变量 X_i 在 f 中出现, 则 x_i 在 $k(x_1, \cdots, x_{i-1}, x_{i+1}, \cdots, x_{d+1})$ 上是代数的, 由假设 x_i 在

$$k(x_1, \cdots, x_{i-1}, x_{i+1}, \cdots, x_{d+1})$$

上是不可分的, 于是 $f(X_1, \cdots, X_{d+1})$ 中每一项中 X_i 的指数都是 p 的倍数. 这说明了存在 $g(X_1, \cdots, X_{d+1}) \in k[X_1, \cdots, X_{d+1}]$, 使 $f(X_1, \cdots, X_{d+1}) = g(X_1^p, \cdots, X_{d+1}^p)$. 由于 k 是完满域, $f(X_1, \cdots, X_{d+1})$ 是某个多项式的 p 次幂, 与 f 的不可约性矛盾.　$\square$

引理 3.2.6. 设 R 是一个由有限多个元素 $x_1, \cdots, x_n$ 生成的 k-整区, $R = k[x_1, \cdots, x_n]$, K 是 R 的分式域. 设 k 的特征为 $p > 0$, K/k 的超越次数为 d 且 $x_1, \cdots, x_d$ 为 K/k 的超越基, 则存在 $y_1, \cdots, y_d \in R$, 满足:

(1) R 在 $k[y_1, \cdots, y_d]$ 上是整的;

(2) 对 $1 \leqslant i \leqslant d$, $y_i = x_i + h_i(x_{d+1}^p, \cdots, x_n^p)$, 其中 $h_i(X_{d+1}, \cdots, X_n) \in k[X_{d+1}, \cdots, X_n]$.

证 记 $R = k[X_1, \cdots, X_n]/I$, I 为 $k[X_1, \cdots, X_n]$ 的一个素理想. 令 Δ 为 $k[X_1, \cdots, X_n]$ 中满足如下条件的多项式组 $\{F_1, \cdots, F_n\}$ 组成的集合:

$k[X_1, \cdots, X_n]$ 在 $k[F_1, \cdots, F_n]$ 上整;

对 $1 \leqslant i \leqslant d$, $F_i = X_i + H_i(X_{d+1}^p, \cdots, X_n^p)$, 其中 $H_i \in k[X_{d+1}, \cdots, X_n]$. 因 $\{X_1, \cdots, X_n\} \in \Delta$, 故 Δ 非空. 对任意 $\{F_1, \cdots, F_n\} \in \Delta$, 存在 r, 使 $F_r \notin I$, 而 $F_{r+1}, \cdots, F_n \in I$, 取 $\{F_1, \cdots, F_n\} \in \Delta$, 使这个数 r 达到最小值. 记 y_i 为 F_i 在 R 中的像, 则 R 在 $k[y_1, \cdots, y_r]$ 上整. 因此 $r \geqslant d$.

剩下只需证明 $y_1, \cdots, y_r$ 在 k 上代数无关. 反之, 存在一个非零 $G(Y_1, \cdots, Y_r) \in k[Y_1, \cdots, Y_r]$, 使 $G(F_1, \cdots, F_r) \in I$, 取足够大的 N, 使

$$G(W_1 - Y_r^{pN}, W_2 - Y_r^{(pN)^2}, \cdots, W_{r-1} - Y_r^{(pN)^{r-1}}, Y_r)$$

的展开式中 Y_r 的最高次项的系数不含任何 W_i. 令 $U_1 = F_1 + F_r^{pN}, \cdots, U_{r-1} = F_{r-1} + F_r^{(pN)^{r-1}}$, $V = G(F_1, \cdots, F_r)$. 记 $S = k[U_1, \cdots, U_{r-1}, V, F_{r+1}, \cdots, F_n]$, 则 $k[F_1, \cdots, F_n] = S[F_r]$. 根据 G 的取法得知 F_r 是 S 上的整元素, 因此 $k[F_1, \cdots, F_n]$ 是 S 的整扩张, 从而 $k[X_1, \cdots, X_n]$ 是 S 的整扩张. 这表明 $\{F_1 + F_r^{pN}, F_2 + F_r^{(pN)^2}, \cdots, F_{r-1} + F_r^{(pN)^{r-1}}, G(F_1, \cdots, F_r), F_{r+1}, \cdots, F_n\} \in \Delta$, 与 r 的极小性矛盾. $\quad\square$

系 3.2.7. 设 k 是一个完满域, R 是一个有限生成的 k-整区, K 为 R 的分式域. 则存在 k 上代数无关的 $y_1, \cdots, y_d \in R$, 满足:

(1) R 在 $k[y_1, \cdots, y_d]$ 上是整的;

(2) K 是 $k(y_1, \cdots, y_d)$ 的有限可分扩张.

证 不妨设 k 的特征为 $p > 0$. 由定理 3.2.5 知 K/k 是可分生成的. 根据引理 3.2.3 可设 $R = k[x_1, \cdots, x_d, x_{d+1}, \cdots, x_n]$, 其中 $x_1, \cdots, x_d$ 为 K/k 的可分超越基. 令 $y_1, \cdots, y_d$ 为满足引理 3.2.6 的一组元素. 设 $\sigma \in \mathrm{Der}(K/k(y_1, \cdots, y_d))$, 由于 $x_i = y_i + h_i(x_{d+1}^p, \cdots, x_n^p)$, $\sigma(x_i) = 0$ 对 $i = 1, \cdots, d$ 成立, 因 $K/k(x_1, \cdots, x_d)$ 是有限可分扩张, 由命题 3.2.2 得知 $\sigma = 0$, 故 $\mathrm{Der}(K/k(y_1, \cdots, y_d)) = 0$. 由命题 3.2.2 知 $K/k(y_1, \cdots, y_d)$ 是有限可分扩张. $\quad\square$

定理 3.2.8. 设 k 是一个完满域, R 是一个有限生成的 k-整区, K 为 R 的分式域, 则 R 在 K 中的整闭包 $\overline{R}$ 是有限生成 R-模, 从而 $\overline{R}$ 是一个有限生成的 k-代数.

证 令 $y_1, \cdots, y_d$ 为满足系 3.2.7 的一组元素, 则 $\overline{R}$ 是 $k[y_1, \cdots, y_d]$ 在 K

中的整闭包,由命题 3.2.1 得知 $\overline{R}$ 是有限 $k[y_1, \cdots, y_d]$-模. □

定理 3.2.9. 设 k 是一个完满域,R 是一个有限生成的 k-整区,K 为 R 的分式域,L 是 K 的一个有限扩张,则 R 在 L 中的整闭包 S 是有限生成 R-模,从而 S 是一个有限生成的 k-代数.

证 可取 $b_1, \cdots, b_n \in S$ 形成 K-向量空间 L 的一组基,则 $R[b_1, \cdots, b_n]$ 是有限生成的 R-模,由于 S 是 $R[b_1, \cdots, b_n]$ 的整闭包,根据定理 3.2.8 可知,S 是有限生成 $R[b_1, \cdots, b_n]$-模. □

定义 24. 设 k 是一个域,K 是 k 的一个有限生成的扩域且 k 在 K 中代数封闭,则 K 称为 k 上的**代数函数域** ,简称函数域,K/k 的超越次数叫做 K/k 的**维数**.

定义中要求 k 在 K 中代数封闭,这样 K 中任何一个不在 k 中的元素都是 k 上的超越元. 零维的代数函数域是平凡的,即 $K = k$. 因此以后凡提到代数函数域,都约定维数大于零.

设 k 是一个代数闭域. k 上的代数簇在几乎满的有理映射下形成一个范畴,记为 $\mathfrak{B}$. 将 k 的有限生成扩域的范畴记成 $\mathfrak{F}$. 我们来定义从 $\mathfrak{B}$ 到 $\mathfrak{F}$ 的一个反变函子 K.

对任何 $X \in \mathrm{Obj}(\mathfrak{B})$,令 $K(X)$ 为 X 的函数域. 设 $[U, \phi] \in \mathrm{Mor}(X, Y)$. 对任意 $[V, f] \in K(Y)$,由于 $\phi(U) \bigcap V \neq \varnothing$,故 $[\phi^{-1}(V), f \circ \phi] \in K(X)$. 定义

$$K([U, \phi]): K(Y) \rightarrow K(X), [V, f] \mapsto [\phi^{-1}(V), f \circ \phi].$$

容易验证 $K([U, \phi])$ 与代表元的选取无关,并且它是一个同态. 不难验证 K 满足反变函子的所有性质.

引理 3.2.10. 设 A 是有限生成的 k-整区,K 是 A 的分式域. 设 $B = A[b_1, \cdots, b_n]$,其中 $b_1, \cdots, b_n \in K$. 令 $i: A \rightarrow B$ 为自然单同态. 设 X, Y 分别为以 A, B 为坐标环的仿射簇,$f: Y \rightarrow X$ 为由 i 确定的态射,则 f 是双有理态射.

证 不失一般性,可设 $n = 1$,并且 $b_1 \neq 0$. 由于 $b_1 \in K$,存在 $s, t \in A$,使 $b_1 = s/t$. 令 X' 和 Y' 分别是 X 和 Y 的由 t 决定的主开集,则 X' 和 Y' 的坐标环均为 $A[1/t]$,并且 i 诱导了 $A[1/t]$ 到其自身的恒等映射. 因此 $f: Y' \rightarrow X'$ 是同构. □

定理 3.2.11. 反变函子 $K: \mathfrak{B} \rightarrow \mathfrak{F}$ 给出 $\mathfrak{B}$ 和 $\mathfrak{F}^{\circ}$ 的一个等价.

证 (1) 设 L 是 k 的一个有限生成扩域. 任取 L/k 的生成元 $\alpha_1, \cdots, \alpha_n$,则 $R = k[\alpha_1, \cdots, \alpha_n]$ 是有限生成的 k-整区,且 L 是 R 的分式域. 令 X 为以 R 为坐标环的仿射簇,则 $K(X) \cong L$. 因此 $K: \mathrm{Obj}(\mathfrak{B}) \rightarrow \mathrm{Obj}(\mathfrak{F})$ 是满的.

(2) 设 $X, Y \in \mathrm{Obj}(\mathfrak{B})$. 假定 $[U_1, \phi_1], [U_2, \phi_2] \in \mathrm{Mor}(X, Y)$,满足

$K([U_1, \phi_1]) = K([U_2, \phi_2])$. 任取 Y 的一个非空的仿射开子集 V 以及 X 的一个非空开子集 $U \subseteq \phi_1^{-1}(V) \bigcap \phi_2^{-1}(V)$. 如果 $\phi_1 |_U \neq \phi_2 |_U$, 则存在 $p \in U$, 使 $\phi_1(p) \neq \phi_2(p)$. 由于 $\phi_1(p), \phi_2(p)$ 是仿射簇 V 中的两个不同的点, 存在 $f \in \mathcal{O}(V)$, 使 $f(\phi_1(p)) \neq f(\phi_1(p))$. 这和 $K([U_1, \phi_1]) = K([U_2, \phi_2])$ 矛盾. 所以 $K: \mathrm{Mor}(X, Y) \to \mathrm{Mor}(K(Y), K(X))$ 是单射.

(3) 设 $\psi: K(Y) \to K(X)$ 是一个 k-同态. 由于代数簇和它的任何一个非空开子簇双有理等价, 可以设 X 和 Y 都是仿射簇, 分别以 A 和 B 为坐标环. 于是 $K(X)$ 和 $K(Y)$ 分别是 A 和 B 的分式域. 设 $B = k[\alpha_1, \cdots, \alpha_n]$, 则对 $1 \leqslant i \leqslant n$, 有 $\psi(\alpha_i) = u_i / v_i$, $u_i, v_i \in A$, $v_i \neq 0$. 令 $v = v_1 \cdots v_n$, 则 $\psi(B) \subseteq A[1/v]$. 同态

$$\psi: B \to A[1/v]$$

诱导了从 X 的一个主开集到 Y 的一个态射 ϕ, 根据引理 2.9.1, 它决定了从 X 到 Y 的一个几乎满的有理映射. ϕ 在 $\mathrm{Mor}(K(Y), K(X))$ 的像恰好是 ψ. 所以 $K: \mathrm{Mor}(X, Y) \to \mathrm{Mor}(K(Y), K(X))$ 是满射.

(4) 在 (3) 中若 ψ 是同构, 则根据引理 3.2.10, ϕ 是双有理映射, 因此 X 和 Y 双有理等价. 这表明 $K: \mathrm{Obj}(\mathfrak{B}) \to \mathrm{Obj}(\mathfrak{F})$ 是单射. $\square$

3.3 离散赋值环和 Dedekind 整区

定义 25. 设 K 是一个域, 非零映射 $\nu: K^* \to \mathbb{R}$ 满足:

(1) $\nu(ab) = \nu(a) + \nu(b)$ 对所有 $a, b \in K^*$ 成立;

(2) 若 $a, b \in K^*$ 且 $a \neq -b$, 则 $\nu(a+b) \geqslant \min(\nu(a), \nu(b))$, 当 $\nu(a) \neq \nu(b)$ 时等号成立;

(3) $\mathrm{Im}(\nu)$ 是加法群 $\mathbb{R}$ 的一个同构于 $\mathbb{Z}$ 的子群,

那么 ν 叫做 K 的一个**离散赋值**. K 的子环 $R = \{a \in K^* \mid \nu(a) \geqslant 0\} \bigcup \{0\}$ 叫做 K 的一个**离散赋值环**. 若 K 上的两个离散赋值具有相同的离散赋值环, 则称这两个离散赋值等价. 若赋值的值域为 $\mathbb{Z}$, 则称这个赋值为**标准赋值**.

设 k 是 K 的一个子域, 若 K 的赋值 ν 满足条件

(4) $\nu(a) = 0$ 对所有 $a \in k^*$;

则 ν 叫做 K/k 的一个离散赋值, 它所确定的离散赋值环 R 是一个 k-代数, 称为 K/k 的一个**离散赋值环**.

注 3. 约定 $\nu(0) = +\infty$. 这样可以把离散赋值 ν 延拓成从 K 到 $\mathbb{Z} \bigcup \{+\infty\}$ 的映射. 按照常规, $+\infty + a = +\infty = \max\{+\infty, a\} = +\infty$ 对任何 $a \in \mathbb{Z} \bigcup \{+\infty\}$ 成立. 于是延拓后的赋值 ν 仍然满足定义中的两个条件. 因此这个约定是合理的. 在下一章将会看到这个约定的方便性.

引理 3.3.1. 设 P 是域 K 的一个离散赋值环,则 K 是 P 的分式域.

证 对任何 $a \in K^*$,存在非零 $b \in P$,使 $\nu_P(b) \geqslant -\nu_P(a)$.故 $\nu_P(ab) \geqslant 0$,即得 $ab \in P$.因此 a 可以表示成 P 中两个元素 ab 和 b 的商. $\square$

例 7. 令 $K = k(x)$,其中 x 是超越元,$p(x)$ 是一个不可约多项式,则 K^* 中的任意一个元素 y 均可写成 $y = p(x)^r f(x)/g(x)$ 的形式,其中 $f(x) \in k[x]$ 和 $g(x) \in k[x]$ 均不被 $p(x)$ 整除且 $r \in \mathbb{Z}$.规定 $\nu_p(y) = r$,则 ν_p 是 K/k 的一个标准离散赋值,其剩余类域 $k[x]/(p(x))$ 是 k 的一个有限扩域.

对任意 $y = f(x)/g(x) \in K^*$,令 $\nu_\infty(y) = \deg(g) - \deg(f)$,则 ν_∞ 是一个标准离散赋值.

命题 3.3.2. 上述赋值 ν_p,ν_∞ 是 $k(x)/k$ 的全部标准赋值.

证 设 ν 是 $k(x)/k$ 的一个标准赋值.先设 $\nu(x) < 0$,则 $r = \nu(1/x) > 0$.因此 $\nu(h(1/x)) = 0$ 对任何满足 $h(0) \neq 0$ 的 $h(t) \in k[t]$ 成立.设

$$y = \frac{a_n x^n + a_{n-1} x^{n-1} + \cdots + a_1 x + a_0}{b_m x^m + b_{m-1} x^{m-1} + \cdots + b_1 x + b_0} \in k(x),$$

其中 $a_n \neq 0$,$a_m \neq 0$.由于

$$y = \frac{1}{x^{m-n}} \frac{a_n + a_{n-1}\dfrac{1}{x} + \cdots + a_1\dfrac{1}{x^{n-1}} + a_0\dfrac{1}{x^n}}{b_m + b_{m-1}\dfrac{1}{x} + \cdots + b_1\dfrac{1}{x^{m-1}} + b_0\dfrac{1}{x^m}} \in k(x),$$

故 $\nu(y) = r(m-n) = r(\deg(g) - \deg(f))$.因此 $\nu(y) = r\nu_\infty(y)$ 对任意 $y \in K^*$ 成立,由于 ν 是标准赋值,故 $r = 1$.所以 $\nu = \nu_\infty$.

再设 $\nu(x) \geqslant 0$.任取 $y \in K^*$,使 $\nu(y) = 1$.将 y 表达为

$$y = \frac{p_1(x)^{d_1} \cdots p_s(x)^{d_s}}{q_1(x)^{e_1} \cdots q_t(x)^{e_t}},$$

其中 $p_1(x)$,$\cdots$,$p_s(x)$,$q_1(x)$,$\cdots$,$q_t(x)$ 是两两不同的不可约多项式.由于 $\nu(x) \geqslant 0$,$\nu(p_i(x)) \geqslant 0$,$\nu(q_j(x)) \geqslant 0$ 对任意 i,j 成立.

设 $f(x)$,$g(x)$ 是两个互素的非零多项式,则存在 $u(x)$,$v(x) \in k[x]$,使 $u(x)f(x) + v(x)g(x) = 1$.因此 $\nu(u(x)f(x) + v(x)g(x)) = 0$.由此得知 $\nu(f(x)) > 0$ 和 $\nu(g(x)) > 0$ 不能同时成立.所以在 $p_1(x)$,$\cdots$,$p_s(x)$,$q_1(x)$,$\cdots$,$q_t(x)$ 中只有唯一一个多项式的赋值大于零,由 $\nu(y) = 1$ 推得这个多项式只能是 $p_1(x)$,$\cdots$,$p_s(x)$ 中的一个,不妨设为 $p_1(x)$,则 $\nu(p_1(x)) = 1$ 且 $\nu(g(x)) = 0$ 对任何一个与 $p_1(x)$ 互素的多项式 $g(x)$ 成立.所以 $\nu = \nu_{p_1}$. $\square$

引理 3.3.3. 设 R 是域 K 的一个由赋值 ν 决定的离散赋值环,A 是 K 的

一个包含 R 的子环,则 $A=R$ 或 $A=K$.

证 假定 $A \neq R$. 任取 $a \in A-R$,则 $\nu(a)<0$. 对任意 $b \in K^*$,存在 $N>0$,使 $\nu(b) \geqslant N\nu(a)$,因此 $\nu(b/a^N) \geqslant 0$,这意味 $b/a^N \in R$. 所以 $b \in A$,从而推得 $A=K$. $\quad\square$

这个引理意味着离散赋值环是它的分式域的极大子环. 下面的推论是明显的.

系 3.3.4. 域 K 中的不同的两个离散赋值环互不包含.

设 R 是域 K 中的一个离散赋值环,以 ν 为标准赋值,则存在 $t \in R$,使 $\nu(t)=1$. 这样的元素 t 叫做 R 的一个**局部参数**. 局部参数不是唯一的,但不同的局部参数仅相差一个可逆元因子.

命题 3.3.5. 离散赋值环 R 是一个局部环,其极大理想是由其局部参数 t 生成的主理想 $\mathfrak{m}=Rt$. R 的全部非零理想是

$$\{\mathfrak{m}^n = Rt^n\}_{n \geqslant 0}.$$

因此 R 是一个主理想整区.

证 设 I 是 R 的一个非零理想. 设 $n=\min_{x \in I}\nu(x)$. 这里 ν 是 R 的标准赋值. 任取 $y \in I$,满足 $\nu(y)=n$,则 $\nu(t^n/y)=0$,故 $t^n/y \in R$. 因此 $t^n \in I$. 对任意 $x \in I$,都有 $\nu(x/t^n)=\nu(x)-n \geqslant 0$. 因此 $x/t^n \in R$,由此推出 $x \in Rt^n$. 所以 $I=Rt^n$. 很明显 R 是以 Rt 为极大理想的局部环. $\quad\square$

引理 3.3.6. 设 R 是域 K 的一个由赋值 ν 决定的离散赋值环,E 是 K 的一个子域,且 $E \subseteq R$,则 $\nu(a)=0$ 对所有 $a \in E^*$ 成立.

证 设 $a \in E^*$,则 $a, a^{-1} \in R$,故 $0 \leqslant \nu(a) \leqslant 0$,因此 $\nu(a)=0$. $\quad\square$

引理 3.3.7. 设 A 是域 K 的一个子环,P 是 K 的一个离散赋值环,满足 $A \subseteq P$. 设 $\alpha \in K$ 是 A 上的整元素,则 $\alpha \in P$.

证 记 ν 为 P 的标准赋值. 由于 α 是 A 上的整元素,存在 $a_{n-1}, \cdots, a_0 \in A$,使

$$\alpha^n = a_{n-1}\alpha^{n-1}+\cdots+a_1\alpha+a_0. \tag{3.4}$$

假如 $\nu(\alpha)<0$,则由 (3.4) 式推得

$$n\nu(\alpha)=\nu(\alpha^n) \geqslant \nu(\alpha^{n-1})=(n-1)\nu(\alpha),$$

与假设 $\nu(\alpha)<0$ 矛盾. 因此 $\alpha \in P$. $\quad\square$

引理 3.3.8. 设 k 是域 K 的一个子域,ν 是 K/k 的一个离散赋值. 设 k' 是 k 在 K 中的代数闭包,则 ν 也是 K/k' 的一个离散赋值.

证 记 P 为 ν 决定的离散赋值环. 设 $b \in k'-k$. 在引理 3.3.7 中置 $A=k$ 得

知, b 和 $1/b$ 都是 $A = k$ 上的整元素, 故 b, $1/b \in P$. 由此推得 $\nu(b) = 0$. $\square$

系 3.3.9. 设域扩张 K/k 具有一个离散赋值 ν, 则 K/k 是超越扩张.

等价的赋值相差一个常数因子. 任何一个离散赋值环都有唯一的标准赋值.

引理 3.3.10. 设 R 是一维局部整区, K 是 R 的分式域, 则下列条件等价:

(1) R 是 K 的离散赋值环;

(2) R 是整闭诺特环;

(3) R 是诺特环, 其极大理想是主理想;

(4) R 是正则局部诺特环.

证 (1)$\Rightarrow$(2): 由命题 3.3.5 知 R 是诺特环. 由引理 3.3.7 推得 R 是整闭的.

(2)$\Rightarrow$(3): 记 $\mathfrak{m}$ 为 R 的极大理想. 任取 $\mathfrak{m}$ 中的非零元素 b. 由于 $\dim(R) = 1$, R 只有两个素理想 0 和 $\mathfrak{m}$, 因此 $R/(b)$ 只有一个素理想 $\overline{\mathfrak{m}}$, 它是 $R/(b)$ 的幂零根, 因此存在自然数 N, 使 $\overline{\mathfrak{m}}^N = 0$, 即 $\mathfrak{m}^N \subseteq (b)$. 令 N 为满足这个条件的最小的自然数, 取 $a \in \mathfrak{m}^{N-1} - (b)$, 令 $x = b/a$, 则 $x^{-1}\mathfrak{m} \subseteq R$ 而 $x^{-1} \notin R$.

令 $\mathfrak{m}' = \{y \in K \mid y\mathfrak{m} \subseteq R\}$. 任取 $\mathfrak{m}$ 中的一个非零元 z, 则 $z\mathfrak{m}' \subseteq R$. 因此 $z\mathfrak{m}'$ 是有限生成 R-模. 作为 R-模 $\mathfrak{m}' \cong z\mathfrak{m}'$, 故 $\mathfrak{m}'$ 是有限生成 R-模. 如 $x^{-1}\mathfrak{m} \subseteq \mathfrak{m}$, 则 x^{-1}, x^{-2}, $\cdots \in \mathfrak{m}'$, 于是存在 $N > 0$, 使

$$x^{-N} = c_{N-1}x^{-N+1} + \cdots + c_1 x^{-1} + c_0,$$

其中 $c_i \in R$. 由于 R 是整闭的, 故 $x^{-1} \in R$, 矛盾, 这说明了 $x^{-1}\mathfrak{m} \not\subseteq \mathfrak{m}$. 因此 $x^{-1}\mathfrak{m} = R$, 即 $\mathfrak{m} = xR$.

(3)$\Leftrightarrow$(4): 系 2.1.2 的直接推论.

(3)$\Rightarrow$(1): 设 $\mathfrak{m} = R\pi$. 由引理 2.1.1 知 $\bigcap_{i=0}^{\infty} \mathfrak{m}^i = 0$. 对 $a \in R - \{0\}$, 有唯一的 n, 使 $a \in \mathfrak{m}^n - \mathfrak{m}^{n+1}$, 故 $a = u\pi^n$, 其中 $u \in R - \mathfrak{m}$. 从而 K 中的任何一个非零元 a 有唯一的表达式 $a = u\pi^n$, 其中 $n \in \mathbb{Z}, u \in R - \mathfrak{m}$. 令 $\nu(a) = n$, 则 ν 是 K 上的一个离散赋值, 其对应的离散赋值环是 R. $\square$

比离散赋值环稍一般的整区是 Dedekind 整区, 按照定义它是一维整闭 Noether 整区. 例如, $\mathbb{Z}$ 和 $k[x]$ 都是 Dedekind 整区. 从引理 3.3.10 看出离散赋值环只不过是局部 Dedekind 整区. 设 P 是 Dedekind 整区 A 的一个极大理想, 则 A_P 是一个离散赋值环.

命题 3.3.11. 设 A 是一个整区, K 是它的分式域, 则

$$A = \bigcap_P A_P,$$

其中 P 取遍 A 的极大理想.

证 设 $x \in K-A$. 令 $I = \{a \in A \mid ax \in A\}$, 则 I 是 A 的一个真理想. 存在一个极大理想 P 包含 I. 于是 $x \notin A_P$. 否则 $x = a/s$, $a \in A$, $s \in A-P$, 得 $sx = a \in A$, 即 $s \in I$, 与 $s \notin P$ 矛盾. $\square$

引理 3.3.12. 设 $A \subseteq B$ 为整区, $\widetilde{A}$ 为 A 在 B 中的整闭包. 设 S 是 A 的一个不含零的乘法封闭集, 则 $S^{-1}\widetilde{A}$ 是 $S^{-1}A$ 在 $S^{-1}B$ 中的整闭包.

证 分两步: 先证明 $S^{-1}\widetilde{A}$ 中每个元素是 $S^{-1}A$ 上的整元素, 再证明 $S^{-1}B$ 中每个在 $S^{-1}A$ 上的整元素都包含在 $S^{-1}\widetilde{A}$ 中.

设 $b \in \widetilde{A}$, $s \in S$, 则存在 $a_{n-1}, \cdots, a_0 \in A$, 使

$$b^n + a_{n-1}b^{n-1} + \cdots + a_1 b + a_0 = 0.$$

两边同除以 s^n, 得

$$\left(\frac{b}{s}\right)^n + \frac{a_{n-1}}{s}\left(\frac{b}{s}\right)^{n-1} + \cdots + \frac{a_1}{s^{N-1}}\left(\frac{b}{s}\right) + \frac{a_0}{s^n} = 0.$$

因此 b/s 是 $S^{-1}A$ 上的整元素.

反之, 设 $b/s \in S^{-1}B$ 是 $S^{-1}A$ 上的整元素, 其中 $b \in B$, $s \in S$, 则存在 $a_{n-1}, \cdots, a_0 \in A$, $s_{n-1}, \cdots, s_0 \in S$, 使

$$\left(\frac{b}{s}\right)^n + \frac{a_{n-1}}{s_{n-1}}\left(\frac{b}{s}\right)^{n-1} + \cdots + \frac{a_1}{s_1}\left(\frac{b}{s}\right) + \frac{a_0}{s_0} = 0.$$

两边同乘 $(ss_0 s_1 \cdots s_{n-1})^n$, 得

$$(s_0 \cdots s_{n-1} b)^n + a_{n-1} s s_0 \cdots s_{n-2}(s_0 \cdots s_{n-1} b)^{n-1} + \cdots$$
$$+ a_1 s^{n-1} s_0^{n-1} s_1^{n-2} s_2^{n-1} \cdots s_{n-1}^{n-1}(s_0 \cdots s_{n-1} b) + a_0 s^n s_0^{n-1} s_1^n \cdots s_{n-1}^n = 0.$$

于是 $s_0 \cdots s_{n-1} b \in \widetilde{A}$, 由此推得 $b/s \in S^{-1}\widetilde{A}$. $\square$

系 3.3.13. 设 $A \subseteq B$ 为整区, A 在 B 中整闭. 设 S 是 A 的一个不含零的乘法封闭集, 则 $S^{-1}A$ 在 $S^{-1}B$ 中整闭.

引理 3.3.14. 设 X 是一个一维仿射簇, A 为它的坐标环, 若 A 是整闭的, 则 X 在每一点 p 都光滑, 并且 $\mathcal{O}_p$ 是 $K(X)/k$ 的离散赋值环.

证 对 A 的极大理想 p, 由系 3.3.13 知局部环 A_p 是整闭的. 根据引理 3.3.10 知, $\mathcal{O}_p = A_p$ 是正则的, 并且是 $K(X)/k$ 的离散赋值环, 因此 X 在点 p 光滑. $\square$

命题 3.3.15. 设 R 是一个 Dedekind 整区, K 是它的分式域. 设 $\nu_1, \cdots, \nu_r$ 是 K 的两两不同的离散赋值, 其赋值环均包含 R. 对任意

$$a_1, \cdots, a_r \in K, \quad e_1, \cdots, e_r \in \mathbb{Z},$$

存在 $a \in K$, 使

$$\nu_i(a - a_i) \geqslant e_i$$

对 $1 \leqslant i \leqslant r$ 成立.

证 先设 $a_1, \cdots, a_r \in R$ 且 $e_1, \cdots, e_r$ 均为非负整数.

令 $\mathfrak{m}_i = \{a \in R \mid \nu_i(a) > 0\}$, 则 $\mathfrak{m}_i$ 是 R 的极大理想. 现在证明对任何 i, 都有

$$\mathfrak{m}_i^{e_i} + \mathfrak{m}_1^{e_1} \cdots \mathfrak{m}_{i-1}^{e_{i-1}} \mathfrak{m}_{i+1}^{e_{i+1}} \cdots \mathfrak{m}_r^{e_r} = R. \tag{3.5}$$

否则, (3.5)式的左边的理想将包含在 R 的一个极大理想 $\mathfrak{m}$ 中. 由于 $\mathfrak{m}_i^{e_i} \subseteq \mathfrak{m}$, 故 $\mathfrak{m}_i \subseteq \mathfrak{m}$, 因此 $\mathfrak{m}_i = \mathfrak{m}$. 对 $j \neq i$, 任取 $b_j \in \mathfrak{m}_j - \mathfrak{m}_i$, 则

$$b_1^{e_1} \cdots b_{i-1}^{e_{i-1}} b_{i+1}^{e_{i+1}} \cdots b_r^{e_r} \in \mathfrak{m}_1^{e_1} \cdots \mathfrak{m}_{i-1}^{e_{i-1}} \mathfrak{m}_{i+1}^{e_{i+1}} \cdots \mathfrak{m}_r^{e_r} - \mathfrak{m}_i,$$

与 $\mathfrak{m}_1^{e_1} \cdots \mathfrak{m}_{i-1}^{e_{i-1}} \mathfrak{m}_{i+1}^{e_{i+1}} \cdots \mathfrak{m}_r^{e_r} \subseteq \mathfrak{m}$ 矛盾. 这就证明了(3.5)式. 根据中国剩余定理, 存在 $a \in R$, 使

$$a \equiv a_i \pmod{\mathfrak{m}_i^{e_i}}$$

对 $1 \leqslant i \leqslant r$ 成立. 也就是说

$$\nu_i(a - a_i) \geqslant e_i.$$

在一般的情形下, 取 $b \in K^*$, 使 $ba_1, \cdots, ba_r \in R$, 并且 $e_i + \nu_i(b) \geqslant 0$ 对所有 $1 \leqslant i \leqslant r$ 成立. 根据已经证明的结果, 存在 $a \in R$, 使

$$\nu_i(a - ba_i) \geqslant e_i + \nu_i(b)$$

对 $1 \leqslant i \leqslant r$ 成立, 即得

$$\nu_i\left(\frac{a}{b} - a_i\right) \geqslant e_i. \quad \square$$

系 3.3.16. 设 $R_1, \cdots, R_n$ 是域 K 的两两不同的离散赋值环, 分别以 ν_i, $\cdots, \nu_n$ 为标准赋值, $e_1, \cdots, e_n \in \mathbb{Z}$, 则存在元素 $c \in K^*$, 使 $\nu_i(c) = e_i$ 对 $1 \leqslant i \leqslant n$ 成立.

证 对每个 i 取 $b_i \in K^*$ 使 $\nu_i(b_i) = e_i$, 根据命题 3.3.15 知, 存在 $c \in K^*$, 使 $\nu_i(c - b_i) \geqslant e_i + 1$ 对所有 i 成立. 因 $\nu_i(b_i) < \nu_i(c - b_i)$, 故

$$\nu(c) = \nu(b_i + c - b_i) = \nu_i(b_i) = e_i. \quad \square$$

系 3.3.17. 设 $R_1, \cdots, R_n$ 是一维函数域 K/k 的两两不同的离散赋值环,

$$R = \bigcap_{i=1}^{n} R_i,$$

则 R 是主理想整区. 记

$$\mathbb{Z}^n_+ = \{(r_1, \cdots, r_n) \in \mathbb{Z}^n \mid r_i \geq 0 \, \forall_i\},$$

则在 $\mathbb{Z}^n_+$ 与 R 的非零理想集合之间有一个一一对应关系. 与 $(r_1, \cdots, r_n)$ 对应的理想包含与 $(s_1, \cdots, s_n)$ 对应的理想当且仅当 $r_i \leq s_i$ 对 $1 \leq i \leq n$ 成立.

证 设 I 是 R 的一个非零理想. 对每个 $1 \leq i \leq n$, 令

$$e_i = \min_{b \in I - \{0\}} \nu_i(b).$$

根据系 3.3.16 可知, 存在 $c \in K^*$, 使 $\nu_i(c) = e_i$ 对所有 $1 \leq i \leq n$ 成立. 对任何 $b \in I$ 和 $1 \leq i \leq n$, 都有 $\nu_i(b/c) = \nu_i(b) - \nu_i(c) \geq 0$. 故 $b/c \in R$, 即得 $b \in Rc$. 因此 $I = Rc$. 这证明了 R 是主理想整区.

对 R 的任意一个非零理想 $I = Rc$, 令 $\xi(I) = (\nu_1(c), \cdots, \nu_n(c)) \in \mathbb{Z}^n_+$, 则 $\xi(I)$ 不依赖于生成元 c 的选取. 容易验证 ξ 给出了从 R 的非零理想集合到 $\mathbb{Z}^n_+$ 的一一对应, 满足给定的条件. □

定义 26. 设域 L 是域 K 的一个有限扩张, B 和 A 分别是 L 和 K 上的离散赋值环, 满足 $B \supseteq A$, 则称 B 为离散赋值环 A 在 L 中的一个扩张.

引理 3.3.18. 设域 L 是域 K 的一个有限扩张, B 为离散赋值环 A 在 L 中的一个扩张. 设 $\mathfrak{m}_A$, $\mathfrak{m}_B$ 分别为 A, B 的极大理想, 则 $A = B \bigcap K$, $\mathfrak{m}_A = \mathfrak{m}_B \bigcap A$.

证 由于 L/K 是代数扩张, 根据引理 3.3.6 和系 3.3.9 L 上的赋值在 K 上的限制是非零的. 因此它给出了 K 上的一个离散赋值, 以 $B \bigcap K$ 为离散赋值环. 根据系 3.3.4 可知, $B \bigcap K = A$ 且 $\mathfrak{m}_A = \mathfrak{m}_B \bigcap A$. □

设 μ 和 ν 分别为 B 和 A 所对应的标准赋值, 则存在一个自然数 e, 使 $\mu(a) = e\nu(a)$ 对一切 $a \in K^*$ 成立. 这个数 e 称为 B 在 A 上的**分歧指数**, 记作 $e(B/A)$. 当 $e > 1$ 时, 称 B 在 A 上是分歧的, 否则称为非分歧的.

引理 3.3.19. 设 R 是一个 Dedekind 整区, K 是它的分式域. 设 L 是域 K 的有限可分扩张, $\overline{R}$ 是 R 在 L 中的整闭包. 记 Δ 为 L 中所有包含 R 的离散赋值环全体所构成的集合, 则

(1) $\overline{R}$ 是 Dedekind 整区, 它是一个有限 R-模;

(2) $\overline{R} = \bigcap_{A \in \Delta} A$.

证 根据命题 3.2.1, $\overline{R}$ 是有限生成 R-代数, 从而它是 Noether 环. 由引理 2.1.7 和定理 2.1.8 推得 $\dim(\overline{R}) = \dim(R) = 1$. 按照定义, $\overline{R}$ 是 Dedekind 整区.

由于有限生成的 R - 代数 $\overline{R}$ 是 R 的整扩张,因此 $\overline{R}$ 是一个有限 R - 模.(1)得证.

由引理 3.3.7 推出

$$\overline{R} \subseteq \bigcap_{A \in \Delta} A. \tag{3.6}$$

因为 $\overline{R}$ 是 Dedekind 整区,根据命题 3.3.11,有

$$\overline{R} = \bigcap_P \overline{R}_P,$$

其中 P 历遍 $\overline{R}$ 的极大理想.由于每个 $\overline{R}_P \in \Delta$,故

$$\bigcap_P \overline{R}_P \supseteq \bigcap_{A \in \Delta} A,$$

与(3.6)式合在一起,得

$$\overline{R} = \bigcap_{A \in \Delta} A. \qquad \square$$

引理 3.3.20. 设 L 是域 K 的有限扩张,R 是 K 的一个离散赋值环.设 $B_1, \cdots, B_r$ 为 R 在 L 的两两不同的扩张,则 $r \leqslant [L : K]$.

证 令 ν 为 R 的标准赋值,μ_i 为 B_i 所对应的标准赋值,则在 K 上 $\mu_i = e_i \nu$,e_i 是一个正整数.由系 3.3.16,存在 $a_1, \cdots, a_r \in L$,使 $\mu_i(a_i) < 0$ 且 $\mu_i(a_j) > 0 \, \forall i \neq j$.假如 $r > [L : K]$,则存在不全为零的元素 $c_1, \cdots, c_r \in K$,使 $c_1 a_1 + \cdots + c_r a_r = 0$.设 $c_s \neq 0$ 且 $\nu(c_s) \leqslant \nu(c_j)$ 对所有满足 $c_j \neq 0$ 的 j 成立,则

$$-a_s = (c_1/c_s) a_1 + \cdots + (c_{s-1}/c_s) a_{s-1} + (c_{s+1}/c_s) a_{s+1} + \cdots + (c_r/c_s) a_r,$$

等式两边的 μ_s 值分别小于零和大于等于零,矛盾. $\qquad \square$

系 3.3.21. 设 K 是 k 上的一维函数域.对任何 $x \in K^*$,在 K 上只有有限多个标准离散赋值 ν,满足 $\nu(x) \neq 0$.

证 若 $x \in k$,则 $\nu(x) = 0$ 对所有离散赋值 ν 成立.以下设 $x \notin k$,按照代数函数域的定义,k 在 K 中代数封闭,因此 x 是 k 上的超越元.

设 Γ 是由所有使 $\nu(x) > 0$ 的标准离散赋值 ν 构成的集合.任意 $\nu \in \Gamma$ 在 $k(x)$ 上的限制是唯一的使 x 的赋值等于 1 的离散赋值.由于 $K/k(x)$ 是代数扩张,根据引理 3.3.20,Γ 是个有限集合.

用 $1/x$ 取代 x 推得使 $\nu(x) < 0$ 的标准赋值集合也是有限集. $\qquad \square$

系 3.3.22. 设 K 是 k 上的一维函数域,A 是 K 的一个包含 k 的子环,P 是 A 的一个非零的素理想.则只存在有限多个 K/k 的离散赋值环,其极大理想包含 P.

证　任取 $x \in P - \{0\}$. 根据系 3.3.21, 只有有限多个 K/k 的赋值 ν 满足 $\nu(x) > 0$.　□

引理 3.3.23.　设 R 是域 K 的一个真子环, 对任何 $a \in K - R$ 满足 $a^{-1} \in R$, 则 R 是一个整闭的局部整区.

证　记 $A = \{a \in R - \{0\} \mid a^{-1} \notin R\}$, $\mathfrak{m} = A \cup \{0\}$. 分若干步来证明引理.

(1) 证明若 $a \in \mathfrak{m}$, $b \in R$, 则 $ba \in \mathfrak{m}$. 若 $ba = 0$, 则结论显然成立. 故可设 $a \neq 0$, $b \neq 0$. 假定 $ba \notin \mathfrak{m}$, 则

$$\frac{1}{ba} \in R,$$

于是

$$\frac{1}{a} = b \cdot \left(\frac{1}{ba} \right) \in R,$$

与 $a \in A$ 矛盾.

(2) 证明 $K - R$ 在乘法下封闭. 设 $a, b \in K - R$. 假定 $ab \in R$. 由于 $1/a \in R$, 因此

$$b = \frac{1}{a}(ab) \in R,$$

形成矛盾.

(3) 证明 $\mathfrak{m}$ 在加法下封闭. 设 $a, b \in \mathfrak{m}$. 如果 $a + b \notin \mathfrak{m}$, 不管 $a + b$ 是否在 R 中, 都有

$$\frac{1}{a + b} \in R.$$

由(1)推得

$$\frac{a}{a + b} \in \mathfrak{m}.$$

因此

$$1 + \frac{b}{a} = \left(\frac{a}{a + b} \right)^{-1} \notin R,$$

得 $b/a \notin R$. 同理 $a/b \notin R$. 由(2)推得 $1 = (a/b)(b/a) \notin R$, 形成矛盾. 所以 $a + b \in \mathfrak{m}$.

(4) 证明 R 是以 $\mathfrak{m}$ 为极大理想的局部环. 根据(1), (3)得知 $\mathfrak{m}$ 是 R 的理

想. 由 m 的定义立刻看出 $R-m$ 中每个元素是 R 的可逆元.

(5) 设 $b \in K$ 是 R 上的整元素,则存在 $a_0, a_1, \cdots, a_{n-1} \in R$,使

$$b^n + a_{n-1}b^{n-1} + \cdots + a_1 b + a_0 = 0.$$

假定 $b \notin R$,则 $b^{-1} \in R$,于是

$$b = -a_{n-1} - a_{n-2}b^{-1} - \cdots - a_0 b^{-n+1} \in R,$$

形成矛盾. 因此 R 是整闭的.　□

满足上面条件的环是不是离散赋值环呢? 与引理 3.3.10 比较,还差 Noether 环一个条件. 事实上,这个环具有取值于一个有序 Abel 群的赋值,但该有序 Abel 群不一定是离散的. 在下面特殊情况下,所讨论的环却是离散赋值环了.

引理 3.3.24.　设 K/k 是一维函数域,R 是 K 的一个包含 k 的真子环,且 $a^{-1} \in R$ 对任何 $a \in K-R$ 成立,则 R 是 K/k 的一个离散赋值环.

证　从引理 3.3.23 知 R 是 K 的一个整闭局部子环. 记 m 为 R 的极大理想. 分两步来证明引理.

(1) 先设 $K = k(x)$. 如果 $x \in R$,则 $k[x] \subseteq R$. 于是 $m \cap k[x]$ 是 $k[x]$ 的素理想. 若 $m \cap k[x] = 0$,则 $f(x) \notin m$ 对任何 $f(x) \in k[x]-\{0\}$ 成立. 于是 $1/f(x) \in R$ 对所有 $f(x) \in k[x]-\{0\}$ 成立,即得 $k(x) \subseteq R$,与 R 是 K 的真子环矛盾. 所以 $m \cap k[x]$ 是一个非零素理想 $(p(x))$,其中 $p(x)$ 是一个不可约多项式. 这样便有

$$k[x]_{(p(x))} \subseteq R.$$

由引理 3.3.3 得 $k[x]_{(p(x))} = R$.

如果 $x \notin R$,则 $k[1/x] \subseteq R$. 设 A 为例 7 中的赋值 ν_∞ 所对应的离散赋值环. 和上面同样理由推得 $A = R$.

(2) 一般情形. 任取 K/k 的可分超越基 x,则 $K/k(x)$ 是有限可分扩张. 令 $P = R \cap k(x)$. 对任何 $a \in k(x)-P$ 都有 $a^{-1} \in P$. 根据 (1) 得知 P 是 $k(x)$ 的离散赋值环. 令 A 为 P 在 K 中的整闭包. 由于 R 是整闭的,因此 $A \subseteq R$. 根据引理 3.3.19,A 是一个 Dedekind 整区. 于是 $\mathfrak{M} = m \cap A$ 是 A 的一个非零素理想,而 $A_{\mathfrak{M}}$ 是包含在 R 中的离散赋值环. 由引理 3.3.3 推得 $A_m = R$.　□

引理 3.3.25.　设 A 是域 K 的一个子环,P 是 A 的一个非零素理想,则存在 K 的一个包含 A 的局部环 (R, m),满足:

(1) $a^{-1} \in R$ 对任意 $a \in K-R$ 成立;

(2) $m \cap A = P$.

证 令 $\Gamma = \{(B, Q) \mid B$ 是 K 的包含 A 的子环,Q 是 B 的满足 $Q \cap A = P$ 的素理想$\}$. 因 $(A, P) \in \Gamma$,故 $\Gamma \neq \varnothing$.

设 $(B_1, Q_1), (B_2, Q_2) \in \Gamma$,若 $B_1 \subseteq B_2$,$Q_1 = Q_2 \cap B_1$,则规定 $(B_1, Q_1) \prec (B_2, Q_2)$. 易见 $\prec$ 是 Γ 中的一个半序. 设 $\{(B_i, Q_i)\}_{i \in \Lambda}$ 是 Γ 的一个全序子集. 令

$$B = \bigcup_{i \in \Lambda} B_i, \quad Q = \bigcup_{i \in \Lambda} Q_i,$$

则 B 是 K 的子环,Q 是 B 的理想. 假定存在 $a, b \in B - Q$,满足 $ab \in Q$. 则存在 $i \in \Lambda$,使 $a, b \in B_i - Q_i$,$ab \in Q_i$,与 Q_i 是 B_i 的素理想矛盾. 因此 Q 是 B 的素理想. 显然有 $P \subseteq Q \cap A$. 设 $a \in Q \cap A$,则对某个 $i \in \Lambda$,有 $a \in Q_i \cap A = P$. 因此 $(B, Q) \in \Gamma$. 根据 Zorn 引理,存在 Γ 中的一个极大元 $(R, \mathfrak{m})$.

任取 $a \in R - \mathfrak{m}$. 记 $R_a = R[1/a]$,$\mathfrak{m}_a = \mathfrak{m}[1/a]$. 设 $b \in A \cap \mathfrak{m}_a$,则存在自然数 n,使 $a^n b \in \mathfrak{m}$. 因 $\mathfrak{m}$ 是 R 的素理想,故 $b \in \mathfrak{m}$. 因此 $\mathfrak{m}_a \cap A = \mathfrak{m} \cap A = P$. 即得 $(R_a, \mathfrak{m}_a) \in \Gamma$ 且 $(R, \mathfrak{m}) \prec (R_a, \mathfrak{m}_a)$ 对任意 $a \in R - \mathfrak{m}$ 成立,由 $(R, \mathfrak{m}$ 在 Γ 中的极大性推得 $R_a = R$,故 $R - \mathfrak{m}$ 中的元素都是 R 的可逆元. 因此 R 是以 $\mathfrak{m}$ 为极大理想的局部环. 由于 $\mathfrak{m} \supseteq P \neq 0$,得 $R \neq K$.

设 $x \in K^*$. 令 I 为 $\mathfrak{m}$ 在 $R[x^{-1}]$ 中生成的理想. 如果 $I \neq R[x^{-1}]$,任取 $R[x^{-1}]$ 的包含 I 的极大理想 J,则 $J \cap R$ 是 R 的一个包含 $\mathfrak{m}$ 的真理想,故 $(R, \mathfrak{m}) \prec (R[x^{-1}], J)$. 由 $(R, \mathfrak{m})$ 的极大性得 $x^{-1} \in R$. 如果 $I = R[x^{-1}]$,则存在 $a_0, a_1, \cdots, a_n \in \mathfrak{m}$,使

$$1 = a_0 - a_1 x^{-1} - \cdots - a_n x^{-n}.$$

于是

$$x^n + \frac{a_1}{1 - a_0} x^{n-1} + \cdots + \frac{a_n}{1 - a_0} = 0.$$

由于 $1 - a_0$ 是 R 中的可逆元,x 是 R 上的整元素,于是 $R[x]$ 是有限生成 R-模. 根据 Nakayama 引理,$\mathfrak{m}R[x] \neq R[x]$. 根据和前面相同的理由[①]推得 $x \in R$. 因此条件 (1) 得到满足. $\square$

系 3.3.26. 设 K/k 是一维函数域,A 是 K 的一个包含 k 的子环. 假定 A 具有一个非零的素理想 P,则存在 K/k 的一个离散赋值环 $(R, \mathfrak{m})$ 包含 A 并且 $P = \mathfrak{m} \cap A$.

系 3.3.27. 设 L, K 是 k 上的一维函数域且 $K \subseteq L$. 设 P 是 K/k 的一个离散赋值环,则 P 在 L 中的扩张存在.

---

① 即:任取 $R[x]$ 的包含 $\mathfrak{m}R[x]$ 的极大理想 J.

证 这是引理 3.3.25 和引理 3.3.24 的直接推论. □

系 3.3.28. 设 K/k 是一个一维函数域. 则 K/k 的所有离散赋值环的交是 k.

证 只需证明对任意 $x \in K - k$, 存在 K/k 的离散赋值环 Q 不包含 x.

从例 7 知, 存在 $k(x)/k$ 的离散赋值环 P, 使 $x \notin P$, 即 $\nu_P(x) < 0$. 根据系 3.3.27, 存在 P 在 K 中的扩张 Q. 因此 $\nu_Q(x) < 0$ 也成立. 于是 $x \notin Q$. □

引理 3.3.29. 设 L/K 是一个有限扩张, R 是 K 中一个离散赋值环, $S_1, \cdots, S_n$ 为 R 在 L 中的全部扩张. 令 $S = \bigcap_{i=1}^{n} S_i$, 则对 R 中任意一个非零元 t 和任意 $1 \leqslant i \leqslant n$, 都有

$$S/(tS_i \cap S) \cong S_i/tS_i.$$

证 只需证明 $S_i = tS_i + S$.

记 $S_1, \cdots, S_n$ 的标准赋值为 $\nu_1, \cdots, \nu_n$. 设 $\alpha \in S_i$. 根据命题 3.3.15, 存在 $\beta \in L$, 使 $\nu_i(\beta - \alpha) \geqslant \nu_i(t)$ 并且 $\nu_j(\beta) \geqslant 0$ 对所有 $j \neq i$ 成立, 因此 $\beta \in S$. 因 $\nu_i(\beta - \alpha) \geqslant \nu_i(t)$, 故 $\beta - \alpha \in tS_i$. 因此 $\alpha \in tS_i + S$. □

定理 3.3.30. 设 L/K 是有限扩张, A 为 K 的一个离散赋值环, 则 A 在 L 中只有有限多个两两不同的扩张 $B_1, \cdots, B_r$. 令 $\mathfrak{m}$ 记 A 的极大理想, 记 $\mathfrak{m}_i$ 为 B_i 的极大理想, 则 $B_i/\mathfrak{m}_i$ 是 $A/\mathfrak{m}$ 的有限扩张. 设 e_i 为 B_i 在 A 上的分歧指数, $f_i = [B_i/\mathfrak{m}_i : A/\mathfrak{m}]$, 则

$$[L : K] \geqslant \sum_{i=1}^{r} e_i f_i. \tag{3.7}$$

当 A 在 L 中的整闭包是有限生成 A-模时等号成立.

证 引理 3.3.20 表明 A 在 L 中只有有限多个扩张, 记为 $B_1, \cdots, B_r$. 记 $\nu_1, \cdots, \nu_r$ 为其对应的标准赋值. 令 $B = B_1 \bigcap \cdots \bigcap B_r$, 它们的极大理想记为 $\mathfrak{m}_1, \cdots, \mathfrak{m}_r$. 记 $q_i = \mathfrak{m}_i \bigcap B$.

设 $x_1, \cdots, x_n \in B_i$ 在 K 上线性相关, 则存在不全为零的 $c_1, \cdots, c_n \in A$, 使 $c_1 x_1 + \cdots + c_n x_n = 0$ 且至少有一个 $c_j \notin \mathfrak{m}$, 故 $x_1, \cdots, x_n$ 在 $B_i/\mathfrak{m}_i$ 中的像在 $A/\mathfrak{m}$ 上线性相关, 这证明了 $[B_i/\mathfrak{m}_i : A/\mathfrak{m}] \leqslant [L : K]$.

设 t 是 $\mathfrak{m}$ 的生成元. 记 $k = A/\mathfrak{m}$, 取 $N > \max_{1 \leqslant i \leqslant r}\{e_i\}$. 对任意 $i \neq j$, 根据命题 3.3.15, 存在 $s_i \in L^*$, 使

$$\nu_i(s_i) > 0, \ \nu_j(s_i - 1) > 0,$$

并且 $\nu_\lambda(s_i) \geqslant 0$ 对所有 $\lambda \neq i, j$. 令 $s_j = 1 - s_i$, 则

$$\nu_i(s_j) \geqslant 0, \ \nu_j(s_j) > 0,$$

并且 $\nu_\lambda(s_j) \geqslant 0$ 对所有 $\lambda \neq i, j$. 因此 $s_i \in q_i$, $s_j \in q_j$ 满足 $1 = s_i + s_j$, 从而

$$1 = (s_i + s_j)^{2N} = a_i + a_j,$$

其中 $a_i \in tB_i \bigcap B$, $a_j \in tB_j \bigcap B$, 即 $(tB_i \bigcap B) + (tB_j \bigcap B) = B$. 又因 $tB = \bigcap_{i=1}^r (tB_i \bigcap B)$, 根据中国剩余定理, 有

$$B/tB \cong \bigoplus_{i=1}^r B/(tB_i \bigcap B).$$

根据引理 3.3.29, $B/(tB_i \bigcap B) \cong B_i/tB_i$. 因此

$$\sum_{i=1}^r e_i f_i = \sum_{i=1}^r \dim_{A/\mathfrak{m}}(B_i/tB_i) = \dim_{A/\mathfrak{m}} B/tB.$$

设 $\bar{b}_1, \cdots, \bar{b}_s \in B/tB$ 在 $A/\mathfrak{m}$ 上线性无关, 其中 $b_1, \cdots, b_s \in B$. 若 $b_1, \cdots, b_s$ 在 K 上线性相关, 则存在不全为零的 $a_1, \cdots, a_s \in K$, 使

$$a_1 b_1 + \cdots + a_s b_s = 0.$$

乘上 K^* 中一个适当的元素, 可设 $a_1, \cdots, a_s \in A$ 且 $a_i \notin \mathfrak{m}$ 对至少一个 i 成立. 这与 $\bar{b}_1, \cdots, \bar{b}_s$ 在 $A/\mathfrak{m}$ 上线性无关矛盾. 因此 $\dim_{A/\mathfrak{m}} B/tB \leqslant [L:K]$, 不等式 (3.8) 得证.

当 B 是有限生成 A-模时, 由于 A 是主理想整区并且 B 是无扭 A-模, B 是自由 A-模 ([12], Thm 7.3), 其秩等于 $[L:K]$. 因此 B/tB 是一个 $[L:K]$ 维的 $A/\mathfrak{m}$-空间. 此时 (3.8) 式中的等号成立. $\quad\square$

系 3.3.31. 若定理 3.3.30 中的有限扩张是可分的, 则 (3.8) 式中的等号成立.

证 这是命题 3.2.1 的推论. $\quad\square$

设 $Q_1, \cdots, Q_n$ 是一维函数域 K/k 上的一组离散赋值环, 其对应的标准赋值为 $\nu_1, \cdots, \nu_n$, 极大理想为 $\mathfrak{m}_1, \cdots, \mathfrak{m}_n$. 对任意一组整数 $d_1, \cdots, d_n$, 令

$$V(d_1, \cdots, d_n) = \{f \in K^* \mid \nu_i(f) \geqslant -d_i \ \forall i, \ \nu(f) \geqslant 0 \text{ 对其他 } \nu\}.$$

引理 3.3.32. 设 $d_1, \cdots, d_n$ 是一组非负整数, 则

$$\dim_k V(d_1, \cdots, d_n) \leqslant d_1 \dim_k Q_1/\mathfrak{m}_1 + \cdots + d_n \dim k \, Q_n/\mathfrak{m}_n + 1.$$

证 对 $d_1 + \cdots + d_n$ 进行归纳.

系 3.3.28 表明 $V(0, 0, \cdots, 0) = k$. 因此当 $d_1 + \cdots + d_n = 0$ 时引理成立. 设 $d_1 + \cdots + d_n > 0$, 不妨设 $d_1 > 0$. 取 $\mathfrak{m}_1$ 的生成元 t_1. 作 k-同态

$$\phi : V(d_1, \cdots, d_n) \to Q_1/\mathfrak{m}_1,$$
$$f \mapsto [ft_1^{d_1}].$$

对任意 $f \in V(d_1, \cdots, d_n)$，有

$$\nu_1(ft^{d_1}) = \nu_1(f) + d_1 \geqslant 0.$$

因此 ϕ 是有意义的. 根据同态基本定理

$$\dim_k\Big(\frac{V(d_1, \cdots, d_n)}{\operatorname{Ker}(\phi)}\Big) \leqslant \dim_k Q_1/\mathfrak{m}_1.$$

由于 $\operatorname{Ker}(\phi) = V(d_1 - 1, d_2, \cdots, d_n)$，根据归纳假设得

$$\dim_k \operatorname{Ker}(\phi) \leqslant (d_1 - 1)\dim_k Q_1/\mathfrak{m}_1 + \cdots + d_1\dim_k Q_n/\mathfrak{m}_n + 1.$$

所以

$$\dim_k V(d_1, \cdots, d_n) \leqslant d_1 \dim_k Q_1/\mathfrak{m}_1 + \cdots + d_1 \dim_k Q_n/\mathfrak{m}_n + 1$$

成立. □

下面的定理是对系 3.3.31 的加强.

定理 3.3.33. 设 K 是 k 上的一维函数域，A 为 K/k 的一个离散赋值环，以 $\mathfrak{m}$ 为极大理想. 域 L 是 K 的有限扩张，$B_1, \cdots, B_r$ 为 A 在 L 中的全部扩张. 令 $\mathfrak{m}_i$ 记 B_i 的极大理想，设 e_i 为 B_i 在 A 上的分歧指数，$f_i = [B_i/\mathfrak{m}_i : A/\mathfrak{m}]$，则

$$[L : K] = \sum_{i=1}^r e_i f_i. \tag{3.8}$$

证 记 $n = [L : K]$. 根据定理 3.3.30 只需证明

$$n \leqslant \sum_{i=1}^r e_i f_i.$$

先设 $K = k(x)$ 是 k 的纯超越扩张，A 是 $k(x)$ 的满足 $\nu_A(x) = -1$ 的离散赋值环. 设 $u_1, \cdots, u_n$ 是 $L/k(x)$ 的一组基，记 $u_0 = x$. 令 C_L 为 L/k 上的全体离散赋值环所成的集合. 对 $0 \leqslant i \leqslant n$，令

$$T_i = \{Q \in C_L \mid \nu_Q(u_i) < 0\}, \quad T = \bigcup_{i=0}^n T_i,$$

则 T 是一个有限集合. 设

$$T = \{Q_1, \cdots, Q_s\}.$$

对 $1 \leqslant i \leqslant s$, 令

$$d_i = - \min_{0 \leqslant j \leqslant n} \nu_{Q_i}(u_j) > 0, \; e_i = \max(0, -\nu_{Q_i}(x)).$$

根据定义, 当 $e_i > 0$ 时, e_i 恰好是 Q_i 在 A 上的分歧指数.

对任意自然数 r, 根据引理 3.3.32, 有

$$\dim_k V(d_1 + re_1, \cdots, d_s + re_s) \leqslant r(e_1 \dim_k Q_1/\mathfrak{m}_1 + \cdots + e_s \dim_k Q_s/\mathfrak{m}_s)$$
$$+ d_1 \dim_k Q_1/\mathfrak{m}_1 + \cdots + d_s \dim_k Q_s/\mathfrak{m}_s + 1. \tag{3.9}$$

考虑集合 $S = \{u_i x^j\}_{1 \leqslant i \leqslant n, \, 0 \leqslant j \leqslant r}$. 它含有 $n(r+1)$ 个元素, 并且在 k 上线性无关. 对任意 $u_i x^j \in S$ 和任意 $1 \leqslant \lambda \leqslant s$,

$$\nu_{Q_\lambda}(u_i x^j) = \nu_{Q_\lambda}(u_i) + j\nu_{Q_\lambda}(x) \geqslant - d_\lambda - je_\lambda \geqslant - d_\lambda - re_\lambda,$$

并且

$$\nu_Q(u_i x^j) \geqslant 0$$

对任何 $Q \in C_L - T$ 成立. 这表明 $S \subseteq V(d_1 + re_1, \cdots, d_s + re_s)$, 从而

$$n(r+1) \leqslant \dim_k V(d_1 + re_1, \cdots, d_s + re_s).$$

与 (3.9) 式合在一起得

$$n(r+1) \leqslant r(e_1 \dim_k Q_1/\mathfrak{m}_1 + \cdots + e_s \dim_k Q_s/\mathfrak{m}_s)$$
$$+ d_1 \dim_k Q_1/\mathfrak{m}_1 + \cdots + d_s \dim_k Q_s/\mathfrak{m}_s + 1$$

对任意自然数 r 成立. 所以

$$n \leqslant e_1 \dim_k Q_1/\mathfrak{m}_1 + \cdots + e_s \dim_k Q_s/\mathfrak{m}_s.$$

A 在 L 中的扩张恰好是所有满足 $e_i > 0$ 的 Q_i. 又因 $A/\mathfrak{m}_A = k$, 故 $\dim_k Q_i/\mathfrak{m}_i = f_i$ 对所有满足 $e_i > 0$ 的 Q_i 成立. 所以

$$n \leqslant \sum_{i=1}^r e_i f_i.$$

对于一般的情形取 $x \in K^*$ 满足 $\nu_A(x) = -1$. 令 P 为 $k(x)$ 的满足 $\nu_P(x) = -1$ 的离散赋值环. 设

$$A = A_1, A_2, \cdots, A_r$$

为 P 在 K 中的全部扩张. 对每个 $1 \leqslant i \leqslant r$, 令

$$Q_{i1}, \cdots, Q_{is_i}$$

为 A_i 在 L 中的全部扩张. 根据已经证明的结果, 有

$$[K : k(x)] = \sum_{i=1}^{r} e(A_i/P) f(A_i/P),$$

$$\begin{aligned}
[L : k(x)] &= \sum_{i=1}^{r} \sum_{j=1}^{s_i} e(Q_{ij}/P) f(Q_{ij}/P) \\
&= \sum_{i=1}^{r} \sum_{j=1}^{s_i} e(Q_{ij}/A_i) e(A_i/P) f(Q_{ij}/A_i) f(A_i/P) \\
&= \sum_{i=1}^{r} e(A_i/P) f(A_i/P) \sum_{j=1}^{s_i} e(Q_{ij}/A_i) f(Q_{ij}/A_i) \\
&\leqslant \sum_{i=1}^{r} e(A_i/P) f(A_i/P) [L : K] \\
&= [K : k(x)][L : K].
\end{aligned}$$

由于 $[L : k(x)] = [K : k(x)][L : K]$, 因此

$$\sum_{j=1}^{s_i} e(Q_{ij}/A_i) f(Q_{ij}/A_i) = [L : K]$$

对所有 $1 \leqslant i \leqslant r$ 成立. 特别取 $i = 1$, 即得所证的等式.　□

系 3.3.34.　设 K/k 是一维函数域, $x \in K^*$. 则 $\sum_P \nu_P(x) \dim_k(P/\mathfrak{m}_P) = 0$. 这里 P 历遍 K/k 的离散赋值环.

证　当 $x \in k^*$ 时和式中每一项都等于零, 等式成立.

当 $x \in K - k$ 时, $K/k(x)$ 是有限扩张. 设 P_0, P_∞ 分别是 $k(x)$ 的满足 $\nu_{P_0}(x) = 1$ 和 $\nu_{P_\infty}(x) = -1$ 的离散赋值. 设 $Q_1, \cdots, Q_r$ 是 P_0 在 K 中的全部扩张, $R_1, \cdots, R_s$ 是 P_∞ 在 K 中的全部扩张, 则

$$\begin{aligned}
\sum_P \nu_P(x) \dim_k(P/\mathfrak{m}_P) &= \sum_{i=1}^{r} e(Q_i/P_0) f(Q_i/P_0) - \sum_{j=1}^{s} e(R_j/P_\infty) f(R_j/P_\infty) \\
&= [K : k(x)] - [K : k(x)] \\
&= 0. \quad \square
\end{aligned}$$

习题

1. 设 R 是一个离散赋值环, 以 k 为剩余类域, 它的标准赋值是 ν. 设 M 是一个有限生成的无扭 R-模, 则 M 是自由 R-模.

设 $x_1, \cdots, x_n$ 是自由 R -模 R^n 的一组基,

$$y_i = \sum_{j=1}^{n} a_{ij} x_j, (1 \leqslant i \leqslant n),$$

其中 $a_{ij} \in R$. 令 $\Delta = \det(a_{ij})$. 记 N 为 $y_1, \cdots, y_n$ 在 R^n 中生成的子模. 若 $\Delta \neq 0$, 则

$$\dim_k (R^n / N) = \nu(\Delta).$$

3.4 射影曲线与一维代数函数域

在本节中 k 总是一个固定的代数闭域.

设 K 是 k 上的一个一维代数函数域. 记 C_K 为 K/k 的离散赋值环全体所组成的集合. 在 C_K 上规定一个拓扑: $U \subseteq C_K$ 是开子集当且仅当 $U = \varnothing$ 或 $C_K - U$ 是一个有限集. 容易验证这确实是 C_K 上的一个拓扑.

设 f 是 C_K 的一个非空开子集 U 上的一个 k -值函数. 如果存在 $a \in K$, 使 $a - f(p) \in \mathfrak{m}_p$ 对所有 $p \in U$ 成立, 则称 f 是 U 上的一个正则函数. 注意这个定义和代数簇上的正则函数的定义的区别. 很明显, U 上的正则函数全体在通常的加法和乘法下构成一个环.

引理 3.4.1. 设 U 是 C_K 的一个非空开子集. 令

$$\mathfrak{O}(U) = \bigcap_{P \in U} P.$$

则 $\mathfrak{O}(U)$ 是 K 的一个子环, 它同构于 U 上的正则函数环.

证 显然 $\mathfrak{O}(U)$ 是 K 的子环.

设 f 是 U 上的一个正则函数, 则存在 $a \in K$, 使 $a - f(p) \in \mathfrak{m}_p$ 对所有 $p \in U$ 成立. 假定 $b \in K - \{a\}$, 则 $b - a \neq 0$. 根据系 3.3.21, 只有有限多个 $q \in C_K$, 使 $b - a \in \mathfrak{m}_q$. 由于 U 是无限集, 存在 $p \in U$, 使 $b - a \notin \mathfrak{m}_p$. 因此 $b - f(p) \in \mathfrak{m}_p$ 不可能对所有 $p \in U$ 成立. 所以满足上面条件的元素 $a \in K$ 被 f 唯一决定. 由 $f(p) \in k$ 和 $a - f(p) \in \mathfrak{m}_p$ 推得 $a \in p$ 对所有 $p \in U$ 成立. 所以 $a \in \mathfrak{O}(U)$. 这就给出了从 U 上的正则函数环到 $\mathfrak{O}(U)$ 的一个映射 ξ.

设 $a \in \mathfrak{O}(U)$. 对任意 $p \in U$, 存在唯一的 $c_p \in k$, 使 $a - c_p \in \mathfrak{m}_P$. 映射 $p \mapsto c_p$ 是 U 上的一个 k- 值函数, 记为 f. 根据定义, f 是 U 上的正则函数并且 $\xi(f) = a$. 这就给出了从 $\mathfrak{O}(U)$ 到 U 上的正则函数环的一个映射 η, 满足 $\xi \circ \eta = id$. 易见 $\eta \circ \xi = id$ 也成立. 所以 ξ 是一一对应.

容易验证 ξ 和 η 都是环同态,所以它们都是同构. $\square$

引理 3. 4. 2. 设 K_1,K_2 是 k 上的一维代数函数域,$\eta:K_1 \to K_2$ 是一个 k-同态(即域的单同态且保持 k 中元素不变),则映射

$$\eta':C_{K_2} \to C_{K_1}, \ R \mapsto \eta^{-1}(R)$$

是一个连续映射. 若 C_{K_1} 的一个非空开子集 U 上的一个 k-值函数 f 是正则函数,则 $f \circ \eta'$ 是 $\eta'^{-1}(U)$ 上的正则函数.

证 由于 K_2/K_1 是有限扩张,K_2 上的任何一个离散赋值在 K_1 上的限制是 K_1 的一个离散赋值,因此 η' 是有意义的.

设 U 是 C_{K_1} 的一个非空开子集,$C_{K_1} - U = \{p_1, \cdots, p_r\}$. 根据引理 3.3.20,每个离散赋值环 p_i 在 K_2 中只有有限多个扩张,$\eta'^{-1}(C_{K_1} - U)$ 是有限集,因此 $\eta'^{-1}(U)$ 是 C_{K_2} 的开子集. 所以 η' 是连续映射.

设 $f \in \mathcal{D}(U)$,则 $f \in p$ 对所有 $p \in U$ 成立,因此 $\eta(f) \in q$ 对所有 $q \in \eta'^{-1}(U)$ 成立,即 $\eta(f) \in \mathcal{D}(\eta'^{-1}(U))$. $\square$

设 X 为 k 上的光滑射影曲线,$K = K(X)$ 是 X 的函数域. 构造映射 $\Phi_X: X \to C_K$ 如下:对 $p \in X$ 有自然单射 $i_p:\mathcal{O}_p \to K$,令 $\Phi_X(p) = i_p(\mathcal{O}_p)$. 根据引理 3.3.14,$i_p(\mathcal{O}_p)$ 确实是 K/k 的离散赋值环,因此映射 Φ 是有意义的.

为使记号简单,在不引起混淆时用 $\mathcal{O}_p$ 代替 $i_p(\mathcal{O}_p)$.

引理 3. 4. 3. Φ_X 是一个同胚. X 的任何一个开子集 U 上的一个 k-值函数 f 是正则函数当且仅当 $f \circ \Phi_X^{-1}$ 是 $\Phi_X(U)$ 上的正则函数.

证 (1) 设 $X \subseteq \mathbb{P}_k^n$,$p_1$ 和 p_2 是 X 上两个不同的点,则存在两个线性型 $u(x) = a_0 x_0 + \cdots + a_n x_n$ 和 $v(x) = b_0 x_0 + \cdots + b_n x_n$,使 $u(p_1) = 0$,$u(p_2) \neq 0$,$v(p_1) \neq 0$,$v(p_2) = 0$,于是 $u(x)/v(x) \in \Phi_X(p_1)$,$u(x)/v(x) \notin \Phi_X(p_2)$,故 $\Phi_X(p_1) \neq \Phi_X(p_2)$,因此 Φ_X 是单射.

(2) 可设 X 不含于 $\mathbb{P}_k^n$ 的任何一个超平面中. 设 ν 是 K 的一个离散赋值,R 是其对应的离散赋值环,$\mathfrak{m}$ 为其极大理想. 所有的 x_i/x_j 都是 K 中的元素,取 $0 \leqslant s \leqslant n$,$0 \leqslant t \leqslant n$,$s \neq t$,使 $\nu(x_s/x_t) \leqslant \nu(x_i/x_j)$ 对所有 $i \neq j$ 成立,则 $\nu(x_i/x_s) = \nu(x_i/x_t) - \nu(x_s/x_t) \geqslant 0$ 对所有 $0 \leqslant i \leqslant n$ 成立. 令 $U_s = \{p \in X \mid x_s(p) \neq 0\}$,则 U_s 为 X 的一个仿射开子集,以 $A = k[x_0/x_s, \cdots, x_{s-1}/x_s, x_{s+1}/x_s, \cdots, x_n/x_s]$ 为坐标环,因 $\nu(x_i/x_s) \geqslant 0$ 对所有 $i \neq s$ 成立,故 $A \subseteq R$,因此 $\mathfrak{m} \cap A$ 是 A 的极大理想,它确定了一个点 $p \in X$ 满足 $\mathcal{O}_p \subseteq R$. 根据系 3.3.4,$\mathcal{O}_p = R$. 因此 $\Phi_X(p) = R$,即 Φ 是满射.

(3) 根据(1)和(2),Φ 是一个一一对应. 又因为射影曲线的子集是闭子集当且仅当它是有限子集,所以 Φ 是同胚.

(4) 设 $f \circ \Phi^{-1}$ 是 $\Phi(U)$ 上的正则函数,则存在 $[V, h] \in K(X)$,使 $[V, h] - f(\Phi^{-1}(p)) \in \mathfrak{m}_p$ 对所有 $p \in \Phi(U)$ 成立. 这意味着 $\Phi^{-1}(p) \in \text{dom}(h)$ 并且 $h(p) = f(p)$ 对所有 $p \in U$ 成立. 因此 f 是 U 上的正则函数.

反之,设 f 是 U 上的正则函数. 记 $a = [U, f] \in K(X)$,则

$$a - f \circ \Phi^{-1}(p) \in \mathfrak{m}_p$$

对所有 $p \in \Phi(U)$ 成立. 因此 $f \circ \Phi^{-1} \in \mathfrak{O}(U)$. $\square$

以上引理中 k 的代数闭条件也不能少. 原因在于证明的第二步中 A 的极大理想确定 X 上一个点用到了 k 代数封闭的条件. 换句话说基域的代数封闭性确保了 Hilbert 零点定理成立,否则 Φ_X 不一定是满射. 例如,设 X 是实射影平面 $\mathbb{P}^2_{\mathbb{R}}$ 中由齐次多项式 $X_0^2 + X_1^2 + X_2^2$ 定义的代数曲线,则 X 是空集,然而其函数域是 $\mathbb{R}[x, y]/(x^2 + y^2 + 1)$ 的分式域,它有无穷多个离散赋值环.

系 3.4.4. 设 X_1, X_2 为光滑射影曲线,分别以 K_1, K_2 为函数域. 设 $\phi: X_1 \to X_2$ 是一个满态射,它诱导同态

$$\eta: K_2 \to K_1.$$

设

$$\eta': C_{K_1} \to C_{K_2}, \quad R \mapsto \eta^{-1}(R),$$

则有交换图(见图 3.1).

$$
\begin{array}{ccc}
X_1 & \xrightarrow{\phi} & X_2 \\
\Phi_{X_1} \downarrow & & \downarrow \Phi_{X_2} \\
C_{K_1} & \xrightarrow{\eta'} & C_{K_2}
\end{array}
$$

图 3.1

更进一步,ϕ 是同构当且仅当 η 是同构.

证 对任意 $p \in X_1$,有

$$
\begin{aligned}
\eta' \circ \Phi_{X_1}(p) &= \eta'(\mathcal{O}_p) \\
&= \eta^{-1}(\mathcal{O}_p) \\
&= \Phi_{X_2}(\mathcal{O}_{\phi(p)}).
\end{aligned}
$$

因此图 3.1 可交换. 若 ϕ 是同构,则 η 显然是同构. 反之,若 η 是同构,则由引理 3.4.2 和引理 3.4.3 推得

$$\phi = \Phi_{X_2}^{-1} \circ \eta' \circ \Phi_{X_1}$$

是同构.　□

引理 3.4.5.　设 X, Y 是代数曲线, $f: X \to Y$ 是双有理态射, $p \in X$. 若 $f(p)$ 是 Y 的光滑点, 则 p 是 X 的光滑点.

证　由于 f 是双有理态射, 它诱导函数域的同构 $f': K(Y) \to K(X)$. 于是 $f': \mathcal{O}_{Y, f(p)} \to \mathcal{O}_{X, p}$ 是单同态. 根据引理 3.3.25 和引理 3.3.24, 存在 $K(X)$ 中的一个 k-离散赋值环 R 包含 $\mathcal{O}_{X, p}$.

由于 $f(p)$ 是 Y 的光滑点, 局部环 $\mathcal{O}_{Y, f(p)}$ 是 $K(Y)$ 的离散赋值环, 它在同构 f' 下的像是 $K(X)$ 的包含在 R 中的离散赋值环. 因此 $f'(\mathcal{O}_{Y, f(p)}) = \mathcal{O}_{X, p} = R$. 根据引理 3.3.10, p 是 X 的光滑点.　□

定理 3.4.6.　从光滑射影曲线范畴到一维函数域范畴的自然反变函子给出该两个范畴间的等价.

证　设 K 是一个一维函数域, 根据定理 3.2.5 存在 K/k 的可分超越基 f. 令 A, B 分别为 $k[f]$ 和 $k[1/f]$ 在 K 中的整闭包, 由命题 3.2.1 知 A, B 是有限生成的 k-代数, 即 $A = k[x_1, \cdots, x_r]$, $B = k[y_1, \cdots, y_s]$, 其中 $x_1, \cdots, x_r$, $y_1, \cdots, y_s \in K$. 还可以假定所有这些元素都不等于零.

令 $R = k[X_1, \cdots, X_r, Y_1, \cdots, Y_s, Z_{11}, Z_{12}, \cdots, Z_{rs}]$ 为含有 $r + s + rs$ 个变量的多项式环, 则 $\phi(X_i) = x_i$, $\phi(Y_j) = y_j$, $\phi(Z_{ij}) = x_i y_j$ 决定了满同态 $\phi: R \to k[x_1, \cdots, x_r, y_1, \cdots, y_s]$. 记 $P = \mathrm{Ker}(\phi)$, 则 P 是 R 的素理想且 $R/P \cong k[x_1, \cdots, x_r, y_1, \cdots, y_s]$, 以 K 为其分式域. 由于 $x_1, \cdots, x_r, y_1, \cdots, y_s$ 都是非零元, 因此 $X_1, \cdots, X_r, Y_1, \cdots, Y_s, Z_{11}, \cdots, Z_{rs}$ 中任何一个元素都不在 P 中.

令
$$S = k[Z_{00}, X_1, \cdots, X_r, Y_1, \cdots, Y_s, Z_{11}, Z_{12}, \cdots, Z_{rs}],$$

$\widetilde{P}$ 为 P 在 S 中的齐次化, 则 $\widetilde{P}$ 的零点集是 $\mathbb{P}_k^{r+s+rs}$ 中的一维射影簇 C. ϕ 诱导出从 C 的函数域到 K 的同构 $\overline{\phi}$, 满足
$$\overline{\phi}(X_i/Z_{00}) = x_i, \quad \overline{\phi}(Y_j/Z_{00}) = y_j, \quad \overline{\phi}(Z_{ij}/Z_{00}) = x_i y_j.$$

记 U_i 为 C 的由 $X_i \neq 0$ 确定的开子集, V_j 为 C 的由 $Y_j \neq 0$ 确定的开子集, W_{ij} 为 C 的由 $Z_{ij} \neq 0$ 确定的开子集. 为证明 C 的光滑性需要证明这些开子集都是光滑的.

由于 W_{00} 的坐标环同构于 $k[x_1, \cdots, x_r, y_1, \cdots, y_s]$, 根据引理 3.4.5 和引理 3.3.14, 它是光滑的.

设 $1 \leqslant i \leqslant r$, $1 \leqslant j \leqslant s$, A_{ij} 为 W_{ij} 的坐标环. 设 $a \in W_{ij}$, 将 C 在这点的局部环的整闭包记为 D. 任取 K 的一个包含 D 的离散赋值环, 其标准赋值记作 ν. 因

$\overline{\phi}(X_i/Z_{ij}) = 1/y_j$, $\overline{\phi}(Y_j/Z_{ij}) = 1/x_i$,故 $\nu(1/y_j) \geqslant 0$, $\nu(1/x_i) \geqslant 0$,即 $\nu(x_i) \leqslant 0$, $\nu(y_j) \leqslant 0$,这将推出 $\nu(x_i) = 0$ 或 $\nu(y_j) = 0$(否则 $\nu(x_i) < 0$, $\nu(y_j) < 0$ 将推出 $\nu(f) < 0$, $\nu(1/f) < 0$,这不可能). 不妨设 $\nu(x_i) = 0$,则 $\nu([Y_j/Z_{ij}]) = 0$(这里 $[Y_j/Z_{ij}]$ 代表 Y_j/Z_{ij} 在 D 中的自然像),故 a 点的 Y_j 坐标不等于零,也就是说 $a \in V_j$. 因此 $W_{ij} \subseteq U_i \cup V_j$. 剩下只要证明每个 U_i 和 V_j 都是光滑的就可以了. 又根据对称性,只要证明每个 U_i 的光滑性就可以了.

U_i 的坐标环同构于

$$A_i = k[Z_{00}, X_1, \cdots, X_{i-1}, X_{i+1}, \cdots, X_r, Y_1, \cdots, Y_s, Z_{11}, \cdots, Z_{rs}]/P',$$

其中 P' 是 $\widetilde{P}$ 关于 X_i 的非齐次化. 令

$$T = k[Z_{i1}, Z_{i2}, \cdots, Z_{is}]/(P' \cap k[Z_{i1}, Z_{i2}, \cdots, Z_{is}]),$$

则 T 是 A_i 的子环. 由于在 S 中 $Z_{00}Z_{ij} - X_iY_j \in \widetilde{P}$,故 $Z_{00}Z_{ij} \equiv Y_j (\text{mod } P')$ 对所有 $1 \leqslant j \leqslant s$ 成立,单同态 $T \to A_i$ 诱导出它们的分式域之间的同构. 根据引理 3.4.5,只要证明 $T \cong B = k[y_1, \cdots, y_s]$ 就行了.

很明显,ϕ 诱导出从

$$k[Y_1, \cdots, Y_s]/(P \cap k[Y_1, \cdots, Y_s])$$

到 $k[y_1, \cdots, y_s]$ 的同构. 因此只要证明

$$k[Y_1, \cdots, Y_s]/(P \cap k[Y_1, \cdots, Y_s]) \cong T \tag{3.10}$$

就行了.

设 $f(Y_1, \cdots, Y_s) \in P \cap k[Y_1, \cdots, Y_s]$. 把它写成

$$f(Y_1, \cdots, Y_s) = \sum_{q=0}^{d} f_q(Y_1, \cdots, Y_s),$$

其中 $f_q(Y_1, \cdots, Y_s)$ 是 q 次齐次多项式. 由 $Z_{ij} \cong X_iY_j (\text{mod } P)$ 推出

$$X_i^d f(Y_1, \cdots, Y_s) \equiv \sum_{q=0}^{d} X_i^{d-q} f_q(Z_{i1}, \cdots, Z_{is}) (\text{mod } P),$$

而 $\sum_{q=0}^{d} X_i^{d-q} f_q(Z_{i1}, \cdots, Z_{is})$ 是一个齐次多项式,它关于 Z_{00} 的齐次化仍然是它自己. 所以

$$f(Z_{i1}, \cdots, Z_{is}) = \sum_{q=0}^{d} f_q(Z_{i1}, \cdots, Z_{is}) \in P' \cap k[Z_{i1}, \cdots, Z_{is}].$$

反之,设

$$f(Z_{i1}, \cdots, Z_{is}) = \sum_{q=0}^{d} f_q(Z_{i1}, \cdots, Z_{is}) \in P' \bigcap k[Z_{i1}, \cdots, Z_{is}],$$

则

$$\sum_{q=0}^{d} X_i^{d-q} f_q(Z_{i1}, \cdots, Z_{is}) \in \widetilde{P}.$$

乘以 Z_{00}^d 并利用 $Z_{00}Z_{ij} - X_iY_j \in \widetilde{P}$, 得

$$X_i^d \sum_{q=0}^{d} Z_{00}^{d-q} f_q(Y_1, \cdots, Y_s) \in \widetilde{P}.$$

于是 $X_i^d f(Y_1, \cdots, Y_s) \in P$. 由于 X_i 不在素理想 P 中, 因此 $f(Y_1, \cdots, Y_s) \in P \bigcap k[Y_1, \cdots, Y_s]$. (3.10) 式得证. 所以 C 是光滑曲线.

用 Γ 和 Δ 来记 k 上的光滑射影曲线范畴和一维函数域范畴, η 为从 Γ 到 Δ 的自然反变函子, 以上证明了 $\eta: \mathrm{Obj}(\Gamma) \to \mathrm{Obj}(\Delta)$ 是满的. 系 3.4.4 表明 $\eta:$ $\mathrm{Obj}(\Gamma) \to \mathrm{Obj}(\Delta)$ 是单的. 设 $K_1, K_2 \in \mathrm{Obj}(\Delta)$, $i: K_1 \to K_2$ 是一个同态, 它诱导了映射 $\xi: C_{K_2} \to C_{K_1}$, $R \mapsto i^{-1}(R)$. 令 X_1, X_2 分别为以 K_1, K_2 为函数域的光滑射影曲线, 令 $f = \Phi_{X_1}^{-1} \xi \Phi_{X_2}$, 由引理 3.4.3 和引理 3.4.2 推断 $f \in \mathrm{Mor}(X_2, X_1)$. 易见 $\eta(f) = i$, 故 $\eta: \mathrm{Mor}(X_2, X_1) \to \mathrm{Mor}(K_1, K_2)$ 是一个同构. $\square$

系 3.4.7. 设 X, Y 是光滑射影曲线, $\phi: X \to Y$ 是一个几乎满的有理映射, 则 $\mathrm{dom}(\phi) = X$. 若 ϕ 是双有理映射, 则 ϕ 是同构.

证 设 ϕ 定义在 X 的一个非空开子集 U 上. 由于 $K(U) = K(X)$, ϕ 诱导同态 $\eta: K(Y) \to K(X)$, 它诱导了映射 $\eta': C_{K(X)} \to C_{K(Y)}$. 令 $\widetilde{\phi} = \Phi_Y^{-1} \circ \eta' \circ \Phi_X$, 则 $\widetilde{\phi} |_U = \phi$. 这表明 $\mathrm{dom}(\phi) = X$.

若 ϕ 是双有理映射, 则 η 是同构, 因此 $\Phi_Y^{-1} \circ \eta' \circ \Phi_X$ 也是同构. $\square$

以上结果告诉我们对于光滑射影曲线, 双有理等价和同构没有区别.

习题

1. 举例说明引理 3.4.5 中双有理的条件不能减弱为满态射.

2. 设 $f: X \to Y$ 是代数曲线间的一个双有理态射. 举例说明 X 上的光滑点的像不一定是 Y 的光滑点.

3.5 曲线的正规化

命题 3.5.1. 设 K/k 是一维代数函数域, A 是 K 的包含 k 的子环, 但 A 不是 K 的子域. 令 Δ 为 K/k 的包含 A 的离散赋值环全体所构成的集合. 记 $\widetilde{A}$ 为 A

在 K 中的整闭包,则

$$\tilde{A} = \bigcap_{R \in \Delta} R.$$

证 由于 A 不是域,存在 A 的非零素理想. 根据系 3.3.26,存在 K/k 的离散赋值环 R 包含 A. 因此 Δ 不是空集.

设 $b \in \tilde{A}$,则存在 $a_{n-1}, \cdots, a_1, a_0 \in A$,使

$$b^n + a_{n-1}b^{n-1} + \cdots + a_1 b + a_0 = 0.$$

设 R 是一个包含 A 的离散赋值环,记 ν 为它对应的标准离散赋值,则 $\nu(a_i) \geqslant 0$ 对 $0 \leqslant i \leqslant n-1$ 成立. 假如 $\nu(b) < 0$,则由

$$b^n = -a_{n-1}b^{n-1} - \cdots - a_1 b - a_0$$

推得 $n\nu(b) \geqslant (n-1)\nu(b)$,产生矛盾. 因此 $\nu(b) \geqslant 0$,也就是说 $b \in R$. 因此

$$\tilde{A} \subseteq \bigcap_{R \in \Delta} R.$$

再设 $b \in K - \tilde{A}$,则 $b \notin A[b^{-1}]$,否则的话,

$$b = a_0 + a_1 b^{-1} + \cdots + a_r b^{-r} \quad (a_i \in A),$$

将推出

$$b^{r+1} = a_0 b^r + a_1 b^{r-1} + \cdots + a_r,$$

与 $b \notin \tilde{A}$ 矛盾. 因此 b^{-1} 不是整区 $A[b^{-1}]$ 中的可逆元. 于是 b^{-1} 包含在 $A[b^{-1}]$ 的某个素理想中. 根据系 3.3.26,存在 $R \in \Delta$ 包含 $A[b^{-1}]$ 并且 $\nu_R(b^{-1}) > 0$. 因此 $b \notin R$,故 $b \notin \bigcap_{R \in \Delta} R$. □

引理 3.5.2. 设 B 是一个可交换环,A 是 B 的一个子环. 令

$$\mathfrak{c}(B, A) = \{a \in A \mid aB \subseteq A\}.$$

则有

(1) $\mathfrak{c}(B, A)$ 既是 A 的理想,又是 B 的理想.

(2) 假如 A 的一个子集 I 既是 A 的理想,又是 B 的理想,则 $I \in \mathfrak{c}(B, A)$.

(3) $\mathfrak{c}(B, A) = A$ 当且仅当 $B = A$.

证 由定义立刻可见 $\mathfrak{c}(B, A)$ 是 A 的理想.

设 $b \in B$, $c \in \mathfrak{c}(B, A)$. 对任意 $b' \in B$,都有 $(bc)b' = c(bb') \in A$. 故 $bc \in \mathfrak{c}(B, A)$. 因此 $\mathfrak{c}(B, A)$ 也是 B 的理想,(1) 得证.

假如 I 既是 A 的理想,又是 B 的理想,则对任何 $c \in I$, $b \in B$,都有 $cb \in I \subseteq A$. 因此 $c \in \mathfrak{c}(B, A)$. (2) 得证.

当 $B = A$ 时显然 $\mathfrak{c}(B, A) = A$. 反之设 $\mathfrak{c}(B, A) = A$. 则 $1 \in \mathfrak{c}(B, A)$. 对任何 $b \in B$ 有 $b = 1 \cdot b \in A$. 因此 $B = A$. (3) 得证. □

定义 27.　引理 3.5.2 中的理想 $\mathfrak{c}(B, A)$ 叫做 B 到 A 中的**传导理想** (conductor).

引理 3.5.3.　设 B 是一个整区, A 是 B 的一个子环, S 是 A 的一个不含 0 的乘法封闭子集. 假定 B 是有限生成的 A -模, 则

$$S^{-1}\mathfrak{c}(B, A) = \mathfrak{c}(S^{-1}B, S^{-1}A).$$

证　设 $b/a \in S^{-1}\mathfrak{c}(B, A)$, 其中 $b \in \mathfrak{c}(B, A), a \in S$. 对任何 $b'/a' \in S^{-1}B$, 其中 $b' \in B, a' \in S$, 都有

$$\frac{b}{a}\frac{b'}{a'} \in S^{-1}A.$$

故 $b/a \in \mathfrak{c}(S^{-1}B, S^{-1}A)$. 至此证明了

$$S^{-1}\mathfrak{c}(B, A) \subseteq \mathfrak{c}(S^{-1}B, S^{-1}A).$$

反之, 设 $b/a \in \mathfrak{c}(S^{-1}B, S^{-1}A)$, 其中 $b \in A, a \in S$. 设 $t_1, \cdots, t_n \in B$, 使

$$B = At_1 + \cdots + At_n,$$

则对每个 $1 \leqslant i \leqslant n$, 都有 $bt_i/a \in S^{-1}A$, 即 $bt_i/a = b_i/a_i$, 其中 $b_i \in A, a_i \in S$. 令 $u = a_1 \cdots a_n$, 则 $u \in S$, 并且

$$but_i = a_1 \cdots a_{i-1}a_{i+1} \cdots a_n ab_i \in A$$

对所有 $1 \leqslant i \leqslant n$ 成立. 因此 $bu \in \mathfrak{c}(B, A)$, 即 $b \in S^{-1}\mathfrak{c}(B, A)$. 这证明了

$$S^{-1}\mathfrak{c}(B, A) \supseteq \mathfrak{c}(S^{-1}B, S^{-1}A). \quad \square$$

引理 3.5.4.　设 k 是一个完满域, R 是一个有限生成的 k -整区, K 为 R 的分式域, $\tilde{R}$ 为 R 在 K 中的整闭包, 则 $\mathfrak{c}(\tilde{R}, R)$ 不等于零.

证　根据定理 3.2.8, 作为 R 模 $\tilde{R}$ 由有限多个元素 $u_1, \cdots, u_n$ 生成. 由于 K 是 R 的分式域, 对每个 $1 \leqslant i \leqslant n$, 存在 $a_i \in R - \{0\}$, 使 $a_i u_i \in R$. 令 $a = a_1 \cdots a_n$, 则 $a \in R - \{0\}$ 满足 $au_i \in R (1 \leqslant i \leqslant n)$. 因此 a 是 $\mathfrak{c}(\tilde{R}, R)$ 中一个非零元. □

传导理想 $\mathfrak{c}(\tilde{R}, R)$ 的几何意义表现在下面的引理中.

引理 3.5.5.　设 C 是完满域 k 上的不可约仿射曲线, 以 R 为坐标环, 其分式域为 K. $\tilde{R}$ 为 R 在 K 中的整闭包, 则 R 的理想 $\mathfrak{c}(\tilde{R}, R)$ 在 C 中的零点集合恰好是 C 的奇点集合.

证　设 P 是 R 的一个极大理想, 令 $S = R - P$. 根据引理 3.3.12, $S^{-1}\tilde{R}$ 为 R_P

在 K 中的整闭包. 又由引理 3.5.3 知

$$S^{-1}\mathfrak{c}(\widetilde{R},\,R)=\mathfrak{c}(S^{-1}\widetilde{R},\,R_P).$$

因此局部环 R_P 是整闭的当且仅当 $S^{-1}\mathfrak{c}(\widetilde{R},\,R)=R_P$, 这等价于 P 不包含理想 $\mathfrak{c}(\widetilde{R},R)$. 这相当于说 P 所对应的点是 C 的光滑点当且仅当该点不是理想 $\mathfrak{c}(\widetilde{R},R)$ 的零点.   □

本节从这里开始 k 都是一个固定的代数闭域.

命题 3.5.6.   设 C 是 k 上一条不可约的代数曲线,则 C 只含有限多个奇点.

证   可设 C 是仿射曲线,设 R 是它的坐标环,令 $\widetilde{R}$ 为 R 在它的分式域中的整闭包,令 $I=\mathfrak{c}(\widetilde{R},\,R)$. 根据引理 3.5.5, C 的奇点集合是 I 的零点集合. 由引理 3.5.4 知 I 是 R 的非零理想,因此它只有有限多个零点.   □

定义 28.   设 C 是一条不可约的射影曲线,S 为 C 的奇点全体构成的集合. 如果 $\widetilde{C}$ 是一条光滑的射影曲线,$\pi:\widetilde{C}\to C$ 是满足下面条件的态射:$\pi:\pi^{-1}(C-S)\to C-S$ 是同构,则 $\widetilde{C}$ 称为 C 的**正规化**,π 称为正规化映射. C 的(几何)亏格定义为 $\widetilde{C}$ 的亏格.

定理 3.5.7.   不可约射影曲线存在唯一的正规化.

证   设 C 是射影空间 $\mathbb{P}_k^n$ 中的不可约曲线,不失一般性,可设 C 不包含在 $\mathbb{P}_k^n$ 的任何一个超曲面中. 令 $x_0,\,x_1,\,\cdots,\,x_n$ 为 $\mathbb{P}_k^n$ 的齐次坐标,K 为 C 的函数域. 对 C 上任意两点 $p_1\neq p_2$,存在线性型 $l_1,\,l_2$,使 $l_1(p_1)=0$,$l_1(p_2)\neq 0$,$l_2(p_1)\neq 0$,$l_2(p_2)=0$,因而作为 K 的子环,$\mathcal{O}_{p_1}$ 和 $\mathcal{O}_{p_2}$ 的极大理想互不包含.

设 $A\in C_K$,$\mathfrak{m}$ 为 A 的极大理想,记 ν 为 A 所对应的标准赋值. 先证明存在唯一的 $p\in C$,使 $\mathcal{O}_p\subseteq A$.

设 $\nu(x_s/x_t)=\min_{i\neq j}\{\nu(x_i/x_j)\}$,则 $\nu(x_i/x_s)\geqslant 0$ 对所有 i 成立,令 $C_s=\{p\in C\mid x_s(p)\neq 0\}$,则仿射曲线 C_s 的坐标环 R 包含在 A 中,令 $q=\mathfrak{m}\bigcap R$,q 是 R 的极大理想,它决定了 C_s 上的一个点,仍记作 q,则 $\mathcal{O}_q\subseteq A$.

假如另有一点 $p\in C$,使 $\mathcal{O}_p\subseteq A$,则存在线性型 $l_1(x_0,\,x_1,\,\cdots,\,x_n)$ 和 $l_2(x_0,\,x_1,\,\cdots,\,x_n)$,使 $l_1(p)=0$,$l_1(q)\neq 0$,$l_2(p)\neq 0$,$l_2(q)=0$. 于是 $l_1/l_2\in\mathfrak{m}_p$,$l_2/l_1\in\mathfrak{m}_q$. 得 $\nu(l_1/l_2)>0$,$\nu(l_2/l_1)>0$,

$$0=\nu(1)=\nu\Big(\frac{l_1}{l_2}\frac{l_2}{l_1}\Big)=\nu\Big(\frac{l_1}{l_2}\Big)+\nu\Big(\frac{l_2}{l_1}\Big)>0.$$

产生矛盾. 所以存在唯一的 $p\in C$ 使 $\mathcal{O}_p\subseteq A$.

对任意 $A\in C_K$,令 $\pi(A)$ 为 C 上唯一的满足 $\mathcal{O}_p\subseteq A$ 的点,则有映射 $\pi:C_K\to C$. 根据系 3.3.22,对任何 $p\in C$,$\pi^{-1}(p)$ 是有限集合,因此 π 是连续映射. 设 f:

$U \to k$ 是 C 的开子集 U 上的正则函数,则 (U, f) 的等价类代表了 K 中的一个元素 a,对任何 $p \in U$,都有 $a \in \mathcal{O}_p$ 且 $a - f(p) \in \mathfrak{m}_p$. 对任意 $A \in \pi^{-1}(p)$,由于 $A/\mathfrak{m}_A \cong \mathcal{O}_p/\mathfrak{m}_p$, $a - f \circ \pi(A) \in \mathfrak{m}_A$,因此 $f \circ \pi$ 是 $\pi^{-1}(U)$ 上的正则函数.

令 $\widetilde{C}$ 为以 K 为函数域的光滑射影曲线,$\Phi: \widetilde{C} \to C_K$ 为引理 3.4.3 中的一一映射,则 $\widetilde{\pi} = \pi \circ \Phi: \widetilde{C} \to C$ 是一个态射.

由于对 C 的每个光滑点 p,局部环 $\mathcal{O}_p$ 都是离散赋值环,因此 $\widetilde{\pi}: \pi^{-1}(C-S) \to C-S$ 是同构. 所以 $\widetilde{\pi}: \widetilde{C} \to C$ 是正规化映射.

设 $\sigma: D \to C$ 是另一个正规化映射,则 $\widetilde{\pi}^{-1} \circ \sigma$ 是一个双有理映射,根据系 3.4.7 可知它是一个同构. 所以 C 的正规化是唯一的. $\square$

命题 3.5.8.　设 $\pi: \widetilde{C} \to C$ 是不可约曲线 C 的正规化映射,p 是 C 上一个点,$\mathcal{O}_p$ 为该点的局部环,$\Delta = \pi^{-1}(p)$,则有限集合 Δ 恰好是 $K(C)$ 中包含 $\mathcal{O}_p$ 的离散赋值环,且 $\mathcal{O}_p$ 在 $K(C)$ 中的整闭包是 $\prod_{R \in \Delta} R$.

证　不妨设 C 是仿射曲线,以 A 为坐标环,P 是代表 p 的素理想. 根据定理 3.5.7,Δ 是 $K(C)$ 的所有包含 A 并且其极大理想包含 P 的离散赋值环全体构成的有限集合. 由于 $\mathcal{O}_p = A_P$,一个离散赋值环包含 $\mathcal{O}_p$ 当且仅当它属于 Δ.

由命题 3.5.1 得知 $\mathcal{O}_p$ 在 $K(C)$ 中的整闭包是 $\prod_{R \in \Delta} R$. $\square$

引理 3.5.9.　设 p 是不可约曲线 C 的一个点,$\mathfrak{m}_p$ 是 $\mathcal{O}_p$ 的极大理想,A 是 $\mathcal{O}_p$ 在函数域 $K(C)$ 中的整闭包,$\mathfrak{n}$ 为 A 的所有极大理想的交,则存在正整数 N,使 $\mathfrak{n}^N \subseteq \mathfrak{m}_p \subseteq \mathfrak{n}$.

证　根据命题 3.5.8,$A = \bigcap_{i=1}^{r} R_i$,其中 $R_1, \cdots, R_r$ 是 $K(C)/k$ 的所有包含 A 的离散赋值环,将它们所对应的标准离散赋值记作 $\nu_1, \cdots, \nu_r$. 由系 3.3.17 得知

$$\mathfrak{n} = \{x \in K(C) \mid \nu_i(x) > 0, i = 1, \cdots, r\}.$$

根据引理 3.5.4,传导理想 $I = \mathfrak{c}(A, \mathcal{O}_p)$ 是非零理想. 由系 3.3.17 知存在非负整数 $n_1, \cdots, n_R$,使

$$I = \{x \in K(C) \mid \nu_i(x) \geq n_i, i = 1, \cdots, r\}.$$

取 $N = \max\{n_1, \cdots, n_r\}$,则 $\mathfrak{n}^N \subseteq I$. 根据传导理想的定义 $I \subseteq \mathcal{O}_p$. 因此有 $\mathfrak{n}^N \subseteq \mathcal{O}_p$. 由此立刻推得 $\mathfrak{n}^N \subseteq \mathfrak{m}_p$. 另一个包含关系 $\mathfrak{m}_p \subseteq \mathfrak{n}$ 是明显的. $\square$

命题 3.5.10.　设 p 是不可约曲线 C 的一个点,则 p 是光滑点当且仅当局部环 $\mathcal{O}_p$ 包含在 $K(C)$ 的唯一一个离散赋值环 R 中,并且 $\mathcal{O}_p$ 包含 R 的一个局部参数.

证　必要性是明显的. 下面证明充分性. 设 $t \in \mathcal{O}_p$ 是 R 的一个局部参数. 令

m 记 R 的极大理想. 根据引理 3.5.9, 存在正整数 N, 使 $Rt^N = \mathfrak{m}^N \subseteq \mathcal{O}_p$. 因此 $kt + Rt^N \subseteq \mathcal{O}_p$. 假定 N 是最小的正整数, 使 $kt + Rt^N \subseteq \mathcal{O}_p$. 如果 $N > 1$, 对任何 $b \in Rt^{N-1}$, 因 $R/\mathfrak{m} \cong k$, 存在 $b_0 \in k$, 使 $c = b_0 - b/t^{N-1} \in \mathfrak{m}$. 因此 $b = b_0 t^{N-1} - ct^{N-1} \in \mathcal{O}_p$, 这是因为 $ct^{N-1} \in Rt^N$. 所以 $kt + Rt^{N-1} \subseteq \mathcal{O}_p$, 与 N 的极小性矛盾. 故 $\mathfrak{m} = kt + Rt \subseteq \mathcal{O}_p$. 由此得 $\mathcal{O}_p = R$. $\square$

3.6 紧 Riemann 面的亚纯函数域

设 X, Y 是两个 Riemann 面, $\phi: X \to Y$ 是一个非平凡的全纯映射. 设 $x \in X$, 记 $y = \phi(x)$. 任取 X 和 Y 分别在点 x 和点 y 的复局部坐标 z 和 w. 可设 $w(y) = 0$. 映射 ϕ 局部由全纯函数 $w = f(z)$ 给出, 并且 x 是 f 的一个零点, 记 $\mu_\phi(x)$ 为该零点的阶, 它不依赖于局部坐标 z 和 w 的选取. 对 Y 上任何点 y, 记 $\phi^*(y)$ 为 X 上的满足下面两个条件的点集:

(1) $x \in \phi^*(y)$ 当且仅当 $\phi(x) = y$;

(2) 任意 $x \in \phi^{-1}(y)$ 在 $\phi^*(y)$ 中出现恰好 $\mu_\phi(x)$ 次.

例如, 设 $\phi^{-1}(y) = \{x_1, x_2\}$, 并且 $\mu_\phi(x_1) = 2$, $\mu_\phi(x_2) = 3$, 则 $\phi^*(y) = \{x_1, x_1, x_2, x_2, x_2\}$ 含 5 个点.

如果 X 是紧的, 那么 $\phi^*(y)$ 中的点的个数不依赖于 y 的选取, 这个自然数是全纯映射 ϕ 的次数.

定理 3.6.1. 紧 Riemann 面的亚纯函数域是 $\mathbb{C}$ 上的一维函数域.

证 设 X 是紧 Riemann 面. 根据定理 1.2.1 存在 X 上的非平凡的亚纯函数 f, 它是 $\mathbb{C}$ 上的超越元.

设 N 为全纯映射 $f: X \to \mathbb{P}^1_\mathbb{C}$ 的次数. 设 g 是 X 上任意一个亚纯函数, 只需证明 $[\mathbb{C}(f, g) : \mathbb{C}(f)] \leqslant N$.

记 $\sigma_1, \cdots, \sigma_N$ 为 N 个变元的初等对称多项式, 对任意一点 $q \in \mathbb{P}^1_\mathbb{C}$, 令 $\lambda_i(q) = \sigma_i(g(p_1), \cdots, g(p_N))$, 其中 $\{p_1, \cdots, p_N\} = f^*(q)$. 将证明 $\lambda_1, \cdots, \lambda_N$ 是 $\mathbb{P}^1_\mathbb{C}$ 上的亚纯函数, 从而是有理函数. 由于

$$g^N - (\lambda_1 f)g^{N-1} + \cdots + (-1)^N(\lambda_n f) = 0,$$

因此 $[\mathbb{C}(f, g) : \mathbb{C}(f)] \leqslant N$.

剩下只需证明每个 λ_i 是 $\mathbb{P}^1_\mathbb{C}$ 上的亚纯函数.

对任意 $q \in \mathbb{P}^1_\mathbb{C}$, 设 $f^{-1}(q) = \{p_1, \cdots, p_r\}$. 可选 q 的一个充分小的开邻域 V 满足以下条件:

(1) V 有一个局部坐标 z, 且在这个局部坐标下 V 是个开圆盘;

(2) 对任何 $q' \in V - \{q\}$, $f^{-1}(q')$ 含 N 个不同的点;

(3) $f^{-1}(V)$ 有 r 个连通分支 $W_1, \cdots, W_r$, 分别包含 $p_1, \cdots, p_r$;

(4) 函数 g 在 $f^{-1}(V-\{q\})$ 上全纯.

第一个条件表明 $V-\{q\}$ 的基本群是 $\mathbb{Z}$. (2),(3) 两个条件表明 $f: W_i-\{p_i\} \to V-\{q\}$ 是一个覆叠映射. 设其次数为 d_i. 由于 $V-\{q\}$ 的基本群是 Abel 群, 它的任何子群是正规子群, 根据覆叠空间的基本结果([16, 19]), $f: W_i-\{p_i\} \to V-\{q\}$ 的覆叠变换群是一个 d_i 阶循环群 $G_i = \{\rho_{i1}, \cdots, \rho_{id_i}\}$, 对任何 $q' \in V-\{q\}$, G_i 在 $f^{-1}(q')$ 上的作用是可迁的.

对任意 $\rho \in G_i$, 定义 $W_i-\{p_i\}$ 上的函数 $g_\rho(w) = g(\rho(w))$, 则 $g_\rho(w)$ 是全纯函数. 由于 g 是亚纯函数, 作为 g_ρ 的孤立奇点, p_i 不是本征奇点, 故 g_ρ 是 W_i 上的亚纯函数.

对任意含 d_i 个变元的初等对称多项式 σ_j, 记

$$g_{ij} = \sigma_j(g_{\rho_{i1}}, \cdots, g_{\rho_{id_i}}),$$

则 g_{ij} 是 W_i 上的亚纯函数.

不难看出, 对于 $1 \leqslant t \leqslant N, \lambda_t \circ f$ 可表示为一些 g_{ij} 的多项式, 因此每个 $\lambda_t \circ f$ 是 W_i 上的亚纯函数.

假若存在某个 $1 \leqslant t \leqslant N$, 使 λ_t 不是 V 上的亚纯函数, 则 q 是 λ_t 的本征奇点. 于是对任何 $c \in \mathbb{C}$, 存在 $V-\{q\}$ 中的点列 $z_1, z_2, \cdots$, 满足 $\lim z_n = q$, $\lim \lambda_t(z_n) = c$. 对任意 $1 \leqslant i \leqslant r$, 存在 $W_i-\{p_i\}$ 中的点列 $w_1, w_2, \cdots$, 满足 $f(w_n) = z_n \, \forall n$. 因此 $\lim_n \lambda_j \circ f(w_n) = c$. 这意味着 p_i 是 $\lambda_j \circ f$ 的本征奇点. 形成矛盾. □

从紧 Riemann 面范畴到复数域上的一维函数域范畴有一个反变函子 Φ. 从复数域上的一维函数域范畴到复射影曲线范畴有一个反变函子 Ψ. 从复射影曲线范畴到紧 Riemann 面范畴有一个协变函子 Σ.

定理 3.6.2. 以上函子 Φ, Ψ, Σ 给出 3 个范畴间的等价.

证 设 X 是一个紧 Riemann 面. $K = K(X)$ 是它的函数域. 按如下方式作映射 $f: X \to C_K$: 对任意 $p \in X$, 令 $f(p)$ 为在点 p 全纯的亚纯函数全体. 显然 f 是单射. 设 X' 是以 K 为函数域的一条光滑射影曲线. 设 $g: X' \to C_K$ 为如引理 3.4.3 前所定义的一一映射, 则 $\lambda = g^{-1} f$ 是单射. 设 U 是 X' 的任意一个仿射开子集, $k[x_1, \cdots, x_n]$ 是它的坐标环, $x_1, \cdots, x_n$ 是 U 上的正则函数. 根据引理 3.4.3, 对每个 $1 \leqslant i \leqslant n$, 存在 $a_i \in K$, 使 $a_i \notin g(q)$ 且 $x_i(q) = a_i (\mod \mathfrak{m}_{g(q)})$ 对所有 $q \in U$ 成立, 其中 $\mathfrak{m}_{g(q)}$ 为 $g(q)$ 的极大理想. 由于 $X - \lambda^{-1}(U)$ 是有限集, $\lambda^{-1}(U)$ 是 X 的开子集, 而 a_i 是 $\lambda^{-1}(U)$ 上的全纯函数, 满足 $a_i(p) = a_i (\mod \mathfrak{m}_{f(q)})$, 因此 $a_i(p) = x_i \lambda(p)$ 对任意 $p \in \lambda^{-1}(U)$ 成立. 这表明 λ 是全纯映射, 又因为 λ 是单射, 故它是双全纯的.

设 $\phi: X \to Y$ 是两个紧 Riemann 面间的非平凡的全纯映射. 根据已经证明的结果, 可设 X, Y 是光滑复射影曲线. 设 b 为 Y 的某个 Zariski 开子集 U 上的一个正则函数, 则存在 $a \in K(Y)$, 使对每个 $y \in U$, 都有 $a \in \mathcal{O}_y$ 且 $b(y) = a(\bmod \mathfrak{m}_y)$, 故对每个 $x \in \phi^{-1}(U)$, 都有 $a\phi \in \mathcal{O}_x$ 且 $b\phi(x) = a\phi(\bmod \mathfrak{m}_x)$. 所以 $b\phi$ 是 $\phi^{-1}(U)$ 上的正则函数, 这证明了 ϕ 是射影曲线间的态射. $\quad\square$

第 4 章 Riemann – Roch 定理

在这一章中 k 永远是一个固定的域,不一定是代数闭的.

4.1 除子

定义 29. 设 K/k 是一个一维代数函数域. K/k 的任何一个离散赋值环称为一个**素除子** ,由素除子全体所生成的自由 Abel 群称为 K/k 的**除子群** ,记作 $\mathrm{Div}(K/k)$,其中的元素称为**除子**.

设 $a \in K - k$. 按照一维函数域的定义,k 在 K 中代数封闭,故 a 是 k 上的超越元,因此 K 是 $k(a)$ 的有限扩张,令 $A = k[a]_{(a)}$,即环 $k[a]$ 在它的素理想 (a) 的局部化,则 A 是 $k(a)/k$ 的一个离散赋值环,根据引理 3.3.20,它在 K 中只有有限多个扩张,这表明 K/k 只有有限多个不等价的离散赋值 ν 满足 $\nu(a) \neq 0$.

定义 30. 把 K/k 中的素除子全体所组成的集合记作 C_K,对任何 $P \in C_K$,记 ν_P 为 P 所对应的标准赋值. 对于 $a \in K^*$,除子 $(a) = \sum_{P \in C_K} \nu_P(a) P$ 称为一个**主除子** . 主除子全体形成 $\mathrm{Div}(K/k)$ 的一个子群,$\mathrm{Div}(K/k)$ 关于这个子群的商群称为 K/k 的 **Picard 群**,记作 $\mathrm{Pic}(K/k)$,Picard 群有时也叫做**除子类群**,记作 $\mathrm{Cl}(K/k)$. 属于同一个等价类里的两个除子 D, D' 称为是**线性等价**的,记为 $D \sim D'$.

对任意 $P \in C_K$ 它的剩余类域 k' 是 k 的有限扩张,记 $f_P = [k' : k]$,称为 P 的**剩余类域指数**. 设 $D = \sum_{P \in C_K} n_P P \in \mathrm{Div}(K/k)$,其中 $n_P \in \mathbb{Z}$,则定义 $\mathrm{ord}_P(D) = n_P$ 为 D 在点 P 的阶,定义 $\mathrm{Supp}(D) = \{P \mid \mathrm{ord}_P(D) \neq 0\}$. 又定义 $\deg(D) = \sum_{P \in C_K} \mathrm{ord}_P(D) f_P$ 为 D 的次数,记作 $\deg(D)$. 除子 $D^+ = \sum_{n_P > 0} n_P P$ 和 $D^- = \sum_{n_P < 0} -n_P P$ 分别叫做 D 的正的部分和负的部分. 如果 $n_P \geqslant 0$ 对每个 $P \in C_K$ 成立,则称 D 为一个**有效除子**. 若 D, $D' \in \mathrm{Div}(C)$ 且 $D - D'$ 是有效除子,则记 $D \geqslant D'$,特别不等式 $D \geqslant 0$ 相当于说 D 是有效除子. 设 $D = \sum_P n_P P$, $E = \sum_P r_P P$,定义 $\sup(D, E) = \sum_P \max(n_P, r_P) P$, $\inf(D, E) = \sum_P \min(n_P, r_P) P$.

在此对主除子的记号 (a) 作一下说明,它容易和元素 a 生成的主理想混淆,需要通过前后文作正确理解.

由系 3.3.34 得知任何一个主除子的次数等于零,因此线性等价的除子具有相同的次数,也就是说,deg 给出了 $\text{Pic}(K/k)$ 上的一个函数,事实上,deg: $\text{Pic}(K/k) \to \mathbb{Z}$ 是一个同态. 把 Ker(deg) 记作 $\text{Pic}^{\circ}(K/k)$.

设 C 是代数闭域 k 上的光滑射影曲线,则 C 的除子、Picard 群 $\text{Pic}(C)$ 等概念都定义为 C 的函数域 $K(C)$ 的相应概念.

例 8. $\text{Pic}(\mathbb{P}_k^1) \cong \mathbb{Z}$, $\text{Pic}^{\circ}(\mathbb{P}_k^1) = 0$.

证 $\mathbb{P}_k^1$ 的函数域是 $k(x)$,其中 x 是 k 上的超越元. 多项式环 $k[x]$ 中的任何一个不可约多项式 $p(x)$ 都决定了 $k(x)$ 的一个标准离散赋值 $\nu_p(x)$. 此外还有一个特殊的标准离散赋值 ν_{∞}:将 $k(x)$ 的任何一个非零元写成 $f(x)/g(x)$,其中 $f(x)$, $g(x) \in k[x]$,规定 $\nu_{\infty}(a) = \deg(g(x)) - \deg(f(x))$.

根据命题 3.3.2,以上列出的是一维函数域 $k(x)/k$ 的全部标准离散赋值.

为了避免记号的过于繁复,将不可约多项式 $p(x)$ 决定的素除子记成 p,而将 ν_{∞} 决定的素除子记成 ∞. 这样 $\text{Div}(k(x)/k)$ 中的任意一个元素 D 可以写成 $D = n_{\infty}\infty + \sum_p n_p p$,其中 n_{∞}, $n_p \in \mathbb{Z}$,求和只对有限个 p 进行. 容易看出,∞ 的剩余类域指数 f_{∞} 是 1,而 $f_p = \deg(p)$ 对任何不可约多项式 $p(x)$ 成立. 设 $\deg(D) = 0$,即 $n_{\infty} + \sum_p n_p = 0$. 令 $\alpha(x) = \prod_p p(x)^{n_p}$. 易见 α 决定的主除子恰好是 D. 所以 $\text{Pic}(\mathbb{P}_k^1) \cong \mathbb{Z}$,并且 $\text{Pic}^{\circ}(\mathbb{P}_k^1) = 0$. $\quad\square$

设 K 为 k 上的一维代数函数域,L 是 K 的有限次扩张. 对于 K 上的任何一个素除子 P,令 $Q_1, \cdots, Q_r$ 为 P 在 L 中的全体扩张,记 $e(Q_i/P)$ 为 Q_i 在 P 上的分歧指数. 定义同态

$$f: \text{Div}(K/k) \to \text{Div}(L/k), \quad P \mapsto \sum_{i=1}^{r} e(Q_i/P)Q_i.$$

命题 4.1.1. 以上同态 f 把主除子映到主除子,因而诱导了同态 f: $\text{Pic}(K/k) \to \text{Pic}(L/k)$. 对任何 $D \in \text{Pic}(K/k)$,都有 $\deg(f(D)) = [L:K] \cdot \deg(D)$.

证 直接应用定理 3.3.33. $\quad\square$

定义 31. 设 $D \in \text{Div}(K/k)$,定义 $L(D) = \{a \in K^* \mid (a) + D \geqslant 0\} \cup \{0\}$,称为 D 所确定的**完全线性系**.

设 $a, b \in L(D)$ 且 $a + b \neq 0$. 由于 $\nu_P(a+b) \geqslant \min\{\nu_P(a), \nu_P(b)\}$ 对任何

素除子 P 成立,故 $a+b \in L(D)$. 因此 $L(D)$ 是一个 k-空间. 记 $l(D) = \dim_k(L(D))$.

若 $D \sim D'$ 显然有 $l(D)=l(D')$.

引理 4.1.2.   设 $D \in \mathrm{Div}(K/k)$,Q 是一个素除子,则

$$l(D) \leqslant l(D+Q) \leqslant l(D)+f_Q.$$

证   令 t 为 Q 的极大理想的一个生成元. 同态

$$L(D+Q) \to Q/tQ, \ a \mapsto at^{\mathrm{ord}_Q(D)+1} \,(\mathrm{mod}\, tQ)$$

的核是 $L(D)$. 所以 $l(D+Q) \leqslant l(D)+\dim_k Q/tQ = l(D)+f_Q$.   □

系 4.1.3. $l(D)<\infty$ 对任何除子 D 成立.

证   这是因为 $l(0)=1$.   □

4.2 adéle

设 $P \in C_K$,即 P 是 K 的一个离散赋值环,为了强调这一点,把它记作 $\mathfrak{o}_P$. 虽然它和 P 仅是记号上的区别,但是当我们看见 P 时把它想成曲线上的一个点,而看见 $\mathfrak{o}_P$ 时把它当成一个离散赋值环,其标准赋值记作 ν_P,按照以前提到过的约定,$\nu_P(0)=+\infty$. $\mathfrak{o}_P$ 的极大理想记作 $\mathfrak{m}_P$.

令 $A^* = \prod_{P \in C_K} K_P$,其中每一个 $K_P=K$. 设 $\xi \in A^*$,它的 P 分量记作 ξ_P. 如果只有有限多个 $P \in C_K$ 使 $\xi_P \notin \mathfrak{o}_P$,则称 ξ 为一个 adéle(**阿代尔**). adéle 全体构成 A^* 的一个子环,称为 K 的 adéle 环,记作 $A(K)$. 设 ξ 是一个 adéle,令

$$\xi^\infty = \sum_{\nu_P(\xi_P)<0} -\nu_P(\xi_P)P \in \mathrm{Div}(C_K),$$

称为 ξ 的极部,它是一个有效除子.

从函数域 K 到 adéle 环 $A(K)$ 有一个对角线同态 $i: a \mapsto \{a\}_{P \in C_K}$,即 $i(a)$ 的每个 P-分量都是 a. 由于 $a \notin \mathfrak{o}_P$ 只对有限多个 $P \in C_K$ 成立,$i(a)$ 确实是个 adéle,从而 K 可以看成 $A(K)$ 的子环. 元素 $a \in K-\{0\}$ 的极部 $a^\infty = i(a)^\infty$ 恰好是主除子 (a) 的负的部分.

设 $D \in \mathrm{Div}(K/k)$,令

$$\Lambda(D) = \{\xi \in A(K) \mid \nu_P(\xi_P) \geqslant -\mathrm{ord}_P(D) \ \forall P \in C_K\}.$$

容易验证 $\Lambda(D)$ 是 k-空间且 $\Lambda(D) \cap K = L(D)$.

引理 4.2.1.   设 $D_1, D_2 \in \mathrm{Div}(K/k)$ 满足 $D_1 \geqslant D_2$,则 $\Lambda(D_1) \supseteq \Lambda(D_2)$,且

$$\dim_k \frac{\Lambda(D_1)}{\Lambda(D_2)} = \deg(D_1) - \deg(D_2)$$

$$= \dim_k \frac{\Lambda(D_1) + K}{\Lambda(D_2) + K} + l(D_1) - l(D_2).$$

证 对任意 $P \in C_K$, 令

$$W_1 = \{a \in K \mid \nu_P(a) \geqslant -\mathrm{ord}_P(D_1)\},$$
$$W_2 = \{a \in K \mid \nu_P(a) \geqslant -\mathrm{ord}_P(D_2)\},$$

则

$$\dim_k(W_1/W_2) = f_P(\mathrm{ord}_P(D_1) - \mathrm{ord}_P(D_2)).$$

这里 $f_P = \dim_k(\mathfrak{o}_P/\mathfrak{m}_P)$. 因此

$$\dim_k \frac{\Lambda(D_1)}{\Lambda(D_2)} = \sum_{P \in C_K} f_P(\mathrm{ord}_P(D_1) - \mathrm{ord}_P(D_2))$$

$$= \sum_{P \in C_K} f_P \mathrm{ord}_P(D_1) - \sum_{P \in C_K} f_P \mathrm{ord}_P(D_2)$$

$$= \deg(D_1) - \deg(D_2).$$

第一个等式得证.

作 k 线性映射

$$F : \Lambda(D_1) \to \frac{\Lambda(D_1) + K}{\Lambda(D_2) + K}, \quad x \mapsto \bar{x},$$

则 F 是满射且 $\mathrm{Ker}(F) = \Lambda(D_2) + \Lambda(D_1) \cap K$. 因此

$$\dim_k \frac{\Lambda(D_1) + K}{\Lambda(D_2) + K} = \dim_k \frac{\Lambda(D_1)}{\Lambda(D_2) + \Lambda(D_1) \cap K}$$

$$= \dim_k \frac{\Lambda(D_1)}{\Lambda(D_2)} - \dim_k \frac{\Lambda(D_2) + \Lambda(D_1) \cap K}{\Lambda(D_2)}$$

$$= \dim_k \frac{\Lambda(D_1)}{\Lambda(D_2)} - \dim_k \frac{\Lambda(D_1) \cap K}{\Lambda(D_2) \cap K}.$$

由此立刻推出第二个等式. $\square$

引理 4.2.2. *存在 $D \in \mathrm{Div}(K/k)$, 使 $A(K) = \Lambda(D) + K$.*

证 任取 $y \in K - k$, 令 R 为 $k[y]$ 在 K 中的整闭包, $n = [K:k(y)]$, 则存在 $x_1, \cdots, x_n \in R$, 构成 $k(y)$ -空间 K 的一组基. 令 $E = y^\infty$ 为 y 的极部. 根据引理 3.3.19, $\mathrm{Supp}(E)$ 由所有不包含 R 的离散赋值环构成, 由定理 3.3.33 推得 $\deg E =$

n. 由于 $\nu_P(x_i) \geqslant 0$ 对每个 $P \notin \mathrm{Supp}(E)$ 成立, 存在 $r_0 > 0$, 使 $x_1, \cdots, x_n \in L(r_0 E)$. 设 $r > r_0$, 则 $y^s x_i \in L(rE)$ 对 $0 \leqslant s \leqslant r - r_0$ 成立, 故

$$l(rE) \geqslant n(r - r_0 + 1).$$

令 $N_r = \dim_k(\Lambda(rE) + K)/(\Lambda(0) + K)$, 由引理 4.2.1 得

$$
\begin{aligned}
N_r &= r\deg(E) - l(rE) + 1 \\
&\leqslant m - n(r - r_0 + 1) + 1 \\
&= nr_0 - n + 1,
\end{aligned}
$$

即 N_r 有界.

设 B 是任意一个有效除子. 设 $P \in \mathrm{Supp}(B) - \mathrm{Supp}(E)$, 则 $R \subseteq \mathfrak{o}_P$, 由于 K 是 R 的分式域, $\mathfrak{m}_P \cap R \neq \{0\}$. 任取 $\mathfrak{m}_P \cap R$ 中的一个非零元 z_P. 令 $u_P = \mathrm{ord}_P(B)$, 则 $\nu_P(z_P^{u_P}) \geqslant \mathrm{ord}_P(B)$ 且 $\nu_Q(z_P^{u_P}) \geqslant 0 \, \forall Q \notin \mathrm{Supp}(E)$. 令

$$
z = \begin{cases}
\prod_{P \in \mathrm{Supp}(B) - \mathrm{Supp}(E)} z_P^{u_P}, & \mathrm{Supp}(B) - \mathrm{Supp}(E) \neq \varnothing, \\
0, & \mathrm{Supp}(B) - \mathrm{Supp}(E) = \varnothing,
\end{cases}
$$

则对充分大的 r 有 $rE + (z) \geqslant B$. 所以

$$
\begin{aligned}
\dim_k \frac{\Lambda(B) + K}{\Lambda(0) + K} &\leqslant \dim_k \frac{\Lambda(rE + (z)) + K}{\Lambda(0) + K} \\
&= \deg(rE) - l(rE) + 1 \\
&= N_r.
\end{aligned}
$$

对所有有效除子 B 是有界的. 选取一个有效除子 D, 使 $\dim_k \dfrac{\Lambda(D) + K}{\Lambda(0) + K}$ 达到最大值.

假定 $A(K) \neq \Lambda(D) + K$, 则存在 adéle $\xi \notin \Lambda(D) + K$, 然而 $\xi \in \Lambda(D + \xi^\infty) + K$, 于是

$$
\dim_k \frac{\Lambda(D) + K}{\Lambda(0) + K} < \dim_k \frac{\Lambda(D + \xi^\infty) + K}{\Lambda(0) + K},
$$

产生矛盾. 因此 $A(K) = \Lambda(D) + K$. $\quad\square$

系 4.2.3. 对任意除子 D, 商空间 $A(K)/(\Lambda(D) + K)$ 是有限维 k-空间.

证　这是引理 4.2.1 和引理 4.2.2 的推论.　$\square$

对任意除子 D, 记 $\delta(D) = \dim_k A(K)/(\Lambda(D) + K)$, $g = \delta(0)$. 由引理 4.2.1 推得公式

$$l(D) - \deg(D) - \delta(D) = 1 - g. \tag{4.1}$$

定义 32.　上面的非负整数 $g = \dim_k A(K)/(\Lambda(0) + K)$ 称为一维函数域 K/k 的**亏格**.

习题

1. 计算域 k 上的一维函数域 $k(x)$ 的亏格,这里 x 是 k 上的超越元.

4.3　典范除子

仍设 K/k 是一个一维代数函数域.

定义 33.　设 $\lambda: A(K) \rightarrow k$ 是一个 k-线性泛函,如果 $\lambda(K) = 0$ 并且存在一个除子 D,使 $\lambda(\Lambda(D)) = 0$,则称 λ 为 K 的一个**微分**.

设 $y \in K$, λ 是 K 的一个微分,$\lambda(\Lambda(D)) = 0$. 令 $y\lambda: A(K) \rightarrow k$ 是由 $y\lambda(\xi) = \lambda(y\xi)$ 所定义的映射,则 $y\lambda(\Lambda(D+(y))) = 0$ 且 $y\lambda(K) = 0$,故 $y\lambda$ 仍然是 K 的微分. 这样,K 的微分全体形成了一个 K-向量空间.

引理 4.3.1.　设 $D, E \in \mathrm{Div}(K/k)$, $\xi \in \Lambda(\sup(D, E))$,则存在 $\eta \in \Lambda(D)$, $\delta \in \Lambda(E)$,使 $\xi = \eta + \delta$.

证　设 $D = \sum n_P P$, $E = \sum r_P P$. 规定

$$\eta_P = \begin{cases} \xi_P, & \text{若 } n_P \geqslant r_P, \\ 0, & \text{若 } n_P < r_P, \end{cases}$$

$$\delta_P = \begin{cases} 0, & \text{若 } n_P \geqslant r_P, \\ \xi_P, & \text{若 } n_P < r_P. \end{cases}$$

令 $\eta = \{\eta_P\}$, $\delta = \{\delta_P\}$,则 $\eta \in \Lambda(D)$, $\delta \in \Lambda(E)$ 满足 $\xi = \eta + \delta$.　□

引理 4.3.2.　设 λ 为 K 的一个非零微分,则存在一个除子 D,使 $\lambda(\Lambda(D)) = 0$ 并且对任何满足 $\lambda(\Lambda(D')) = 0$ 的除子 D' 都有 $D \geqslant D'$.

证　设除子 D 满足 $\lambda(\Lambda(D)) = 0$. 若 $y \in L(D)$,则 $y\lambda(\Lambda(0)) = 0$,从而 $y\lambda$ 可以看作有限维 k-向量空间 $A(K)/(\Lambda(0)+K)$ 上的线性函数. 若 $y_1, \cdots, y_n \in L(D)$ 在 k 上线性无关,则 $y_1\lambda, \cdots, y_n\lambda$ 在 k 上也线性无关. 事实上,设 $c_1, \cdots, c_n \in k$ 使 $c_1 y_1 \lambda + \cdots + c_n y_n \lambda = 0$,则

$$\lambda((c_1 y_1 + \cdots + c_n y_n)\xi) = 0$$

对所有 $\xi \in A(K)$ 成立. 因为 $\lambda \neq 0$,故 $c_1 y_1 + \cdots + c_n y_n = 0$,因此 $c_1 = \cdots = c_n = 0$. 因而 $\dim_k(L(D)) \leqslant \dim_k A(K)/(\Lambda(0)+K)$,即 $l(D) \leqslant g$. 这里 g 是 K/k

的亏格. 由公式(4.1) 得 $\deg(D) \leqslant 2g - 1$.

以上讨论意味着在满足 $\lambda(\Lambda(D)) = 0$ 的除子中可以取 D, 使 $\deg(D)$ 达到最大值. 假定 D' 是一个满足 $\lambda(\Lambda(D')) = 0$ 的除子. 根据引理 4.3.1, 任何 $\xi \in \Lambda(\sup(D, D'))$ 都可以分解为 $\xi = \xi_1 + \xi_2$, 其中 $\xi_1 \in \Lambda(D)$, $\xi_2 \in \Lambda(D')$. 因此 $\lambda(\xi) = 0$, 即得 $\lambda(\Lambda(\sup(D, D'))) = 0$. 因此

$$\deg(\sup(D, D')) \leqslant \deg(D).$$

所以 $D \geqslant D'$.　□

定义 34.　设 λ 是 K 的一个微分, 满足引理 4.3.2 中条件的除子 D 称为 λ 所确定的**典范除子**, 记为 (λ).

命题 4.3.3.　典范除子 (λ) 是有效除子当且仅当

$$\lambda \in \operatorname{Hom}_k\left(\frac{A(K)}{\Lambda(0) + K}, k\right).$$

证　设 $D = (\lambda)$ 是有效除子, 则 $D \geqslant 0$. 故

$$\Lambda(0) \subseteq \Lambda(D) \subseteq \operatorname{Ker}(\lambda).$$

因此

$$\lambda \in \operatorname{Hom}_k\left(\frac{A(K)}{\Lambda(0) + K}, k\right).$$

反之, 若 $\Lambda(0) \subseteq \operatorname{Ker}(\lambda)$. 根据引理 4.3.2 得 $0 \leqslant D$.　□

引理 4.3.4.　K 上的微分全体形成的 K-空间是一维的.

证　由(4.1)式知当 $\deg(D)$ 充分小时, $\Lambda(D) + K \neq A(K)$, 所以非零微分存在. 剩下只需证明微分全体形成的 K-空间的维数不超过 1 就可以了. 用反证法证明之.

假定 λ, μ 是两个线性无关的微分, 记 $D_1 = (\lambda)$, $D_2 = (\mu)$. 令 $D = \inf(D_1, D_2)$, 根据引理 4.3.2 有 $\lambda(\Lambda(D)) = \mu(\Lambda(D)) = 0$.

设 B 是任意一个除子, 设 $x_1, \cdots, x_r \in L(B)$ 和 $y_1, \cdots, y_s \in L(B)$ 分别为在 k 上线性无关的元素, 则 $x_1\lambda, \cdots, x_r\lambda, y_1\mu, \cdots, y_s\mu$ 在 k 上线性无关, 故

$$2l(B) \leqslant \dim_k(A(K)/(\Lambda(D-B) + K)) = \delta(D-B).$$

由公式(4.1)推得

$$2l(B) \leqslant l(D-B) - \deg(D-B) - 1 + g.$$

和

$$l(B) \geqslant \deg(B) + 1 - g,$$

从而

$$\deg(B) \leqslant l(D-B) - \deg(D) - 3 + 3g.$$

当 $\deg(B)$ 充分大时 $l(D-B) = 0$，产生矛盾. □

引理 4.3.5. 设 $D = (\lambda)$ 是 K 的微分 λ 所确定的典范除子，y 是 K 的一个非零元素，则 $D + (y)$ 等于 $(y\lambda)$.

证 已经知道 $y\lambda(\Lambda(D+(y))) = 0$. 设 D' 是 $y\lambda$ 所确定的典范除子. 由引理 4.3.2 推得

$$D' \geqslant D + (y).$$

又因为

$$\lambda(\Lambda(D' + (y^{-1})) = y^{-1}(y\lambda)(\Lambda(D' + (y^{-1})) = 0,$$

所以 $D' + (y^{-1}) \leqslant D$，即得 $D' \leqslant D + (y)$. □

由引理 4.3.5 和引理 4.3.4 立刻可知所有的典范除子都是线性等价的. 用 κ_K 记任何一个典范除子.

定理 4.3.6(黎曼—洛克定理). 对任何 $D \in \text{Div}(K/k)$，都有

$$l(D) - l(\kappa_K - D) = \deg(D) + 1 - g. \tag{4.2}$$

证 设 B 为任意除子，λ 是 κ_K 对应的微分，令

$$\phi: L(B) \to \text{Hom}_k\left(\frac{A(K)}{\Lambda(\kappa - B) + K}, k\right), \quad y \mapsto y\lambda,$$

则 ϕ 是一个单同态. 设

$$\mu \in \text{Hom}_k\left(\frac{A(K)}{\Lambda(\kappa - B) + K}, k\right),$$

则 μ 是 K 上的微分，根据引理 4.3.4，存在 $y \in K$，使 $\mu = y\lambda$. 由于 $\lambda(\Lambda(\kappa - B - (y))) = 0$，由引理 4.3.2 推得 $(y) + B \geqslant 0$，即 $y \in L(B)$，所以 ϕ 是满射，$l(B) = \delta(\kappa - B)$. 将 (4.1) 式中的 $\delta(D)$ 用 $l(\kappa - D)$ 代入即得 (4.2) 式. □

系 4.3.7. $l(\kappa) = g$，$\deg(\kappa) = 2g - 2$.

证 在公式 (4.2) 中取 $D = 0$ 和 κ. □

4.4　形式 Laurent 级数

记 $k[[z]]$ 是 k 上的形式幂级数环, $k((z))$ 是它的分式域, 则 $k((z)) - \{0\}$ 由所有 Laurent 级数 $y = \sum_{i=r}^{\infty} a_i z^i$ 构成, 其中 $r \in \mathbb{Z}$, $a_r \neq 0$. 对上面元素 y 定义 $\nu(y) = r$, 则 ν 成为 $k((z))$ 上的一个标准离散赋值, 以后在 $k((z))$ 上的赋值总是指这个赋值. 显然 $k[[z]]$ 是这个赋值下的离散赋值环.

从现在起到本节结束设 k 是代数闭域. 设 R 是 K/k 的一个离散赋值环, ν_R 为它的标准赋值, x 是它的极大理想的一个生成元. 从 K 到 $k((z))$ 有一个映射 $j : K \to k((z))$ 定义如下:

规定 $j(0) = 0$. 对任意非零的 $y \in K$, 它可表示为 $y = x^r y_0$, 其中 $r \in \mathbb{Z}$, $\nu_R(y_0) = 0$. 由于按照假定 k 是代数闭域, 存在唯一的 $a_0 \in k^*$, 使 $y_0 \equiv a_0 \pmod{xR}$, 因此 $y = x^r (a_0 + x y_1)$, 其中 $y_1 \in R$. 于是存在唯一的 $a_1 \in k$, 使 $y_1 \equiv a_1 \pmod{xR}$. 因此 $y = x^r (a_0 + a_1 x + x^2 y_2)$, 其中 $y_2 \in R$. 这样的过程可以无限重复, 令

$$j(y) = z^r \sum_{n=0}^{\infty} a_n z^n \in k((z)).$$

我们来证明 j 是一个环同态. 设 $y, w \in K$,

$$j(y) = \sum_{n=r}^{\infty} a_n z^n, \; j(w) = \sum_{n=r}^{\infty} b_n z^n,$$

允许 $a_r = 0$ 或 $b_r = 0$, 则

$$j(y) + j(w) = \sum_{n=r}^{\infty} (a_n + b_n) z^n.$$

设 $j(y + w) = \sum_{n=r}^{\infty} c_n z^n$.

对任意自然数 N,

$$y \equiv \sum_{n=r}^{N} a_n x^n \pmod{x^{N+1} R}, \; w \equiv \sum_{n=r}^{N} b_n x^n \pmod{x^{N+1} R},$$

$$y + w \equiv \sum_{n=r}^{N} (a_n + b_n) x^n \pmod{x^{N+1} R}.$$

因此 $c_n = a_n + b_n$ 对任意 $n \leqslant N$ 成立. 由 N 的任意性推得 $j(y + w) = j(y) + j(w)$.

按照 $k((z))$ 中的乘法法则，

$$j(y)j(w) = \sum_{n=2r}^{\infty} (\sum_{i+j=n} a_i b_j) z^n.$$

设 $j(yw)) = \sum_{n=2r}^{\infty} c_n t^n$，由于

$$yw \equiv \sum_{n=2r}^{N+r} \sum_{i+j=n} a_i b_j x^n \pmod{x^{N+r+1} R}$$

对任意 $N \geqslant r$ 成立，故 $c_n = \sum_{i+j=n} a_i b_j$ 对 $2r \leqslant n \leqslant N+r$ 成立. 由 N 的任意性推得 $j(yw) = j(y)j(w)$. 因此 j 是环同态. 显然这是一个单同态. 把 j 称作 K 到 $k((z))$ 的一个标准嵌入. 很容易看出 $\nu(j(y)) = \nu_R(y)$ 对任何 $y \in K^*$ 成立，即 K 上的赋值 ν_R 是它的扩域 $k((z))$ 上的赋值的限制. 所以有时可以用记号 ν 来取代 ν_R. 由于 $j(x) = z$，对这两个元素可以不加区别. 当我们说 K^* 中一个元素关于某个离散赋值环的极大理想的一个生成元的 Laurent 展开式时指的是它在 $k((z))$ 中的像.

容易看出 $R/\mathfrak{m}_R^n \cong k[[z]]/z^n k[[z]]$ 对任意自然数 n 成立. 由于 k 是代数闭的，因此这是个 n 维的 k-代数.

有一点需要注意的是域扩张 $k((z))/K$ 不一定是代数扩张.

熟悉交换代数或同调代数的读者可以看出，$k((z))$ 实际上是 K 关于离散赋值 ν 的完备化，或者说是反向系 $\{R/\mathfrak{m}_R^n\}_{n>0}$ 的反向极限.

把 K 嵌入 $k((z))$ 的一个原因是 $k((z))$ 的结构比较简单，它与具体 R 的结构无关，甚至与 K 也无关. 很多运算和定义可以递归地进行，下面列举两个常见的例子.

例 9. 设 A 是域 k 的一个子环，

$$u = 1 + a_1 z + a_2 z^2 + \cdots \in k((z)),$$

其中 $a_1, a_2, \cdots \in A$，则 $u^{-1} \in A[[z]]$.

证 设 $u^{-1} = 1 + b_1 z + b_2 z^2 + \cdots \in k((z))$. 对 i 进行归纳来证明每个 $b_i \in A$. 由 $uu^{-1} = 1$ 推得

$$b_i + a_1 b_{i-1} + \cdots + a_{i-1} b_1 + a_i = 0 \tag{4.3}$$

对 $i \geqslant 1$ 成立.

假定 $b_1, \cdots, b_{i-1} \in A$. 则由 (4.3) 式得

$$b_i = -a_1 b_{i-1} - \cdots - a_{i-1} b_1 - a_i \in A. \qquad \square$$

例 10.　设 n 是一个自然数，k 是一个域，其特征不整除 n（包括特征零）. 设 $u = 1 + a_1 z + a_2 z^2 + \cdots \in k[[z]]$，则存在 $v = 1 + b_1 z + b_2 z^2 + \cdots \in k[[z]]$，使 $v^n = u$.

证　本题相当于证明存在 k 中的一个无穷序列 $b_1, b_2, \cdots$，使

$$(1 + b_1 z + b_2 z^2 + \cdots + b_i z^i)^n \equiv 1 + a_1 z + a_2 z^2 + \cdots + a_i z^i \pmod{z^{i+1}}$$

$$(4.4)$$

对所有自然数 i 成立.

由于 k 的特征不整除 n，a_1/n 是有意义的. 令 $b_1 = a_1/n \in k$，则 (4.4) 式对 $i = 1$ 成立. 假定存在 $b_1, \cdots, b_j$，使 (4.4) 式对 $i = j$ 成立，则

$$(1 + b_1 z + b_2 z^2 + \cdots + b_j z^j + b_{j+1} z^{j+1})^n$$

$$\equiv 1 + a_1 z + a_2 z^2 + \cdots + a_j z^j + h(b_1, \cdots, b_j) z^{j+1} + n b_{j+1} z^{j+1} \pmod{z^{j+2}},$$

其中 $h(b_1, \cdots, b_j) \in k[b_1, \cdots, b_j]$. 只要取

$$b_{j+1} = \frac{a_{j+1} - h(b_1, \cdots, b_j)}{n},$$

就使 (4.4) 式对 $i = j + 1$ 成立. □

引理 4.4.1.　设 L 是 $k((z))$ 的有限扩张，$n = [L : k((z))]$，则 $L = k((w))$ 且 $\nu_L(z) = n$.

证　设 R 是离散赋值环 $k[[z]]$ 在 L 中的一个扩张，μ 为标准赋值，以 e 为分歧指数，即 $\mu(a) = e\nu(a) \, \forall a \in k((z))$. 设 w 是 R 的极大理想的一个生成元，则有一个自然的嵌入 $\xi: L \to k((w))$，容易看出 $1, w, w^2, \cdots, w^{e-1}$ 在 $k((z))$ 上是线性无关的.

由 $\mu(w^e) = \mu(z)$ 推得

$$w^e/z = c + c_1 w + c_2 w^2 + \cdots,$$

其中 $c, c_1, c_2, \cdots \in k$，$c \neq 0$. 不失一般性，可设 $c = 1$.

设 $s = s_u w^u + s_{u+1} w^{u+1} + \cdots \in k((w))$，其中 $s_u \neq 0$ 且 $s_i \in k \, \forall i$. 设 $u = qe + r$，$0 \leqslant r < e$，则 $s - s_u z^q w^r$ 的阶大于 u. 利用迭代可知 $s = f_0 + f_1 w + \cdots + f_{e-1} w^{e-1}$，其中 $f_i \in k((z))$，故 ξ 是同构且 $n = e$. 显然 $\nu_L(z) = \mu(z) = n$. □

4.5　微分形式和留数

引理 4.5.1.　K 是代数闭域 k 上的一维代数函数域，则 $\dim_K(\mathrm{Der}(K/k)) = 1$.

证 设 x 是 K/k 的可分超越基, 则 $\mathrm{Der}(k(x)/k) \cong k(x)$, 且每个 $\sigma \in \mathrm{Der}(k(x)/k)$ 可以唯一地延拓成 $\mathrm{Der}(K/k)$ 中的一个元素, 故 $\mathrm{Der}(K/k) \cong \mathrm{Der}(k(x)/k) \bigotimes_{k(x)} K \cong K$. $\square$

定义 35. $\Omega_{K/k} = \mathrm{Hom}_K(\mathrm{Der}(K/k), K)$ 中的元素称为 K 上的 k -**微分形式**.

可以把 $\mathrm{Der}(K/k)$ 看成曲线 C_K 上的有理向量场(即允许极点的向量场)构成的 K -空间, 那么 $\Omega_{K/k}$ 中的元素就是 C_K 上的"有理"微分形式.

有一个自然的映射 $d_{K/k}: K \to \Omega_{K/k}$, 按如下方式定义: 设 $x \in K$, 对任何 $\sigma \in \mathrm{Der}(K/k)$, 令 $d_{K/k}x(\sigma) = \sigma(x)$. 在不引起混淆时简记 $d = d_{K/k}$.

如果 $x \in K$ 是 K/k 的一个可分超越基, 则 $\mathrm{d}x \neq 0$, 根据引理 4.5.1, 任何一个微分形式都可写成 $z\mathrm{d}x$, $(z \in K)$ 的形式. 对任意 $y \in K$, 存在唯一的 $z \in K$, 使 $\mathrm{d}y = z\mathrm{d}x$, 可以把这个 z 记成 $\mathrm{d}y/\mathrm{d}x$.

命题 4.5.2. 映射 $d_{K/k}$ 具有如下性质:

(1) $d_{K/k}(x_1 + x_2) = d_{K/k}x_1 + d_{K/k}x_2$ 对任何 $x_1, x_2 \in K$ 成立;

(2) $d_{K/k}(x_1 x_2) = x_1 d_{K/k}x_2 + x_2 d_{K/k}x_1$ 对任何 $x_1, x_2 \in K$ 成立;

(3) $d_{K/k}(a) = 0$ 对任何 $a \in k$ 成立;

(4) $d_{K/k}(ax) = a d_{K/k}(x)$ 对任何 $a \in k, x \in K$ 成立;

(5) 设 M 是一个 K -空间, $\delta \in \mathrm{Der}_k(K, M)$, 则存在唯一的 K -同态 $f: \Omega_{K/k} \to M$, 使 $\delta = f \circ d_{K/k}$.

证 (1) 对任何 $\sigma \in \mathrm{Der}(K/k)$, 有

$$\mathrm{d}(x_1 + x_2)(\sigma) = \sigma(x_1 + x_2) = \sigma(x_1) + \sigma(x_2) = \mathrm{d}x_1(\sigma) + \mathrm{d}x_2(\sigma).$$

因此 $\mathrm{d}(x_1 + x_2) = \mathrm{d}x_1 + \mathrm{d}x_2$.

(2) 对任何 $\sigma \in \mathrm{Der}(K/k)$, 有

$$\mathrm{d}(x_1 x_2)(\sigma) = \sigma(x_1 x_2) = x_2\sigma(x_1) + x_1\sigma(x_2) = x_2\mathrm{d}x_1(\sigma) + x_1\mathrm{d}x_2(\sigma).$$

因此 $\mathrm{d}(x_1 x_2) = x_1\mathrm{d}x_2 + x_2\mathrm{d}x_1$.

(3) 对任何 $\sigma \in \mathrm{Der}(K/k)$ 和 $a \in k$, 有

$$\mathrm{d}(a)(\sigma) = \sigma(a) = 0.$$

因此 $\mathrm{d}(a) = 0$.

(4) 对任何 $\sigma \in \mathrm{Der}(K/k)$, 根据(2)和(3), 有

$$\mathrm{d}(ax) = a\mathrm{d}x + x\mathrm{d}a = a\mathrm{d}x.$$

(5) 设 x 是 K/k 的可分超越基, 则 $\mathrm{d}x$ 是 K -空间 $\Omega_{K/k}$ 的基. 如果存在 K -同

态 $f:\Omega_{K/k} \to M$,使 $\delta = f \circ d_{K/k}$,则 $f(\mathrm{d}x) = \delta(x)$,因此 f 是唯一的.

为证存在性,令 f 是把 $\mathrm{d}x$ 映成 $\delta(x)$ 的 K -线性映射. 只需验证 $\delta(y) = f(\mathrm{d}y)$ 对任何 $y \in K$ 成立.

先设 $y \in k(x)$,则 $y = u(x)/v(x)$,其中 $u(x),\ v(x) \in k[x]$. 于是

$$f(\mathrm{d}y) = f\Big(\frac{u'(x)v(x) - u(x)v'(x)}{v(x)^2}\Big)\mathrm{d}x$$
$$= \Big(\frac{u'(x)v(x) - u(x)v'(x)}{v(x)^2}\Big)\delta(x)$$
$$= \delta(y).$$

对于一般的 $y \in K$,令

$$p(X) = X^n + g_1(x)X^{n-1} + \cdots + g_{n-1}(x)X + g_n(x)$$

为 y 在 $k(x)$ 上的首一极小多项式. 令

$$q(X) = \mathrm{d}(g_1(x))X^{n-1} + \cdots + \mathrm{d}(g_{n-1}(x))X + \mathrm{d}(g_n(x)),$$

则 $p'(y) \neq 0$,并且

$$p'(y)\mathrm{d}y + y^{n-1}\mathrm{d}(g_1(x)) + \cdots + y\mathrm{d}(g_{n-1}(x)) + \mathrm{d}(g_n(x)) = 0,$$
$$p'(y)\delta(y) + y^{n-1}\delta(g_1(x)) + \cdots + y\delta(g_{n-1}(x)) + \delta(g_n(x)) = 0.$$

根据已证结果,

$$f(y^{n-1}\mathrm{d}(g_1(x)) + \cdots + y\mathrm{d}(g_{n-1}(x)) + \mathrm{d}(g_n(x)))$$
$$= y^{n-1}\delta(g_1(x)) + \cdots + y\delta(g_{n-1}(x)) + \delta(g_n(x)).$$

因此 $f(p'(y)\mathrm{d}y) = p'(y)\delta(y)$,由此推得 $f(\mathrm{d}y) = \delta(y)$.　□

引理 4.5.3. 设 t 是一维函数域 K/k 的一个离散赋值环 R 的极大理想的生成元,则 t 是 K/k 的一个可分超越基.

证　设 p 为 k 的特征. 如果 $p=0$,则有限扩张 $K/k(t)$ 是可分扩张,引理成立. 以下就 $p \neq 0$ 的情形用反证法来证明引理.

假设 $x \in K$ 在 $k(t)$ 上不可分. 设 $k(t)$ 上的元素 x 的极小多项式是

$$H(X) = X^n + \frac{u_1(t)}{v_1(t)}X^{n-1} + \cdots + \frac{u_{n-1}(t)}{v_{n-1}(t)}X + \frac{u_n(t)}{v_n(t)}, \qquad (4.5)$$

其中 $u_i(t),\ v_i(t) \in k[t]$. 由于 $\mathrm{d}H(X)/\mathrm{d}X = 0$,故 $p \mid n$ 并且 $u_i(t) = 0$ 对所有 $i \not\equiv 0 \pmod{p}$ 成立.

在(4.5)式两边同乘一个关于 t 的多项式消去公分母并将它表示成 t 的多项

式,便得

$$F(X, t) = c_0(X)^p + c_1(X)^p t + c_2(X)^p t^2 + \cdots \in k[X, t],$$

使 $F(x, t) = 0$.

记 ν 为 R 的标准赋值. 对 $0 \leqslant i \leqslant p-1$, 令

$$F_i(X, Y) = c_i(X)^p Y^i + c_{p+i}(X)^p Y^{p+i} + c_{2p+i}(X)^p Y^{2p+i} + \cdots.$$

当 $F_i(x, t) \neq 0$ 时,$\nu(F_i(x, t)) \equiv i \pmod{p}$. 因此集合

$$\{F_0(x, t), \cdots, F_{p-1}(x, t)\}$$

中的非零元素的赋值两两不同. 由于 $F(x, t) = 0$,故 $F_i(x, t) = 0$ 对每个 $0 \leqslant i \leqslant p-1$ 成立.

但 $F_i(X, Y) \neq 0$ 对至少一个 i 成立,对这个 i, 有

$$c_i(x)^p + c_{p+i}(x)^p t^p + c_{2p+i}(x)^p t^{2p} + \cdots = 0,$$

故

$$c_i(x) + c_{p+i}(x)t + c_{2p+i}(x)t^2 + \cdots = 0,$$

即存在一个非零的 $G(X, t) \in k[X, t]$ 满足 $G(x, t) = 0$ 且 $\deg_X(G) < \deg_X(F)$,与 $H(X)$ 是 x 在 $k(t)$ 上的极小多项式矛盾.   □

当 K/k 到 $k((z))$ 的一个标准嵌入建立以后,将一维 K 空间 $\Omega_{K/k}$ 的系数扩大到 $k((z))$ 是有好处的. 令

$$j : \Omega_{K/k} \rightarrow \Omega_{K/k} \otimes_K k((z)), \quad \omega \mapsto \omega \otimes 1,$$

则 j 是单射, $\Omega_{K/k} \otimes_K k((z))$ 是一维的 $k((z))$-空间, 它中的每个元素都唯一地表示成 $u\,dz$ 的形式,其中 u 是一个形式 Laurent 级数.

对任意 $u = \sum a_i z^i \in k((z))$, 按照熟悉的公式定义

$$\frac{du}{dz} = u' = \sum i a_i z^{i-1},$$

再定义映射

$$d_z : k((z)) \rightarrow \Omega_{K/k} \otimes_K k((z)), \quad u \mapsto \frac{du}{dz} dz.$$

容易验证 d_z 是一个 k-导子.

引理 4.5.4. 图 4.1 是可交换的.

$$\begin{array}{ccc} K & \xrightarrow{d} & \Omega_{K/k} \\ \downarrow & & \downarrow j \\ k((z)) & \xrightarrow[d_z]{} & \Omega_{K/k}\otimes_K k((z)) \end{array}$$

图 4.1

证　对任何 $y\in K$,由引理 4.5.3 知,存在 $b\in K$,使 $\mathrm{d}y=b\mathrm{d}z$. 设 $f(z,x)\in k(z)[x]$ 是 y 在 $k(z)$ 上的极小多项式,则

$$f_z(z,y)+f_x(z,y)\frac{\mathrm{d}y}{\mathrm{d}z}=0.$$

另一方面,$f_z(z,y)d_{K/k}z+f_x(z,y)d_{K/k}y=0$,因 $f_x(z,y)\neq 0$(这是因为 y 在 $k(z)$上可分),故

$$d_{K/k}y=\frac{\mathrm{d}y}{\mathrm{d}z}d_{K/k}z.$$

这表明 $d_zy=j(d_{K/k}y)$.　□

以后对 ω 和 $j(\omega)$通常不加区别,对 $d_{K/k}$和 $j\circ d_{K/k}$ 也不加区别,以避免记号上的麻烦.

系 4.5.5.　设 t 是 K/k 的一个离散赋值环 R 的极大理想的生成元,$y\in R$,则 $\mathrm{d}y/\mathrm{d}t\in R$.

如果 w 是 $k((z))$ 的极大理想的另一个生成元,则 $w=c_1z+c_2z^2+\cdots\in k[[z]]$, $c_1\neq 0$, $k((w))=k((z))$.

设 $y\mathrm{d}z\in\Omega_{K/k}\otimes_K k((z))$. 根据引理 4.5.4 $y\mathrm{d}z=u\mathrm{d}w$,其中 $u=y\dfrac{\mathrm{d}z}{\mathrm{d}w}$. 将 y 和 u 分别按 z 和 w 作 Laurent 展开

$$y=\sum_i a_iz^i,\ u=\sum_i b_iw^i.$$

我们将考察 a_i 和 b_i 的关系. 先看两个例子.

例 11.　设 $z=w-w^2$, $y=z^{-2}+z^{-1}+z+z^2$, 则

$$z^{-1}=w^{-1}\sum_{i=0}^{\infty}w^i.$$

$$\begin{aligned} u &= y\frac{\mathrm{d}z}{\mathrm{d}w} \\ &= \left(w^{-2}\sum_{i=0}^{\infty}(i+1)w^i+w^{-1}\sum_{i=0}^{\infty}w^i+w-w^2+(w-w^2)^2\right)(1-2w) \\ &= (w^{-2}+3w^{-1}+4+6w+\cdots)(1-2w) \\ &= w^{-2}+w^{-1}-2-2w+\cdots. \end{aligned}$$

注意到 $a_{-2} = b_{-2}$，$a_{-1} = b_{-1}$，但 $a_0 \neq b_0$，$a_1 \neq b_2$.

例 12. 设 $z = 2(w - w^2)$，$y = z^{-3} + z^{-1} + z + z^2$，则

$$u = \left(\frac{1}{8w^3} \sum_{i=0}^{\infty} \frac{(i+1)(i+2)}{2} w^i + \frac{1}{2w} \sum_{i=0}^{\infty} w^i + 2w - 2w^2 + 4(w - w^2)^2 \right)(2 - 4w)$$

$$= \left(\frac{1}{8w^3} + \frac{3}{8w^2} + \frac{5}{4w} + \frac{7}{4} + \frac{35w}{8} + \cdots \right)(2 - 4w)$$

$$= \frac{1}{4w^3} + \frac{1}{4w^2} + \frac{1}{w} - \frac{3}{2} + \frac{7w}{4} + \cdots.$$

这次只有 $a_{-1} = b_{-1}$. 从这两个例子，可以猜想在一般的情形下 $a_{-1} = b_{-1}$. 幸运的是，这个猜想成立.

引进记号 $\lambda_z(ydz) = a_{-1}$，这里 a_{-1} 是 y 的 Laurent 展开式中 z^{-1} 的系数. 当 k 的特征等于零时，证明 $\lambda_z(ydz)$ 的不变性并不复杂，对任意特征需要用下面一个特殊的技术.

记 $\mathbb{Q}[x_0, x_1, x_2, \cdots]$ 为关于无穷多个变量 x_0，x_1，x_2，$\cdots$ 的多项式环，它由所有 $F \in \mathbb{Q}[x_0, x_1, \cdots, x_N]$ 构成，N 是一个可以变动的任意大的自然数. 记 $\mathbb{Q}(x_0, x_1, x_2, \cdots)$ 为它的分式域.

引理 4.5.6. 设 $z = (x_0 + x_1 w + x_2 w^2 + \cdots) w \in \mathbb{Q}(x_0, x_1, x_2, \cdots)[[w]] = \mathbb{Q}(x_0, x_1, x_2, \cdots)[[z]]$，设 $i, j \in \mathbb{Z}$，则

$$z^i dz = \sum_{j \in \mathbb{Z}} F_{ij} w^j dw,$$

其中 $F_{ij} \in \mathbb{Q}(x_0, x_1, x_2, \cdots)$ 的分子、分母均为整系数多项式，并且

$$F_{i,-1} = \begin{cases} 0, & \text{若 } i \neq -1, \\ 1, & \text{若 } i = -1. \end{cases}$$

证 首先通过直接的代入，得

$$z^i dz = (x_0 + x_1 w + x_2 w^2 + \cdots)^i w^i (x_0 + 2x_1 w + 3x_2 w^2 + \cdots) dw.$$

所以它总可以表示成

$$z^i dz = \sum_{j \in \mathbb{Z}} F_{ij} w^j dw$$

的形式，即使 $i < 0$.

由于

$$\frac{\mathrm{d}z}{z} = \left(\frac{x_0 + 2x_1 w + 3x_2 w^2 + \cdots}{x_0 + x_1 w + x_2 w^2 + \cdots} \right) \frac{\mathrm{d}w}{w}$$

$$= (1 + b) \frac{\mathrm{d}w}{w},$$

其中 $b \in \mathbb{Q}(x_0, x_1, x_2, \cdots)[[z]]z$，因此 $F_{-1,-1} = 1$.

当 $i \neq -1$ 时，

$$z^i \mathrm{d}z = \frac{\mathrm{d}(z^{i+1})}{i+1}$$

$$= \frac{\mathrm{d}((x_0 + x_1 w + x_2 w^2 + \cdots)^{i+1} w^{i+1})}{i+1}$$

$$= \sum_{j \neq -1} H_{ij} w^j \mathrm{d}w.$$

因此 $F_{i,-1} = 0$. $\qquad\square$

引理 4.5.7. 设 k 是一个域. 在 $k((z))$ 中令 $w = a_0 z + a_1 z^2 + a_2 z^3 + \cdots$，其中 $a_i \in k (i \geqslant 0)$, $a_0 \neq 0$. 对任意 $y \mathrm{d}w$，有

$$\lambda_w (y \mathrm{d}w) = \lambda_z \left(y \frac{\mathrm{d}w}{\mathrm{d}z} \mathrm{d}z \right).$$

证　设 $y = \sum_{i=r}^{\infty} b_i w^i$, $(r \in \mathbb{Z})$, $B_R \neq 0$. 若 $r \geqslant 0$，则等式两边都等于零. 设 $r < 0$，则

$$y \frac{\mathrm{d}w}{\mathrm{d}z} = \sum_{i=r}^{-1} b_i w^i \frac{\mathrm{d}w}{\mathrm{d}z} + \left(\sum_{i=0}^{\infty} b_i w^i \right) \frac{\mathrm{d}w}{\mathrm{d}z}$$

$$= \sum_{i=r}^{-1} b_i \sum_{j \in \mathbb{Z}} F_{ij}(a_0, a_1, \cdots) z^j + \sum_{i=0}^{\infty} (a_0 z + a_1 z^2 + a_2 z^3 + \cdots)^i$$

$$(a_0 + 2a_1 z + 3a_2 z^2 + \cdots) b_i.$$

根据引理 4.5.6

$$\lambda_z \left(y \frac{\mathrm{d}w}{\mathrm{d}z} \mathrm{d}z \right) = 0 \cdot b_r + \cdots + 0 \cdot b_{-2} + 1 \cdot b_{-1} = b_{-1} = \lambda_w (y \mathrm{d}w). \qquad\square$$

系 4.5.8. 设 R 是 K/k 的一个离散赋值环，$\mathfrak{m}$ 是 R 的极大理想. 任取 $\mathfrak{m}$ 的一个生成元 z. 设 $\omega \in \Omega_{K/k} - \{0\}$. 将 ω 表示成 $y \mathrm{d}z$，则 $\lambda_z(\omega) = \lambda_z(y \mathrm{d}z)$ 与 $\mathfrak{m}$ 的生成元 z 的选取无关.

证　设 w 是 $\mathfrak{m}$ 的另一个生成元，$\omega = u \mathrm{d}w$，则 w 关于 z 的 Laurent 展开式是 $w = a_0 z + a_1 z^2 + a_2 z^3 + \cdots$，其中 $a_0, a_1, a_2, \cdots \in k$, $a_0 \neq 0$. 由引理 4.5.7 得

$$\lambda_z(ydz) = \lambda_w(udw). \quad \square$$

定义 36.　设 $\omega \in \Omega_{K/k}$，z 是 K/k 的一个离散赋值环 P 的极大理想的生成元，$\omega = fdz$，令 $\mathrm{res}_P(\omega) = \lambda_z(fdz)$，叫做 ω 在点 P 的留数.

系 4.5.8　保证了留数 $\mathrm{res}_P(\omega)$ 由 P 和 ω 决定，与 z 的选取无关.

引理 4.5.9.　设 $k((z)) \subseteq k((w))$，$z = w^n$，则对任意 $y \in k((w))$，都有

$$\lambda_w(nw^{n-1}ydw) = \lambda_z(\mathrm{Tr}_{k((w))/k((z))}(y)dz).$$

证　映射

$$f: k((w)) \to k((w)), \quad t \mapsto yt$$

是 n 维 $k((z))$-向量空间 $k((w))$ 的一个线性变换. 设 $y = \sum_i a_i w^i$，则 f 在基 1，w，w^2，$\cdots$，w^{n-1} 下的矩阵是

$$
\boldsymbol{M} = \begin{pmatrix}
\sum_i a_{in} z^i & \sum_i a_{in+1} z^i & \cdots & \sum_i a_{in+n-1} z^i \\
\sum_i a_{in+n-1} z^{i+1} & \sum_i a_{in} z^i & \cdots & \sum_i a_{in+n-2} z^i \\
\vdots & \vdots & & \vdots \\
\sum_i a_{in+1} z^{i+1} & \sum_i a_{in+2} z^{i+1} & \cdots & \sum_i a_{in} z^i
\end{pmatrix}^{\mathrm{T}}.
$$

于是 $\mathrm{Tr}_{k((w))/k((z))}(y) = \mathrm{Tr}(\boldsymbol{M}) = n \sum a_{in} z^i$. 因此

$$\lambda_z(\mathrm{Tr}_{k((w))/k((z))}(y)dz) = na_{-n} = \lambda_w(nw^{n-1}ydw). \quad \square$$

引理 4.5.10.　设 x_1，x_2，$\cdots$，和 t_{-r}，t_{-r+1}，$\cdots$，t_0，t_1，t_2，$\cdots$ 是两组变量的无穷序列，$E = \mathbb{Q}(x_1, x_2, \cdots, t_{-r}, \cdots, t_1, t_2, \cdots)$. 令

$$z = w^n + x_1 w^{n+1} + x_2 w^{n+2} + \cdots \in E((w)),$$

$$\frac{dz}{dw} = nw^{n-1} + (n+1)x_1 w^n + (n+2)x_2 w^{n+1} + \cdots.$$

令 $y = \sum_{i=-r}^{\infty} t_i w^i$，则

$$\lambda_w\left(y\frac{dz}{dw}dw\right) = \lambda_z(\mathrm{Tr}_{k((w))/k((z))}(y)dz) \in \mathbb{Z}[x_1, x_2, \cdots, t_{-r}, \cdots, t_1, t_2, \cdots].$$

证　由于

$$y\frac{dz}{dw} = \sum_i t_i w^i (nw^{n-1} + (n+1)x_1 w^n + (n+2)x_2 w^{n+1} + \cdots),$$

故

$$\lambda_w\left(y\,\frac{\mathrm{d}z}{\mathrm{d}w}\mathrm{d}w\right)\in\mathbb{Z}[x_1,\,x_2,\,\cdots,\,t_{-r},\,\cdots,\,t_1,\,t_2,\,\cdots].$$

由于 E 的特征是零,根据例 10,存在 $w'\in E((w))$,使 $w'^n=z$,显然 w' 是 $k((w))$ 的极大理想的一个生成元.根据引理 4.5.7,有

$$\lambda_w\left(y\,\frac{\mathrm{d}z}{\mathrm{d}w}\mathrm{d}w\right)=\lambda_{w'}\left(y\,\frac{\mathrm{d}z}{\mathrm{d}w'}\mathrm{d}w'\right).$$

又根据引理 4.5.9,有

$$\lambda_{w'}\left(y\,\frac{\mathrm{d}z}{\mathrm{d}w'}\mathrm{d}w'\right)=\lambda_z(\mathrm{Tr}_{k((w'))/k((z))}(y)\mathrm{d}z)=\lambda_z(\mathrm{Tr}_{k((w))/k((z))}(y)\mathrm{d}z).\quad\square$$

把上面引理中的整系数多项式 $\lambda_w\left(y\,\dfrac{\mathrm{d}z}{\mathrm{d}w}\mathrm{d}w\right)$ 记作 $\Phi(x,\,t)$.

系 4.5.11.　对任意域 k,设 $L=k((w))$ 是 $k((z))$ 的 n 次扩张,

$$z=a_0w^n+a_1w^{r+1}+\cdots,$$

其中 $a_0,\,a_1,\cdots\in k,\,a_0\neq0$.设 $y\in k((w))$,则

$$\lambda_w\left(y\,\frac{\mathrm{d}z}{\mathrm{d}w}\mathrm{d}w\right)=\lambda_z(\mathrm{Tr}_{k((w))/k((z))}(y)\mathrm{d}z).$$

证　将 z 乘一个 k 中的非零元不改变等式两边的值,因此可以设 $a_0=1$.

设 $y=\sum b_iw^i$.根据引理 4.5.10 $\lambda_w\left(y\,\dfrac{\mathrm{d}z}{\mathrm{d}w}\mathrm{d}w\right)$ 和 $\lambda_z(\mathrm{Tr}_{k((w))/k((z))}(y)\mathrm{d}z)$ 都等于 $\Phi(a,\,b)$.　$\square$

引理 4.5.12.　设 K 为 k 上的一维代数函数域,$\omega\in\Omega_{K/k}$.存在 C_K 的一个有限子集 Γ,使对任何 $P\in C_K-\Gamma$,$\omega=y\mathrm{d}z$ 中的 y 在 P 中,其中 z 是 P 的极大理想的一个生成元.特别,$\mathrm{res}_P(\omega)\neq0$ 只对有限多个 $P\in C_K$ 成立.

证　设 $\omega=y\mathrm{d}x$,其中 $x,\,y\in K$.设 Γ 是 K/k 的满足 $x\notin P$ 或 $y\notin P$ 的离散赋值环 P 构成的集合,则 Γ 是个有限集.对任意 $P\in C_K-\Gamma$,设 z 是 P 的极大理想一个生成元,根据系 4.5.5,$\omega=u\mathrm{d}z$,其中 $u\in P$.　$\square$

定理 4.5.13.　设 K 为 k 上的一维代数函数域,$\omega\in\Omega_{K/k}$ 则 $\sum_P\mathrm{res}_P(\omega)=0$,其中 P 历遍 K/k 的离散赋值环.

证　首先,引理 4.5.12 保证了对留数求和是有意义的.

先假定 $K=k(t)$.对任意 $a\in k$,令 $P_a=\{f(t)/g(t)\in K\mid g(a)\neq0\}$,再令 $P_\infty=\{f(t)/g(t)\in K\mid\deg(g)\geqslant\deg(f)\}$,则 $\{P_a\mid a\in k\bigcup\{\infty\}\}$ 是 K 的

全体离散赋值环. 对于 $a \in k$, $t-a$ 是 P_a 的极大理想的生成元. 设 $\omega = ydt$, $y \in k(t)$. 令 $y = \sum_{i,j} c_{ij}/(t-a_i)^j + f(t)$ 为 y 的部分分式分解式, 其中 $f(t) \in k[t]$, 则 $\sum_{a \in k} \mathrm{res}_{P_a}(\omega) = \sum_i c_{i1}$. 由于 $u = 1/t$ 是 P_∞ 的极大理想的生成元, 故 $\omega = y(-1/u^2)\mathrm{d}u$, 而

$$y\left(\frac{-1}{u^2}\right) = -\frac{1}{u^2}\left[\sum_{i,j} \frac{c_{ij}}{\left(\dfrac{1}{u}-a_i\right)^j} + f\left(\frac{1}{u}\right)\right]$$

$$= -\sum_{i,j} c_{ij} u^{j-2}(1+b_i u + \cdots) - \frac{f\left(\dfrac{1}{u}\right)}{u^2},$$

其 u^{-1} 的系数等于 $-\sum_i c_{i1}$, 故结论成立.

对于一般的 K, 取 K/k 的可分超越基 x, 设 $[K : k(x)] = n$. 若能找到一个 $\tau \in \Omega_{k(x)/k}$, 使

$$\sum_{Q \in C_K} \mathrm{res}_Q(\omega) = \sum_{P \in C_{k(x)}} \mathrm{res}_P(\tau),$$

则利用上面证明的结果就可以推出定理了.

设 P 为 $k(x)/k$ 的一个离散赋值环, z 为 P 的极大理想的生成元. 令 $Q_1, \cdots, Q_r$ 为所有 K 的包含 P 的离散赋值环, e_i 为 Q_i 在 P 上的分歧指数. 希望把

$$\sum_{i=1}^{r} \mathrm{res}_{Q_i}(\omega)$$

表达成所需要的形式.

取 $K/k(x)$ 的一个生成元 α, 设其极小多项式为 $f(X)$, 则 $K \cong k(x)[X]/(f(X))$. 设 $f(X) = f_1(X)\cdots f_s(X)$ 为 $f(X)$ 在 $k((z))[X]$ 中的不可约分解式, 其中每个 $f_i(X) \in k((z))[X]$ 的首项系数为 1, 因 $K/k(x)$ 是可分扩张, $f_1, \cdots, f_s$ 两两互异. 根据中国剩余定理

$$k((z))[X]/(f(x)) \cong \bigoplus_{i=1}^{s} E_i, \tag{4.6}$$

其中 $E_i = k((z))[X]/(f_i(X))$. 设 $d_i = [E_i : k((z))]$, 由引理 4.4.1 知 $E_i \cong k((t_i))$, $k[[t_i]]$ 是 E_i 的离散赋值环, 记它的标准赋值为 μ_i, 则 $\mu_i(z) = d_i$.

考察交换图 (见图 4.2), 其中 j 是由自然映射

$$\frac{k(x)[X]}{(f(X))} \to \frac{k((z))[X]}{(f(X))}$$

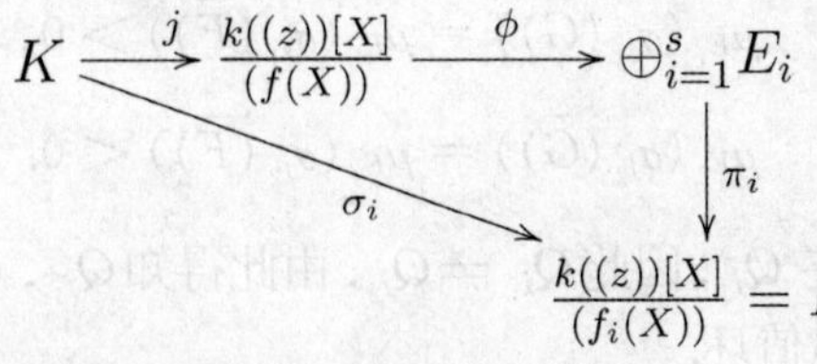

$$K \xrightarrow{\ \ j\ \ } \frac{k((z))[X]}{(f(X))} \xrightarrow{\ \ \phi\ \ } \oplus_{i=1}^{s} E_i$$

（图中 σ_i 斜箭头指向下方，π_i 向下投影至）

$$\frac{k((z))[X]}{(f_i(X))} = E_i$$

图 4.2

诱导的单射, ϕ 是 (4.6) 式中的同构, π_i 是到第 i 个直和因子的投影映射, 同态 σ_i 由

$$\frac{k(x)[X]}{(f(X))} \to \frac{k((z))[X]}{(f_i(X))},$$

$$q(x) + (f(X)) \mapsto q(X) + (f_i(X))$$

给出. 设 $\sigma_i(q(X) + (f(X))) = 0$, 则在 $k((z))[X]$ 中 $f_i(X) \mid q(X)$, 因此在 $k(x)[X]$ 中 $f(X) \mid q(X)$. 这表明 σ_i 是单同态. 为了记号的简单, 把 K 当成 E_i 的子域, 是对于这个单同态而言的.

很明显, $k[[t_i]] \cap K$ 是 K 的包含 P 的离散赋值环, 因此必然是 $Q_1, \cdots, Q_r$ 中的一个, 设之为 Q_{j_i}.

假定 $s > 1$. 根据中国剩余定理存在 $F \in k((z))[X]$, 使

$$\mu_{E_1}(\pi_1 \phi(\overline{F})) > 0, \ \mu_{E_2}(\pi_2 \phi(\overline{F})) < 0.$$

设

$$F = F_n(z)X^n + F_{n-1}(z)X^{n-1} + \cdots + F_1(z)X + F_0(z),$$

其中 $F_n(z), F_{n-1}(z), \cdots, F_1(z), F_0(z) \in k((z))$. 取自然数

$$N > \max(0, -\mu_{E_1}(\pi_1 \phi(\overline{X})), \cdots, -\mu_{E_1}(\pi_1 \phi(\overline{X^n})),$$

$$-\mu_{E_2}(\pi_2 \phi(\overline{X})), \cdots, -\mu_{E_2}(\pi_2 \phi(\overline{X^n})))$$

$$+ \max(\mu_{E_1}(\pi_1 \phi(\overline{F})), \mu_{E_2}(\pi_2 \phi(\overline{F}))).$$

可将 F 表示成

$$F = G + z^N(H_n(z)X^n + H_{n-1}(z)X^{n-1} + \cdots + H_1(z)X + H_0(z)),$$

其中 $G \in k(x)[X]$, $H_i(z) \in k[[z]]$. 根据 N 的选取, 不等式

$$\mu_{E_i}(z^N(H_n(z)X^n + H_{n-1}(z)X^{n-1} + \cdots + H_1(z)X + H_0(Z))) > \mu_{E_i}(\pi_i \phi(\overline{F}))$$

对 $i = 1, 2$ 成立, 因此

$$\mu_{E_1}(\sigma_{j_1}(\overline{G})) = \mu_{E_1}(\sigma_{j_1}(\overline{F})) > 0,$$

$$\mu_{E_2}(\sigma_{j_2}(\overline{G})) = \mu_{E_2}(\sigma_{j_2}(\overline{F})) < 0.$$

这说明了 $\overline{G} \in Q_{j_1}$，$\overline{G} \notin Q_{j_2}$．因此 $Q_{j_1} \neq Q_{j_2}$．由此得知 Q_{j_1}，Q_{j_2}，$\cdots$，Q_{j_s} 是 K 的一组两两不同的离散赋值环．

于是 $s \leqslant r$，可设 $i_1 = 1$，$\cdots$，$i_s = s$．由以上证明知对每个 i，存在 $a_i \in K$，使 $\mu_i(a_i) = 1$，故 $e_i = d_i \ \forall \ 1 \leqslant i \leqslant s$．由于 $\sum_{i=1}^r e_i = n = \sum_{i=1}^s d_i = \sum_{i=1}^s e_i$，故 $r = s$，即 E_1，$\cdots$，E_r 与 Q_1，$\cdots$，Q_r 有一一对应关系．

Q_i 的极大理想的一个生成元 z_i 也是 E_i 的极大理想的生成元，所以单同态 σ_i 实际上就是从 K 到 $k((z_i))$ 的标准嵌入．

由 (4.6) 式得知 $\mathrm{Tr}_{K/k(x)}(a) = \sum_{i=1}^r \mathrm{Tr}_{E_i/k((z))}(a)$ 对任何 $a \in K$ 成立．设 $\omega = y \mathrm{d}x$，则

$$\sum_{i=1}^r \mathrm{res}_{Q_i}(\omega) = \sum_{i=1}^r \mathrm{res}_{t_i}\left(y\frac{\mathrm{d}x}{\mathrm{d}z}\frac{\mathrm{d}z}{\mathrm{d}t_i}\mathrm{d}t_i\right) = \sum_{i=1}^r \mathrm{res}_z\left(\mathrm{Tr}_{E_i/k((z))}\left(y\frac{\mathrm{d}x}{\mathrm{d}z}\right)\mathrm{d}z\right)$$

$$= \mathrm{res}_z\left(\mathrm{Tr}_{K/k(x)}\left(y\frac{\mathrm{d}x}{\mathrm{d}z}\right)\mathrm{d}z\right),$$

因 $\dfrac{\mathrm{d}x}{\mathrm{d}z} \in k(x)$，故

$$\mathrm{res}_z\left(\mathrm{Tr}_{K/k(x)}\left(y\frac{\mathrm{d}x}{\mathrm{d}z}\right)\mathrm{d}z\right) = \mathrm{res}_z\left(\mathrm{Tr}_{K/k(x)}(y)\frac{\mathrm{d}x}{\mathrm{d}z}\mathrm{d}z\right) = \mathrm{res}_P(\mathrm{Tr}_{K/k(x)}(y)\mathrm{d}x).$$

因此有

$$\sum_{i=1}^r \mathrm{res}_{Q_i}(\omega) = \mathrm{res}_P(\mathrm{Tr}_{K/k(x)}(y)\mathrm{d}x).$$

当 P 历遍 $k(x)/k$ 的离散赋值环时，Q_1，$\cdots$，Q_r 历遍 K/k 的离散赋值环，于是

$$\sum_Q \mathrm{res}_Q(\omega) = \sum_P \mathrm{res}_P(\mathrm{Tr}_{K/k(x)}(y)\mathrm{d}x) = 0. \qquad \square$$

引理 4. 5. 14 (Hensel 引理). 设 $A = k[[t]]$ 为关于 t 的形式幂级数环，$F(t, x) = x^n + a_1(t)x^{n-1} + \cdots + a_n(t) \in A[x]$，$F(0, x) = g(x)h(x)$，$g(x)$，$h(x) \in k[x]$，首项系数均为 1，假定 $(g(x), h(x)) = 1$，则存在首项系数为 1 的 $G(t, x)$，$H(t, x) \in A[x]$，使 $F(t, x) = G(t, x)H(t, x)$ 并且 $G(0, x) = g(x)$，$H(0, x) = h(x)$．

证 由于 $(g(x), h(x)) = 1$，存在 $p(x)$，$q(x) \in k[x]$，使

$$p(x)g(x) + q(x)h(x) = 1.$$

只需用归纳法证明,对任何 $n \geqslant 0$,存在首项系数为 1 的 $G_n(t, x)$, $H_n(t, x) \in A[x]$,满足:

(1) $G_n(0, x) = g(x)$, $H_n(0, x) = h(x)$;

(2) $G_n(t, x) \equiv G_{n-1}(t, x) (\bmod t^n)$, $H_n(t, x) \equiv H_{n-1}(t, x) (\bmod t^n)$;

(3) $F(t, x) \equiv G_n(t, x)H_n(t, x) (\bmod t^{n+1})$.

设 $F(t, x) \equiv G_n(t, x)H_n(t, x) + t^{n+1}b(x)(\bmod t^{n+2})$,令 $G_{n+1}(t, x) = G_n(t, x) + b(x)q(x)t^{n+1}$, $H_{n+1}(t, x) = H_n(t, x) + b(x)p(x)t^{n+1}$ 即可.　□

系 4.5.15. 设 k 是代数封闭域,$A = k[[t]]$, $F(t, x) \in A[x]$ 的首项系数为 1,若 $F(0, x) = 0$ 无重根,则 $F(t, x)$ 是 $A[x]$ 中互不相同的一次多项式的乘积.

定义 37. 设 $\omega \in \Omega_{K/k}$, $P \in C_K$. 若 $\omega = ydz$,其中 z 是 P 的极大理想的一个生成元,则定义 $\mathrm{ord}_P(\omega) = \nu_P(y)$. 这里 ν_P 是 P 的标准赋值.

设 $y = \sum_{i=r}^{\infty} a_i z^i$ 是 y 的 Laurent 展开式,$a_r \neq 0$,则 $\mathrm{ord}_P(\omega) = r$. 为了确保 $\mathrm{ord}_P(\omega)$ 的合理性,必须验证它与 z 的选取无关. 如果 w 是 P 的极大理想的另一个生成元,则 $z = (a_0 + a_1 w + a_2 w^2 + \cdots)w$, $a_0 \neq 0$ 并且 $\omega = y\dfrac{\mathrm{d}z}{\mathrm{d}w}dw$. 很明显,

$$\nu_P\left(y\frac{\mathrm{d}z}{\mathrm{d}w}\right) = \nu_P(y).$$

所以 $\mathrm{ord}_P(\omega)$ 与 z 的选取无关.

引理 4.5.16. 设 K/k 是一维代数函数域,$\omega \in \Omega_{K/k}$,则只有有限多个 $P \in C_K$,使 $\mathrm{ord}_P(\omega) \neq 0$.

证　不失一般性,可设 $\omega = dy$, y 是 K/k 的可分超越基,则 $K = k(y)[\alpha]$,设 α 的极小多项式是

$$F(y, x) = x^n + a_1(y)x^{n-1} + \cdots + a_n(y), \ a_i(y) \in k(y).$$

作为域 $k(y)$ 上以 x 为变元的多项式 $F(y, x)$ 和 $F_x(y, x)$ 互素,故存在 $U(y, x)$, $V(y, x) \in k(y)[x]$,使

$$U(y, x)F(y, x) + V(y, x)F_x(y, x) = 1.$$

由于对几乎所有 $c \in k$, $U(c, x)$, $V(c, x)$, $F(c, x)$, $F_x(c, x)$ 都有意义,因此对几乎所有 $c \in k$,都有 $(F(c, x), F_x(c, x)) = 1$. 设 $c \in k$ 满足 $(F(c, x), F_x(c, x)) = 1$,则 $k[y]$ 的极大理想 $(y - c)$ 对应 $k(y)$ 中的一个离散赋值环,根据系

4.5.15,它在 K 中有 n 个两两不同的扩张 $P_1, \cdots, P_n$,每个扩张的分歧指数均为 1,即 y 是每个 P_i 的极大理想的生成元,因而 $\mathrm{ord}_{P_i}(\mathrm{d}y) = 0$. 由此证得只有有限 多个 $P \in C_k$,使 $\mathrm{ord}_P(\mathrm{d}y) \neq 0$. $\square$

鉴于此引理,下面的定义是合理的.

定义 38. 设 K/k 是一维代数函数域,$\omega \in \Omega_{K/k}$,定义 $(\omega) = \sum_{P \in C_K} \mathrm{ord}_P(\omega)P \in$ $\mathrm{Div}(K/k)$. 若 (ω) 是一个有效除子,则称 ω 为一个**正则微分形式**.

定理 4.5.17. 设 K/k 是一维代数函数域,$\mathfrak{D}(K/k)$ 为定义 33 中定义的微 分所组成的 K-空间,对于任意 $\omega \in \Omega_{K/k}$,令 $\phi(\omega): A(K) \to k$,由

$$\phi(\omega)(\xi) = \sum_P \mathrm{res}_P(\xi_P \omega)$$

所定义,则 $\phi: \Omega_{K/k} \to \mathfrak{D}(K/k)$ 是 K-同构. 除子 (ω) 和典范除子 $(\phi(\omega))$ 相同.

证 记 $f = \phi(\omega)$, $D = (\omega)$. 很明显,f 是 k-线性映射. 由定理 4.5.13 得知 $f(K) = 0$. 设 $\xi \in \Lambda(D)$,则对任意 $P \in C_K$,有 $\mathrm{ord}_P(\xi_P \omega) \geqslant 0$,故 $\mathrm{res}_P(\xi_P \omega) = 0$, 即得 $f(\Lambda(D)) = 0$. 所以 $f \in \mathfrak{D}(K/k)$.

设 $D < D'$,则存在一个 $P \in C_K$,使 $\mathrm{ord}_P(D) < \mathrm{ord}_P(D')$. 对任意 $Q \in C_K$, 记 z_Q 为 Q 的极大理想的一个生成元. 令 $\xi \in A(K)$ 是由

$$\xi_Q = \begin{cases} z_P^{-\mathrm{ord}_P(D)-1}, & \text{若 } Q = P, \\ z_Q^{-\mathrm{ord}_P(D)}, & \text{若 } Q \neq P \end{cases}$$

定义的 adéle. 则

$$\xi \in \Lambda(D'),$$

然而

$$f(\xi) = \mathrm{res}_P(z_P^{-\mathrm{ord}_P(D)-1}\omega) \neq 0,$$

这说明 D 是满足 $f(\Lambda(D)) = 0$ 的最大除子,故 $D = (f)$.

由定义知 ϕ 是 K-同态,由于 $\Omega_{K/k}$ 和 $\mathfrak{D}(K/k)$ 都是一维的 K-空间,因此 ϕ 是 同构. $\square$

系 4.5.18. 正则微分形式全体形成 g 维的 k-空间,这里 g 为 K/k 的 亏格.

证 这是命题 4.3.3 和定理 4.5.17 的直接推论. $\square$

当 X 是一个紧 Riemann 面时正则微分形式空间恰好是 X 上的全纯微分 形式空间,利用 De Rham 定理得知它的维数等于 $\dim_{\mathbb{C}} H^1(X, \mathbb{C})$,即 X 的拓扑 亏格.

4.6　紧 Riemann 面的亏格

设 X 是一个紧 Riemann 面. 它有一个拓扑亏格, 它的亚纯函数域也有一个亏格, 即正则微分形式空间的维数. 将会看到它们相等.

设 ω 是紧 Riemann 面上的微分 1 -形式, 如果在任何一个局部坐标 z 下它都可表为 $f(z)dz$, 其中 $f(z)$ 是全纯函数, 则称 ω 是一个全纯微分 1 -形式. 换言之, ω 是一个满足 $\bar{\partial}\omega = 0$ 的 $(1, 0)$ -型的微分形式. 把 X 上的全纯微分 1 -形式形成的空间记作 Ω_X.

设 ω 是 X 上的一个 $(0, 1)$ -型微分形式, 若 $\bar{\omega} \in \Omega_X$, 则 ω 称为一个反全纯微分 1 -形式, 其全体所构成的空间记作 $\bar{\Omega}_X$. 很明显 $\Omega_X \cong \bar{\Omega}_X$.

设 $\omega = a(z)dz + b(z)d\bar{z}$ 是复平面 $\mathbb{C}$ 的一个开区域 U 上的一个微分 1 -形式, 定义

$$\bar{\omega} = \overline{b(z)}dz + \overline{a(z)}d\bar{z}.$$

我们来验证它和全纯坐标的选取无关. 事实上, 设在另一个全纯坐标 $z' = \phi(z)$ 下 $\omega = A(z')dz' + B(z')d\bar{z}'$. (1.5) 式表明

$$\overline{B(z')}dz' + \overline{A(z')}d\bar{z}' = \overline{B(\phi(z))}\phi'(z)dz + \overline{A(\phi(z))\phi'(z)}d\bar{z}$$
$$= \overline{b(z)}dz + \overline{a(z)}d\bar{z}.$$

正因为如此, 定义紧 Riemann 面 X 上的微分 1 -形式 ω 的共轭 $\bar{\omega}$ 是有意义的. 显然 $\bar{\bar{\omega}} = \omega$.

令 A^1 为 X 上的复值微分 1 -形式全体形成的空间, 则

$$A^1 = A^{(1, 0)} \bigoplus A^{(0, 1)},$$

其中 $A^{(1, 0)}$ 和 $A^{(0, 1)}$ 分别为 X 上的 $(1, 0)$ 型和 $(0, 1)$ -型微分形式形成的子空间.

定义算子 $* : A^1 \to A^1$ 如下: 设 $\omega = \omega_1 + \omega_2$, 其中 $\omega_1 \in A^{(1, 0)}$, $\omega_2 \in A^{(0, 1)}$. 令

$$*\omega = -\sqrt{-1}(\bar{\omega}_2 - \bar{\omega}_1),$$

先来解释定义这个算子的动机. 设在局部坐标下

$$\omega = adz + bd\bar{z},$$

则

$$* \omega = -\sqrt{-1}(\bar{b}\,\mathrm{d}z - \bar{a}\,\mathrm{d}\bar{z}).$$

于是

$$\omega \wedge * \omega = \sqrt{-1}(a\bar{a} + b\bar{b})\mathrm{d}z \wedge \mathrm{d}\bar{z} = 2(a\bar{a} + b\bar{b})\mathrm{d}x \wedge \mathrm{d}y \quad (4.7)$$

是一个非负的实微分形式.

受此启发, 定义 A^1 上的内积

$$\langle \omega, \omega' \rangle = \iint_X \omega \wedge * \omega'.$$

这是一个 Hermite 双线性型. (4.7)式表明这个型是非退化的. 若 $\langle \omega, \omega' \rangle = 0$, 则称 ω 和 ω' 是正交的, 记作 $\omega \perp \omega'$.

引理 4.6.1. 设 f 是 X 上的 C^∞-复值函数, 则 $\mathrm{d}f \perp \omega$ 对任意 $\omega \in \Omega_X$ 或 $\omega \in \overline{\Omega}_X$ 成立.

证 不妨设 $\omega \in \Omega_X$. 由于 $\Omega_X \subset A^{(1, 0)}$, 故 $\omega \wedge * \mathrm{d}f = \omega \wedge * \partial f$. 利用局部坐标容易验证

$$\overline{\left(\frac{\partial f}{\partial z} \right)} = \frac{\partial \bar{f}}{\partial \bar{z}}.$$

由此推得 $* \partial f = -\sqrt{-1}\,\bar{\partial}\,\bar{f}$. 因此

$$\omega \wedge * \mathrm{d}f = -\sqrt{-1}\,\omega \wedge \bar{\partial}\,\bar{f} = -\sqrt{-1}\,\omega \wedge \mathrm{d}\bar{f}.$$

由于 $\mathrm{d}\omega = 0$, 故

$$\mathrm{d}(\bar{f}\omega) = \mathrm{d}\bar{f} \wedge \omega = -\omega \wedge \mathrm{d}\bar{f}.$$

由此推得

$$\omega \wedge * \mathrm{d}f = \sqrt{-1}\,\mathrm{d}(\bar{f}\omega).$$

所以

$$\iint_X \omega \wedge * \mathrm{d}f = \sqrt{-1} \iint_X \mathrm{d}(\bar{f}\omega) = 0. \quad \square$$

令 $B^{(0, 1)} = \{\bar{\partial}f \mid f \in C^\infty(X)\}$, 则 $B^{(0, 1)}$ 是 $A^{(0, 1)}$ 的子空间. 商空间

$$H^1_{\bar{\partial}}(X) = A^{(0, 1)}/B^{(0, 1)}$$

叫做 X 上的一阶 Dolbeault 上同调空间.

按照紧复流形上的上同调理论([9]), $H^1_{\bar{\partial}}(X) \cong \Omega_X$. 因此它们有相同的

维数.

定理 4.6.2. 紧 Riemann 面 X 上的全纯微分 1-形式空间 Ω_X 的维数等于 g，其中 g 是 X 的拓扑亏格.

证　记 $\mathcal{A}^1$ 和 $\mathcal{A}^2$ 分别为 X 上的微分 1-形式和微分 2-形式空间，记 $\mathcal{A}^0$ 为 X 上的 C^∞ 函数全体所构成的空间，则有复形

$$0 \longrightarrow \mathcal{A}^0 \xrightarrow{\ d_0\ } \mathcal{A}^1 \xrightarrow{\ d_1\ } \mathcal{A}^2.$$

根据 de Rham 定理([24])

$$H^1_{\mathrm{DR}}(X) = \mathrm{Ker}(d_1)/\mathrm{Im}(d_0) \cong H^1(X,\, \mathbb{C}),$$

这里 $H^1(X,\, \mathbb{C})$ 是通常的上同调空间，它的维数是第一 Betti 数，等于 $2g$. 因此只需证明 $\dim_{\mathbb{C}} H^1_{\mathrm{DR}}(X) = 2\dim_{\mathbb{C}}\Omega_X$.

根据引理 4.6.1，$B^{(0,\,1)} \perp \overline{\Omega}_X$. 因此 $\overline{\Omega}_X$ 同构于 $H^1_{\bar{\partial}}(X)$ 的一个子空间. 由

$$\dim_k(\overline{\Omega}_X) = \dim_k(\Omega_X) = \dim_k H^1_{\bar{\partial}}(X)$$

推得

$$A^{(0,\,1)} = B^{(0,\,1)} \oplus \overline{\Omega}_X. \tag{4.8}$$

设 $\omega = \omega_1 + \omega_2$ 满足 $\mathrm{d}\omega = 0$，其中 $\omega_1 \in A^{(1,\,0)}$，$\omega_2 \in A^{(0,\,1)}$. 根据(4.8)式存在 $f \in A^0$ 和 $\tau \in \overline{\Omega}_X$，使 $\omega_2 = \bar{\partial}f + \tau$. 令

$$\eta = \omega - \tau - \mathrm{d}f = \omega_1 - \partial f.$$

由于 $\eta \in A^{(1,\,0)}$ 且 $\mathrm{d}\eta = 0$，故 $\eta \in \Omega_X$. 所以

$$\mathrm{Ker}(d_1) = \mathrm{Im}(d_0) \oplus \Omega_X \oplus \overline{\Omega}_X.$$

定理得证.　□

系 4.6.3. 紧 Riemann 面 X 的亚纯函数域 $K(X)$ 的亏格等于 X 的拓扑亏格.

证　设 $X = \bigcup_i U_i$ 是 X 的一个开覆盖，在每个 U_i 上有一个局部坐标 z_i. 设 $\{u_i\}_i$ 是一个族，其中 u_i 是 U_i 上的亚纯函数. 如果

$$u_i \mathrm{d}z_i = u_i \frac{\mathrm{d}z_i}{\mathrm{d}z_j}\mathrm{d}z_j = u_j \mathrm{d}z_j$$

对任意 i, j 在 $U_i \bigcap U_j$ 上成立，则称 $\{u_i \mathrm{d}z_i\}_i$ 是 X 上的一个亚纯微分形式. 全体亚纯微分形式构成的集合 $\mathcal{M}^1$ 构成一个 $K(X)$-向量空间.

作映射 $p: \Omega_{K(X)/\mathbb{C}} \to \mathcal{M}^1$ 如下：任取 X 上一个非平凡的亚纯函数 h，根据定理

1.2.1,这样的 h 是存在的. 于是 dh 是一维 $K(X)$ 空间 $\Omega_{K(X)/\mathbb{C}}$ 的基. 由于对每个指标 i, h 都是 U_i 上的亚纯函数,

$$\left\{\frac{dh}{dz_i}dz_i\right\}_i \in \mathcal{M}^1.$$

对任意 $f \in K(X)$, 令 $p(fdh) = \left\{f\frac{dh}{dz_i}dz_i\right\}_i$, 则 p 是一个 $K(X)$-线性映射, 显然 p 是单射.

设 $\{u_idz_i\}_i$, $\{v_idz_i\}_i$ 是 $\mathcal{M}^1$ 中两个非零元素, 则 u_i/v_i 是 U_i 上的亚纯函数. 对任意 i, j, 由于

$$u_i\frac{dz_i}{dz_j} = u_j, \; v_i\frac{dz_i}{dz_j} = v_j$$

在 $U_i \bigcap U_j$ 上成立, 因而

$$u_i/v_i = u_j/v_j$$

在 $U_i \bigcap U_j$ 上成立. 因此存在 $f \in K(X)$, 使 $u_idz_i = fv_idz_i$ 对一切 i 成立. 这说明了 $\mathcal{M}^1$ 是一维的 $K(X)$-空间. 所以 p 是一个同构.

由定义看出 fdh 是 $\Omega_{K(X)/\mathbb{C}}$ 中的一个正则形式当且仅当 $p(fdh)$ 是 X 上的全纯微分形式. $\square$

4.7 Hurwitz 公式

定理 4.7.1. 设 K 是代数封闭域 k 上的一个一维的代数函数域, L 是 K 的一个 n 次可分扩张, 对于任何 $Q \in C_L$, 记 e_Q 为 $Q/Q \bigcap K$ 的分歧指数, 假定每一个 e_Q 都不被 k 的特征整除, 则

$$2g(L) - 2 = n(2g(K) - 2) + \sum_Q (e_Q - 1), \qquad (4.9)$$

其中 Q 历遍 L 的离散赋值环, $g(K)$, $g(L)$ 分别为 K 和 L 的亏格.

证 任取 K/k 的一个微分形式 $\omega = ydx$, 其中 x, $y \in K$, 它对应 K 的一个典范除子 D_K, $\deg(D_K) = 2g(K) - 2$. 另一方面, ydx 也可看成 L 的微分形式, 它对应 L 的一个典范除子 D_L, $\deg(D_L) = 2g(L) - 2$. 设 $P \in C_K$, $Q_1, \cdots, Q_r$ 为 P 在 L 中的全体扩张. 设 z, t_i 分别为 P, Q_i 的极大理想的生成元, 则 $\text{ord}_{t_i}(z) = e_{Q_i}$, 把 ω 写成 wdz, 其中 $w \in K$, 则 $\text{ord}_P(\omega) = \text{ord}_z(w)$. 由于 e_{Q_i} 不被 k 的特征整除, $wdz = wut_i^{e_{Q_i}-1}dt_i$, 故 $\text{ord}_{Q_i}(w) = \text{ord}_{t_i}(w) + e_{Q_i} - 1 = e_{Q_i}\text{ord}_z(w) + e_{Q_i} - 1$, 对 i 求和后再对 P 求和即得公式. $\square$

定义 39. 设 X, Y 是光滑射影曲线, $f: X \to Y$ 是满的态射, 除子

$$R = \sum_{Q \in X} (e_Q - 1) Q$$

叫做 f 的分歧除子, 其中 e_Q 是 Q 在 $f(Q)$ 上的分歧指数.

4.8 有理曲线

设 k 为代数闭域.

定义 40. 亏格等于零的射影曲线叫做**有理曲线**.

命题 4.8.1. 射影直线 $\mathbb{P}_k^1$ 是有理曲线.

证 $\mathbb{P}_k^1$ 的函数域是 $k(x)$, 则 $dx \in \Omega_{k(x)/k}$. 根据例 7 $\{\nu_{x-c}\}_{c \in k}$ 和 ν_∞ 是 $k(x)/k$ 的全部标准离散赋值. 设其对应的赋值环为 $\{\mathfrak{o}_c\}_{c \in k}$ 和 $\mathfrak{o}_\infty$, 则 $x - c$ 是 $\mathfrak{o}_c$ 的极大理想的生成元, $1/x$ 是 $\mathfrak{o}_\infty$ 的极大理想的生成元. 由于 $dx = d(x-c)$ 对所有 $c \in k$ 成立, 因此 $\mathrm{ord}_{\mathfrak{o}_c}((dx)) = 0$ 对所有 $c \in k$ 成立. 又由

$$dx = -x^2 d\left(\frac{1}{x}\right)$$

得 $\mathrm{ord}_{\mathfrak{o}_\infty}((dx)) = -2$, 故 $\deg((dx)) = -2$, 因此 $\mathbb{P}_k^1$ 的亏格为零. $\square$

引理 4.8.2. 设 X 是光滑的射影曲线, 则 $X \cong \mathbb{P}_k^1$ 当且仅当存在 X 上两个不同的点 P, Q 相互线性等价.

证 设 $P = (a_0 : a_1)$, $Q = (b_0 : b_1) \in \mathbb{P}_k^1$, $a_0 b_1 \neq a_1 b_0$, 则

$$f = \frac{a_0 x_1 - a_1 x_0}{b_0 x_1 - b_1 x_0}$$

是 $\mathbb{P}_k^1$ 上的非平凡的有理函数, P 和 Q 分别是 f 的单零点和单极点, 且 f 在 $\mathbb{P}_k^1$ 没有其他零点和极点. 因此 P 线性等价于 Q.

反之设 X 上有两个线性等价的点 P, Q, 则存在 $f \in K(X)$, 使 $(f) = P - Q$. 于是 $K(X)/k(f)$ 是一个有限扩张. 令 $S = \mathfrak{o}_P \bigcap k(f)$, 则 S 是 $k(f)/k$ 的一个离散赋值环, 并且 f 是 S 的极大理想的生成元, 故点 P 在 S 之上的分歧指数 $e_P = 1$. 由于 $\mathfrak{o}_P$ 是 S 在 $K(X)$ 中的唯一的扩张, 根据定理 3.3.33, 有 $[K(X) : k(f)] = 1$, 即 $K(X) = k(f)$. $\square$

定理 4.8.3. 有理曲线同构于 $\mathbb{P}_k^1$.

证 设 X 是有理曲线, P 是 X 上任意一点, 则由 Riemann-Roch 定理得 $l(P) \geqslant 2$, 因此存在 $Q \neq P$ 与 P 线性等价, 根据引理 4.8.2 有 $X \cong \mathbb{P}_k^1$. $\square$

设 S^2 是通常的球面, 定理 4.8.3 意味着在 S^2 上只有唯一的复结构, 即如果

C_1，C_2 是两个同胚于 S^2 的复紧 Riemann 面，则 $C_1 \cong C_2$.

定理 4.8.4 (Lüroth).　设 $f: \mathbb{P}_k^1 \to Y$ 是从有理曲线到光滑射影曲线 Y 上的一个态射，假定 f 所诱导的函数域扩张 $k(x)/K(Y)$ 是可分的，则 Y 是有理曲线.

证　设 n 是 f 的次数，根据 Hurwitz 公式(4.9) 有 $-2 = n(2g(Y)-2) + \sum_Q (e_Q - 1)$，因 $g(Y) \geqslant 0$，$\sum_Q (e_Q - 1) \geqslant 0$，故 $g(Y) = 0$.　□

注 4.　Lüroth 定理的代数形式是：设 $k(x)/K$ 是一个可分有限扩张，则 $K \cong k(x)$.

注 5.　Lüroth 定理的复形式是：设 $f: \mathbb{P}_{\mathbb{C}}^1 \to Y$ 是满的全纯映射，Y 是紧 Riemann 面，则 $Y \cong \mathbb{P}_{\mathbb{C}}^1$.

注 6.　定理中的可分性条件可以去掉，甚至 k 可以是任意域(非代数封闭).

习题

1. 决定有理曲线的自同构群.

第 5 章 平面代数曲线

在这一章中 k 永远是一个固定的代数封闭域.

5.1 Bézout 定理

设 $f(x, y) \in k[x, y]$, $\deg(f) = n$, $C = V((f))$ 为 f 在 $\mathbb{A}_k^2$ 中的零点集, 则称 $(C, \{cf(x, y)\}_{c \in k^*})$ 为一条 n 次平面仿射曲线, 在不引起混淆的情况下简记为 C. 注意这里曲线的含义比以前要广. 如果 $f(x, y)$ 不含重因子, 则这条曲线称为是**既约**的; 如果 $f(x, y)$ 是不可约多项式, 则称该曲线是**不可约**的, 这时 C 就是一个一维的仿射簇.

设 $F(X_0, X_1, X_2) \in k[X_0, X_1, X_2]$ 为 n 次非零的齐次多项式, $C = V((F))$ 为 F 在 $\mathbb{P}_k^2$ 中的零点集, 则称 $(C, \{cF(X_0, X_1, X_2)\}_{c \in k^*})$ 为一条 n 次平面射影曲线. 用与前面同样的方式定义既约的和不可约的平面射影曲线.

约定 $k[X_0, X_1, X_2]$ 中的齐次多项式用大写字母表示 (如 F, G), 其相应的小写字母表示该多项式的关于 X_0 的非齐次化, 即 $f(x, y) = F(1, x, y)$, $\cdots$, 反之亦然, 即 $F(X_0, X_1, X_2) = X_0^n f(X_1/X_0, X_2/X_0)$, 其中 n 为 $f(x, y)$ 的次数.

令 $U = \{(a_0 : a_1 : a_2) \in \mathbb{P}_k^2 \mid a_0 \neq 0\}$, 则 $U \cong \mathbb{A}_k^2$. 若 C 为 $\mathbb{P}_k^2$ 中的代数集, 则 $C \bigcap U$ 是 U 中的代数集, 记 $\underline{C} = C \bigcap U$. 反之, 若 D 是 U 中的代数集, 则 D 在 $\mathbb{P}_k^2$ 中的闭包记作 $\overline{D}$.

设 $(C, \{cF\}_{c \in k^*})$ 是平面射影曲线, 则 $(\underline{C}, \{cf\}_{c \in k^*})$ 是一条平面仿射曲线. 若 F 不被 X_0 整除, 则 C 和 $\underline{C}$ 有相同的次数.

设 $(C, \{cf\}_{c \in k^*})$ 是一条平面仿射曲线, $n = \deg(f)$. 令 $F = X_0^n f(X_1/X_0, X_2/X_0)$, 则 $(\overline{C}, \{cF\}_{c \in k^*})$ 是一条 n 次平面射影曲线.

引理 5.1.1. 设 $(C, \{cf\}_{c \in k^*})$, $(D, \{cg\}_{c \in k^*})$ 是两条不同的平面仿射曲线, 且 f, g 无非平凡的公共因子, 设 $C \bigcap D = \{P_1, \cdots, P_r\}$, $\mathcal{O}_{P_i}(\mathbb{A}_k^2)$ 为 $\mathbb{A}_k^2$ 在点 P_i 的局部环, 则

$$k[x, y]/(f, g) \cong \prod_{i=1}^r \frac{\mathcal{O}_{P_i}(\mathbb{A}_k^2)}{(f, g)\mathcal{O}_{P_i}(\mathbb{A}_k^2)}, \tag{5.1}$$

并且 $k[x, y]/(f, g)$，$\mathcal{O}_{P_i}(\mathbb{A}_k^2)/(f, g)\mathcal{O}_{P_i}(\mathbb{A}_k^2)$ 都是有限维 k-空间.

证　根据 Hilbert 零点定理

$$\sqrt{(f, g)} = \bigcap_{i=1}^{r} \mathfrak{m}_i,$$

其中 $\mathfrak{m}_i$ 为 $\mathbb{A}_k^2$ 在 P_i 点的极大理想, 故存在 N, 使

$$\bigcap_{i=1}^{r} \mathfrak{m}_i^N \subseteq (f, g).$$

根据中国剩余定理 $k[x, y]/\bigcap_{i=1}^{r}\mathfrak{m}_i^N \cong \prod_{i=1}^{r} k[x, y]/\mathfrak{m}_i^N$, 因此 $k[x, y]/(f, g)$ 是有限维 k-空间.

令

$$\phi: k[x, y] \to \prod_{i=1}^{r} \frac{\mathcal{O}_{P_i}(\mathbb{A}_k^2)}{(f, g)\mathcal{O}_{P_i}(\mathbb{A}_k^2)}$$

为自然的同态. 需证 ϕ 是满的并且 $\mathrm{Ker}(\phi) = (f, g)$.

对任意 $1 \leqslant i \leqslant r$, 取 $a_i \in \bigcap_{j \neq i} \mathfrak{m}_j - \mathfrak{m}_i$, 则

$$a_i(P_j) = 0 \,(j \neq i), \, a_i(P_i) \neq 0,$$

不妨设 $a_i(P_i) = 1$. 令 $e_i = 1 - (1 - a_i^N)^N$, 则当 $j \neq i$ 时, $e_i \in \mathfrak{m}_j^N$, $1 - e_i \in \mathfrak{m}_i^N$. 于是 $e_i^2 \equiv e_i (\mathrm{mod}(f, g))$ 对 $1 \leqslant i \leqslant r$ 成立, $e_i e_j \in (f, g)$ 对所有 $i \neq j$ 成立, 且 $\sum_{i=1}^{r} e_i \equiv 1(\mathrm{mod}(f, g))$.

设 $h(x, y) \in k[x, y]$ 满足 $\phi(h) = 0$, 则对每个 i 都存在 $u_i(x, y) \in k[x, y]$, 满足 $u_i(P_i) \neq 0$ 且 $u_i h \in (f, g)$, 可设 $u_i(P_i) = 1$. 令

$$v_i = 1 - u_i, \, w_i = 1 + v_i + \cdots + v_i^{N-1},$$

则

$$u_i w_i \equiv 1 \quad (\mathrm{mod}\, \mathfrak{m}_i^N),$$

于是

$$u_i w_i e_i \equiv e_i \quad (\mathrm{mod}(f, g)),$$

故

$$h = h \sum_{i=1}^{r} e_i \equiv \sum_{i=1}^{r} h u_i w_i e_i \equiv 0 \quad (\mathrm{mod}(f, g)).$$

所以 $\mathrm{Ker}(\phi) = (f, g)$.

记 $R_i = \mathcal{O}_{P_i}(\mathbb{A}^2_k)/(f, g)\mathcal{O}_{P_i}(\mathbb{A}^2_k)$，令 $\phi_i: k[x, y] \to R_i$ 为 ϕ 与第 i 个投影映射的复合，则 $\phi_i(e_i)$ 是 R_i 中的可逆元，因

$$\phi_i(e_i)\phi_i(e_j) = \phi_i(e_i e_j) = 0,$$

故 $\phi_i(e_j) = 0$ 对 $j \neq i$ 成立，因此

$$\phi_i(e_i) = \phi\Big(\sum_i e_i\Big) = 1.$$

设

$$[h_1/u_1] \in R_1, \cdots, [h_r/u_r] \in R_r,$$

其中 $h_i, u_i \in k[x, y]$，$u_i(P_i) \neq 0$. 取 $v_i \in k[x, y]$，使 $\phi_i(u_i v_i) = 1$，令 $h = \sum_{i=1}^r v_i e_i h_i$，则

$$\phi_i(u_i h) = \phi_i(u_i v_i e_i h_i) = \phi_i(h_i),$$

故

$$\phi(h) = ([h_1/u_1], \cdots, [h_r/u_r]),$$

所以 ϕ 是满射. □

定义 41. 引理 5.1.1 中的 $\dim_k \mathcal{O}_{P_i}(\mathbb{A}^2_k)/(f, g)\mathcal{O}_{P_i}(\mathbb{A}^2_k)$ 定义为平面仿射曲线 $(C, \{cf\}_{c \in k^*})$ 和 $(D, \{cg\}_{c \in k^*})$ 在点 P_i 的相交数，记作 $I_{P_i}(f, g)$，在不引起混淆的情况下也记作 $I_{P_i}(C, D)$.

设 $(C, \{cF\}_{c \in k^*})$，$(D, \{cG\}_{c \in k^*})$ 为两条平面射影曲线，齐次多项式 F, G 没有非平凡公因子，$P \in C \bigcap D$，则 $(C, \{cF\}_{c \in k^*})$ 和 $(D, \{cG\}_{c \in k^*})$ 在点 P 的相交数 $I_P(F, G)$ 定义为 $\dim_k R$，其中 R 为分次环 $k[x_0, x_1, x_2]/(F, G)$ 在点 P 的局部化.

若 $x_0(P) \neq 0$，则 $I_P(F, G) = \dim_k k[x, y]_P/(f, g) = I_P(f, g)$.

定义 42. 设 $(C, \{cF\}_{c \in k^*})$，$(D, \{cG\}_{c \in k^*})$ 为两条平面射影曲线，齐次多项式 F, G 没有非平凡因子，定义 $(F, G) = \sum_{P \in C \cap D} I_P(F, G)$，称为 $(C, \{cF\}_{c \in k^*})$ 和 $(D, \{cG\}_{c \in k^*})$ 的相交数.

定理 5.1.2 (Bézout). 设 $(C, \{cF\}_{c \in k^*})$，$(D, \{cG\}_{c \in k^*})$ 为两条平面射影曲线，$n = \deg(F)$，$r = \deg(G)$，齐次多项式 F, G 没有非平凡因子，则

$$(F, G) = nr.$$

证 不失一般性可设 $x_0(P) \neq 0$ 对所有 $P \in C \bigcap D$ 成立. 于是

$$(F, G) = \sum_{P \in C \cap D} I_P(f, g) = \dim_k k[x, y]/(f, g),$$

后面一个等式由(5.1)式得到. 显然

$$\deg(f) = n, \deg(g) = r.$$

由于 x_0, F, G 在 $\mathbb{P}^2_k$ 中无公共零点, 故

$$\sqrt{(x_0, F, G)} = (x_0, x_1, x_2),$$

于是存在 $N > n+r$, 使

$$(x_0, x_1, x_2)^N \subseteq (x_0, F, G),$$

这说明对任何 $h(x, y) \in k[x, y]$ 都存在一个次数不超过 N 的多项式 $q(x, y)$, 满足

$$h(x, y) \equiv q(x, y) \pmod{(f, g)}.$$

对任意 $d > 0$, 令 $A_d = \{a(x, y) \in k[x, y] \mid \deg(a) \leqslant d\}$, 则

$$\dim_k A_d = \binom{d+2}{2}$$

并且有正合列

$$0 \to A_{N-n-r} \xrightarrow{\sigma} A_{N-n} \times A_{N-r} \xrightarrow{\phi} A_N \xrightarrow{\pi} A_N/(A_N \cap (f, g)) \to 0,$$

其中 $\sigma(a) = (ag, af)$, $\phi(b, c) = bf - cg$. 所以

$$\begin{aligned}
\dim_k k[x, y]/(f, g) &= \dim_k A_N/(A_N \cap (f, g)) \\
&= \dim_k A_N + \dim_k A_{N-n-r} - \dim_k A_{N-n} - \dim_k A_{N-r} \\
&= nr. \quad \square
\end{aligned}$$

5.2 平面代数曲线的奇点

引理 5.2.1. 设 K/k 是一维代数函数域, L/K 是 n 次有限可分扩张. 设 P 是 K 中的一个离散赋值环, 即 $P \in C_K$, $Q_1, \cdots, Q_r$ 是 P 在 L 中的全体扩张, 则等式

$$\nu_P(N_{L/K}(y)) = \sum_{i=1}^r \nu_{Q_i}(y)$$

对任何 $y \in L^*$ 成立.

证 记 R 为 P 在 L 中的整闭包,根据引理 3.3.19 $R = \bigcap_{i=1}^{r} Q_i$.

先设 $y \in R$. 根据系 3.3.16,存在 $t_1, \cdots, t_r \in L^*$,满足

$$\nu_{Q_i}(t_j) = \delta_{ij},$$

这里 δ_{ij} 是 Kronecker 符号. 记 $d_i = \nu_{Q_i}(y)$,则

$$y = u \prod_{i=1}^{r} t_i^{d_i},$$

其中 u 是 R 的可逆元.

对任意 $\alpha \in R$ 和任意 $1 \leqslant i < j \leqslant r$,根据系 3.3.16,存在 $\beta \in L^*$,满足

$$\nu_{Q_i}(\beta) \geqslant d_i,$$

$$\nu_{Q_j}(\beta - \alpha) \geqslant d_j,$$

$$\nu_{Q_s}(\beta) \geqslant 0, \ \forall \ \text{其他 } s,$$

则

$$\nu_{Q_j}(\beta) \geqslant \min(\nu_{Q_j}(\alpha), \nu_{Q_j}(\beta - \alpha)) \geqslant 0,$$

$$\nu_{Q_i}(\beta - \alpha) \geqslant \min(\nu_{Q_i}(\alpha), \nu_{Q_i}(\beta)) \geqslant 0.$$

故

$$\beta \in t_i^{d_i} R, \ \beta - \alpha \in t_j^{d_j} R,$$

由此推得

$$\alpha \in t_i^{d_i} R + t_j^{d_j} R.$$

所以

$$t_i^{d_i} R + t_j^{d_j} R = R.$$

根据中国剩余定理有

$$R/yR \cong \bigoplus_{i=1}^{r} R/t_i^{d_i} R.$$

因此

$$\dim_k(R/yR) = \sum_{i=1}^{r} \dim_k(R/t_i^{d_i} R) = \sum_{i=1}^{r} d_i.$$

由于 P 是主理想整区,R 是秩为 n 的自由 P-模. 因此 $\nu_P(N_{L/K}(y)) = \dim_k(R/yR)$. 因此当 $y \in R$ 时引理成立.

若 $y \notin R$，任取 $a \in K^*$，使 $ay \in R$，则

$$n\nu_P(a) + \nu_P(N_{L/K}(y)) = \nu_P(N_{L/K}(ay))$$

$$= \sum_{i=1}^{r} \nu_{Q_i}(ay)$$

$$= \sum_{i=1}^{r} \nu_{Q_i}(y) + \sum_{i=1}^{r} \nu_{Q_i}(a)$$

$$= \sum_{i=1}^{r} \nu_{Q_i}(y) + \sum_{i=1}^{r} e_{Q_i/P}\nu_P(a)$$

$$= \sum_{i=1}^{r} \nu_{Q_i}(y) + n\nu_P(a).$$

引理仍然成立. □

系 5.2.2. 设 K/k 是一维代数函数域，L/K 是 n 次有限可分扩张. 设 $P \in C_K$，$Q_1, \cdots, Q_r$ 是 P 在 L 中的全体扩张. 假定 $t \in L^*$ 满足 $\nu_{Q_1}(t) = 1$，$\nu_{Q_2}(t) = \cdots = \nu_{Q_r}(t) = 0$，则 $N_{L/K}(t)$ 是 P 的极大理想的生成元，并且 $L = K(t)$.

证 根据引理 5.2.1，$\nu_P(N_{L/K}(t)) = 1$. 因此 $N_{L/K}(t)$ 是 P 的极大理想的生成元. 设 n' 是 t 在 K 上的极小多项式的次数，$d = n/n'$. 根据定理 3.1.2 的证明可知，存在 $a \in K^*$，使 $N_{L/K}(t) = a^d$. 因此 $d\nu_P(a) = \nu_P(N_{L/K}t) = 1$，故 $d = 1$. 因此 $L = K(t)$. □

设 Q 是 $P \in C_K$ 在 L 中的一个扩张，设 z 和 t 分别为 P 和 Q 的极大理想的生成元，则 $\mathrm{d}z = f\mathrm{d}t$，其中 $f \in L^*$ 并且 $\nu_Q(f)$ 不依赖于 z 和 t 的选取. 把 $\nu_Q(f)$ 记成 $d_{Q/P}$.

令 e 为 Q 在 P 上的分歧指数，则 $z = ut^e$，其中 u 是 Q 的可逆元. 于是 $\mathrm{d}z = eut^{e-1}\mathrm{d}t + t^e\mathrm{d}u$. 如果 e 不被 k 的特征整除，则 $d_{Q/P} = e - 1$，否则 $d_{Q/P} \geqslant e$.

为了了解 $d_{Q/P}$ 的精确值，需要下面的引理.

引理 5.2.3. 设 K/k 是一维代数函数域，L/K 是 n 次有限可分扩张. 设 $P \in C_K$，$Q_1, \cdots, Q_r$ 是 P 在 L 中的全体扩张. 假定 $t \in L^*$ 满足 $\nu_{Q_1}(t) = 1$，$\nu_{Q_2}(t) = \cdots = \nu_{Q_r}(t) = 0$. 设 $f(x)$ 是 t 在 K 上的极小多项式，则

$$d_{Q_1/P} = v_{Q_1}(f'(t)).$$

证 根据系 5.2.2，$f(x)$ 是 n 次多项式，又因为 t 是 P 上的整元素，$f(x)$ 可写成

$$f(x) = x^n + a_{n-1}x^{n-1} + \cdots + a_1 x + a_0,$$

其中 $a_{n-1}, \cdots, a_1, a_0 \in P$. 从系 5.2.2 得知 a_0 是 P 的极大理想的一个生成元. 由 $f(t)=0$ 推得

$$f'(t)\mathrm{d}t + t^{n-1}\mathrm{d}a_{n-1} + \cdots + t\mathrm{d}a_1 + \mathrm{d}a_0 = 0.$$

由于 a_0 是 P 的极大理想的生成元, 因此 $\mathrm{d}a_i = u_i \mathrm{d}a_0$, 其中 $u_i \in P$. 因此

$$\mathrm{ord}_{Q_1}(t^{n-1}\mathrm{d}a_{n-1} + \cdots + t\mathrm{d}a_1 + \mathrm{d}a_0) = \mathrm{ord}_{Q_1}(\mathrm{d}a_0).$$

所以 $\nu_{Q_1}(f'(t)) = d_{Q_1/P}$. $\quad\square$

设 K/k 是一维代数函数域, L/K 是 n 次有限可分扩张. 设 $P \in C_K$. 对任意 P 模 $R \subseteq L$, 记

$$R^* = \{y \in L \mid Tr_{L/K}(yR) \subseteq P\}.$$

则 R^* 是一个 P 模, 称为 R 的**对偶模**.

引理 5.2.4. 设 K/k 是一维代数函数域, L/K 是 n 次有限可分扩张. 设 $P \in C_K, R$ 为 P 在 L 中的整闭包, $y \in R$ 并且 $L = K[y]$. 设 $f(x)$ 是 y 在 K 上的极小多项式, 则

(1) $f'(y)P[y]^* = P[y]$;

(2) $\mathfrak{c}(R, P[y]) = f'(y)R^*$.

证 (1) 设

$$f(x) = x^n + a_{n-1}x^{n-1} + \cdots + a_1 x + a_0,$$

其中 $a_{n-1}, \cdots, a_1, a_0 \in P$. 由于 $f(y) = 0$, 故

$$f(x) = (x - y)(x^{n-1} + \beta_{n-2}x^{n-2} + \cdots + \beta_1 x + \beta_0).$$

迭代解得

$$\beta_{n-2} = y + a_{n-1},$$

$$\beta_{n-3} = y^2 + a_{n-1}y + a_{n-2},$$

$$\cdots\cdots$$

$$\beta_0 = y^{n-1} + a_{n-1}y^{n-2} + \cdots.$$

根据定理 3.1.3, 有

$$P[y]^* = \frac{1}{f'(y)}(P + P\beta_{n-2} + P\beta_{n-3} + \cdots + P\beta_0) = \frac{1}{f'(y)}P[y].$$

(2) 由 $P[y] \subseteq R$ 推得 $P[y]^* \supseteq R^*$, 从而

$$f'(y)R^* \subseteq f'(y)P[y]^* = P[y].$$

由于 $\mathrm{Tr}_{L/K}(\alpha\beta\gamma) \in P$ 对任意 $\beta \in R^*$，α，$\gamma \in R$ 成立，故 $\alpha\beta \in R^*$ 对任意 $\beta \in R^*$，$\alpha \in R$ 成立，因此 $RR^* \subseteq R^*$. 这表明 $f'(y)R^*$ 是 R 的一个理想，当然它也是 $P[y]$ 的一个理想. 于是 $f'(y)R^* \subseteq \mathfrak{c}(R, P[y])$.

设 $\alpha \in \mathfrak{c}(R, P[y])$. 对任意 $\beta \in R$，有 $\alpha\beta \in P[y]$. 因此

$$\mathrm{Tr}_{L/K}\left(\frac{\alpha}{f'(y)}\beta\right) = \mathrm{Tr}_{L/K}\left(\frac{\alpha\beta}{f'(y)}\right) \in P.$$

所以 $\alpha/f'(y) \in R^*$. 从而 $\alpha \in f'(y)R^*$.   □

下面引理给出 $d_{Q/P}$ 的另一个刻画.

引理 5. 2. 5.   设 K/k 是一维代数函数域，L/K 是 n 次有限可分扩张. 设 $P \in C_K$，R 为 P 在 L 中的整闭包，Q 是 P 在 L 中的一个扩张，则

$$d_{Q/P} = -\min_{x \in R^*} \nu_Q(x).$$

证   设 $Q = Q_1$，Q_2，$\cdots$，Q_r 是 P 在 L 中的全体扩张. 根据系 3. 3. 16 存在 $t \in R$ 满足 $\nu_Q(t) = 1$ 而 $\nu_{Q_i}(t-1) > 0$ 对所有 $2 \leqslant i \leqslant r$ 成立. 设 $f(x)$ 是 t 在 K 上的极小多项式. 根据引理 5. 2. 3，$d_{Q/P} = \nu_Q(f'(t))$. 由于 $\nu_{Q_i}(t) = 0$ 对 $2 \leqslant i \leqslant r$ 成立，根据系 5. 2. 2，$L = K(t)$，引理 5. 2. 4 的条件对元素 $t \in R$ 满足.

对任何 $x \in R^*$，由引理 5. 2. 4 得

$$f'(t)x \in f'(t)R^* = \mathfrak{c}(R, P[t]) \subseteq P[t].$$

因此 $\nu_Q(f'(t)x) \geqslant 0$，即得 $\nu(x) \geqslant -d_{Q/P}$. 所以

$$\min_{x \in R^*} \nu_Q(x) \geqslant -d_{Q/P}.$$

剩下只需证明存在 $x \in R^*$，使 $\nu_Q(x) = -d_{Q/P}$.

设 $h(x)$ 是 $1-t$ 在 K 上的极小多项式，则 $h'(1-t) \neq 0$. 事实上，$h(x) = (-1)^n f(1-x)$，$h'(1-t) = (-1)^{n+1} f'(t)$.

设 $N_{L/K}(h'(1-t)) = uz^m$，其中 u 是 P 的可逆元，z 是 $\mathfrak{m}_P$ 的生成元，$m > 0$. 令 $e = \max_{i=1}^r e_{Q_i/P}$. 令 $a = u(1-t)^{me} \in P[t]$，则 $\nu_Q(a) = 0$. 下面证明 $a \in \mathfrak{c}(R, P[t])$.

对任意自然数 i，在

$$P + \mathfrak{m}_Q = Q$$

的两边同乘 t^i 得

$$Pt^i + \mathfrak{m}_Q^{i+1} = \mathfrak{m}_Q^i.$$

因此

$$
\begin{aligned}
P[t] + \mathfrak{m}_Q^{me} &= P[t] + Pt^{me-1} + \mathfrak{m}_Q^{me} \\
&= P[t] + \mathfrak{m}_Q^{me-1} \\
&= \cdots \\
&= P[t] + \mathfrak{m}_Q \\
&= Q.
\end{aligned}
$$

对任意 $x \in R \subseteq Q$, 存在 $x' \in P[t]$, 使 $w = x - x' \in \mathfrak{m}_Q^{me}$.

由于

$$\nu_Q(wa) = \nu_Q(w) \geqslant me \geqslant \nu_Q(uz^m),$$

且

$$\nu_{Q_i}(wa) \geqslant me\nu_{Q_i}(1-t) \geqslant \nu_{Q_i}(uz^m)$$

对 $2 \leqslant i \leqslant r$ 成立, 故

$$\frac{wa}{uz^m} \in R. \qquad (5.2)$$

由于 $N_{L/K}(h'(1-t))/h'(1-t)$ 是 P 上的整元素, 故有

$$\frac{N_{L/K}(h'(1-t))}{h'(1-t)} \in R. \qquad (5.3)$$

利用(5.2)式和(5.3)式得

$$\frac{wa}{h'(1-t)} = \frac{wa}{h'(1-t)} \frac{N_{L/K}(h'(1-t))}{uz^m} = \frac{N_{L/K}(h'(1-t))}{h'(1-t)} \frac{wa}{uz^m} \in R.$$

因此

$$wa \in Rh'(1-t) = Rf'(t) \subseteq R^* f'(t) = \mathfrak{c}(R, P[t]) \subseteq P[t].$$

从而得

$$xa = wa + x'a \in P[t].$$

于是 $a \in \mathfrak{c}(R, P[t])$.

根据引理 5.2.4, 存在 $x \in R^*$, 使 $a = f'(t)x$. 由 $\nu_Q(a) = 0$ 推得 $\nu_Q(x) = -\nu_Q(f'(t)) = d_{Q/P}$. $\qquad \square$

命题 5.2.6. 设 K/k 是一维代数函数域,L/K 是 n 次有限可分扩张. 设 $P \in C_K$, R 为 P 在 L 中的整闭包,Q 是 P 在 L 中的一个扩张. 设 $L = K(y)$, $y \in R$, $h(x)$ 是 y 在 K 上的极小多项式,则

$$\nu_Q(h'(y)) \geqslant d_{Q/P},$$

等号成立当且仅当 $P[y]_{\mathfrak{m}_Q \cap P[y]} = Q$.

证 根据引理 5.2.4,$h'(y)R^* = \mathfrak{c}(R, P[y]) \subseteq P[y]$. 对任意 $x \in R^*$,有 $\nu_Q(h'(y)x) \geqslant 0$. 因此 $\nu_Q(h'(y)) \geqslant -\nu_Q(x)$. 由引理 5.2.5 推得 $\nu_Q(h'(y)) \geqslant d_{Q/P}$,等号成立当且仅当 $\mathfrak{c}(R, P[y]) \nsubseteq \mathfrak{m}_Q \cap P[y]$.

令 $S = P[y] - \mathfrak{m}_Q \cap P[y]$,则 S 是 $P[y]$ 的不包含 0 的乘法封闭集. 根据引理 3.5.3 知

$$\mathfrak{c}(S^{-1}R, P[y]_{\mathfrak{m}_Q \cap P[y]}) = S^{-1}\mathfrak{c}(R, P[y]).$$

如果 $P[y]_{\mathfrak{m}_Q \cap P[y]} = Q$,则 $P[y]_{\mathfrak{m}_Q \cap P[y]} = S^{-1}R$. 于是 $S^{-1}\mathfrak{c}(R, P[y]) = P[y]_{\mathfrak{m}_Q \cap P[y]}$. 从而 $\mathfrak{c}(R, P[y]) \nsubseteq \mathfrak{m}_Q \cap P[y]$.

反之设 $\mathfrak{c}(R, P[y]) \nsubseteq \mathfrak{m}_Q \cap P[y]$,并设 $x \in Q$. 设 $Q = Q_1, Q_2, \cdots, Q_r$ 是 P 在 L 中的全部扩张. 根据系 3.3.17,存在非负整数 $e_1, \cdots, e_r$,使

$$\mathfrak{c}(R, P[y]) = \{a \in L^* \mid \nu_{Q_i}(a) \geqslant e_i \, \forall i\} \cup \{0\}.$$

条件 $\mathfrak{c}(R, P[y]) \nsubseteq \mathfrak{m}_Q \cap P[y]$ 意味着 $e_1 = 0$. 取 $a \in L^*$,使 $\nu_{Q_1}(a) = 0$,且 $\nu_{Q_i}(a) > e_i + |\nu_{Q_i}(x)|$,对 $2 \leqslant i \leqslant r$,则

$$a \in \mathfrak{c}(R, P[y]) - \mathfrak{m}_Q \cap P[y] \subseteq P[y] - \mathfrak{m}_Q \cap P[y],$$

且

$$ax \in \mathfrak{c}(R, P[y]) \subseteq P[y].$$

因此 $x \in P[y]_{\mathfrak{m}_Q \cap P[y]}$. 这说明 $P[y]_{\mathfrak{m}_Q \cap P[y]} = Q$. $\square$

系 5.2.7. 设 C 是一条由 $f(x, y) = 0$ 定义的平面仿射曲线,其中 $f(x, y)$ 不可约. 假定 $f(x, y)$ 是关于变量 y 的首一多项式. 对任何点 $p \in C$ 和 $K(C)$ 的一个包含 $\mathcal{O}_p$ 的离散赋值环 Q,都有

$$\operatorname{ord}_Q\left(\frac{dx}{f_y(x, y)}\right) \leqslant 0,$$

等号成立当且仅当 p 是 C 的光滑点.

证 不失一般性,可设 $p = (0, 0)$.

由于 $f(x, y)$ 不可约,$f_y(x, y) \neq 0$,因此 $K(C) = k(x)[y]/(f(x, y))$ 是

$k(x)$ 的有限可分扩张.

记 P 为 $k(x)$ 的满足 $\nu_P(x) = 1$ 的离散赋值环,即

$$P = \left\{ \frac{f(x)}{g(x)} \,\middle|\, f(x),\, g(x) \in k[x],\, g(0) \neq 0 \right\},$$

则 Q 是 P 在 $K(C)$ 中的一个扩张,并且 $\mathrm{ord}_Q(dx) = d_{Q/P}$. 根据命题 5.2.6, $\mathrm{ord}_Q(dx/f_y(x,\, y)) \leqslant 0$,等号成立当且仅当 $P[y]_{\mathfrak{m}_Q \cap P[y]} = Q$.

由于 $P[y]_{\mathfrak{m}_Q \cap P[y]} = \mathcal{O}_p$,因此 $\mathrm{ord}_Q(dx/f_y(x,\, y)) \leqslant 0$ 中的等号成立当且仅当 $\mathcal{O}_p$ 是一个离散赋值环,即 p 是 C 的一个光滑点. □

5.3　平面代数曲线的亏格

引理 5.3.1.　设 $(C,\, \{cf\}_{c \in k^*})$ 是不可约仿射曲线,$g \in k[x,\, y]$ 不被 f 整除,p 是 C 的一个光滑点,$g(p) = 0$,记 $[g] \in k[x,\, y]/(f) \subseteq K(C)$,则 $I_p(f,\, g) = \nu_p([g])$.

证　因为 $\mathcal{O}_p$ 是离散赋值环,所以

$$\dim_k \mathcal{O}_p / g\mathcal{O}_p = \nu_p([g]).$$

再由同构

$$\mathcal{O}_p(\mathbb{A}_k^2)/(f,\, g)\mathcal{O}_p(\mathbb{A}_k^2) \cong \mathcal{O}_p / g\mathcal{O}_p$$

推出引理. □

定理 5.3.2.　设 C 是一条 d 次不可约平面射影曲线,则 C 的亏格 $g(C) \leqslant (d-1)(d-2)/2$,等号成立当且仅当 C 是光滑的.

证　设 C 由 d 次齐次多项式 $F(x_0,\, x_1,\, x_2)$ 所定义. 对 $i = 0,\, 1,\, 2$,令 $U_i = \{P \in \mathbb{P}_k^2 \mid x_i(P) \neq 0\}$. 由于 C 只含有限多个奇点,不失一般性可设所有的奇点所构成的集合 S 都在 U_0 中. 设 $\pi : \overline{C} \to C$ 为正规化映射.

$C \bigcap U_0$ 由 $f(x,\, y) = F(1,\, x,\, y)$ 定义. 通过坐标 $x,\, y$ 的线性变换可设 $f(x,\, y)$ 是关于变量 y 的首一多项式. 令 $\omega = dx/f_y(x,\, y) \in \Omega_k(K(C))$. 根据系 5.2.7,有

$$\sum_{Q \in \pi^{-1}(U_0 \cap C)} \mathrm{ord}_Q(dx/f_y(x,\, y)) = -\sum_{p \in S} \delta(p),$$

其中每个 $\delta(p)$ 是一个正整数.

设 $p \in U_1$ 且 $x_0(p) = 0$. $C \bigcap U_1$ 由 $h(u,\, v) = F(u,\, 1,\, v)$ 定义,$u = 1/x$, $v = y/x$. 由 $u = 0$ 定义的仿射直线是由 $x_0 = 0$ 定义的直线与 U_1 的交. 由于 $dx =$

$-\mathrm{d}u/u^2$, $f_y(x, y) = F_{x_2}(1, x, y) = F_{x_2}(1, 1/u, v/u) = F_{x_2}(u, 1, v)/u^{d-1} = h_v(u, v)/u^{d-1}$, 因此

$$\omega = -u^{d-3}\mathrm{d}u/h_v(u, v) = u^{d-3}\mathrm{d}v/h_u(u, v),$$

故 $\mathrm{ord}_p(\omega) = (d-3)\nu_p(u) = (d-3)I_P(F, X_0)$. 对于 $p \in U_2$ 的点也可得同样的结论,故

$$\deg((\omega)) = -\sum_{p \in S}\delta(p) + (d-3)\sum_p I_p(F, X_0),$$

由 Bézout 定理得

$$\deg((\omega)) = -\sum_{p \in S}\delta(p) + d(d-3).$$

由 $\deg((\omega)) = 2g(C) - 2$ 推出

$$g(C) = \frac{(d-1)(d-2)}{2} - \frac{1}{2}\sum_{p \in S}\delta(p).$$

故

$$g(C) \leqslant \frac{(d-1)(d-2)}{2},$$

且等式成立当且仅当 S 是空集. $\square$

第 6 章　椭圆曲线

定义 43. 代数闭域 k 上亏格等于 1 的光滑射影曲线称为椭圆曲线.

6.1　曲线的二重覆盖

引理 6.1.1. 设 E 是一维代数函数域, K/E 是可分二次扩张, $\sigma \in \mathrm{Aut}(K/E)$, $\sigma \neq 1$. 设 $Q \in C_K$, $Q \bigcap E = P$, 则 $\sigma(Q) = Q$ 当且仅当分歧指数 $e(Q/P) = 2$.

证　(1) 设 $e(Q/P) = 1$. 令 t 为 P 的极大理想的生成元, 则 t 也是 Q 的极大理想的生成元. 由于 Q 的分式域是 K, 存在 $\alpha \in Q - E$, 故 $K = E(\alpha)$. 因 $\sigma \neq 1$, $\sigma(\alpha) \neq \alpha$, 令 $n = \nu_Q(\sigma(\alpha) - \alpha)$.

假定 $\sigma(Q) = Q$, 则 $\sigma(\mathfrak{m}) = \mathfrak{m}$, $\mathfrak{m}$ 为 Q 的极大理想, 对任何 $r > 0$, 都有 $\sigma(\mathfrak{m}^r) = \mathfrak{m}^r$. 将 α 表示成

$$\alpha = a_0 + a_1 t + \cdots + a_n t^n + \beta,$$

其中 $a_i \in k$, $\beta \in \mathfrak{m}^{n+1}$, 则 $\sigma(\alpha) - \alpha = \sigma(\beta) - \beta \in \mathfrak{m}^{n+1}$, 与 $\nu_Q(\sigma(\alpha) - \alpha) = n$ 相矛盾. 所以 $\sigma(Q) \neq Q$.

(2) 设 $e(Q/P) = 2$, 由定理 3.3.33, Q 是 K 中包含 P 的唯一的离散赋值环, 故 $\sigma(Q) = Q$. □

命题 6.1.2. 设 $\mathrm{char}(k) \neq 2$, C 是 k 上亏格大于零的光滑的射影曲线, D 是 C 上的一个有效除子, $\deg(D) = 2$, 则 $l(D) \leqslant 2$; $l(D) = 2$ 当且仅当存在一个二次态射 $f : C \to \mathbb{P}_k^1$ 使对任何 $P \in \mathbb{P}_k^1$, 都有 $f^*(P) \sim D$, 这时存在 C 的一个自同构 σ, 使对任何 $P \in \mathbb{P}_k^1$, σ 交换 $f^*(P)$ 的两个点. 也就是说, 若 $f^*(P) = Q_1 + Q_2$, 则 $\sigma(Q_1) = Q_2$, $\sigma(Q_2) = Q_1$.

证　由于 C 的亏格大于零, $l(Q) = 1$ 对任何素除子 Q 成立, 由引理 4.1.2 得 $l(D) \leqslant 2$.

若 $l(D) = 2$, 取 $L(D)$ 的基 $1, x$, 其中 $x \in K(C)$, $x^\infty \leqslant D$. 因 $\deg(x^\infty) \geqslant 2$, 故 $x^\infty = D$. 有理函数 x 给出二次态射 $f : C \to \mathbb{P}_k^1$, 满足 $f^*(\infty) = D$.

对任何 $P \in \mathbb{P}_k^1$, 都有 $P \sim \infty$, 故 $f^*(P) \sim D$. 二次态射 f 诱导了代数函数域的二次扩张 $K(C)/k(x)$. 由于 k 的特征不等于 2, $K(C)/k(x)$ 是 Galois 扩张,

设 σ 是 Galois 群的生成元. 由引理 6.1.1 知,对任何 $P \in \mathbb{P}_k^1$, σ 交换 $f^*(P)$ 的两个点.

命题的剩下部分是明显的.   □

定义 44. 设 C 是一条亏格大于 1 的光滑射影曲线,如果存在二次态射 f: $C \to \mathbb{P}_k^2$,则称 C 为**超椭圆曲线**.

注 7. 超椭圆曲线有如下两个等价的定义:

(1) 存在 C 上一个有效除子 D 满足 $\deg(D) = l(D) = 2$.

(2) 存在 $x \in K(C)$ 使 $[K(C) : k(x)] = 2$.

系 6.1.3. 椭圆曲线 C 是超椭圆曲线,当 $\mathrm{char}(k) \neq 2$ 时,它的自同构群 $\mathrm{Aut}(C)$ 在 C 上的作用是可迁的.

证 设 $P_1 \neq P_2 \in C$, 根据 Riemann-Roch 定理,$l(P_1 + P_2) = 2$. 所以 C 是超椭圆曲线. 根据命题 6.1.2,当 $\mathrm{char}(k) \neq 2$ 时,存在 $\sigma \in \mathrm{Aut}(C)$,使 $\sigma(P_1) = \sigma(P_2)$. 因此 $\mathrm{Aut}(C)$ 在 C 上的作用是可迁的.   □

6.2 椭圆曲线的 j-不变量

引理 6.2.1. 设 $a_1 = 0$, $a_2 = 1$, $a_3 = \lambda \in k$, $\lambda \neq 0, 1$, S_3 为 3 个文字的对称群. 对任意 $\sigma \in S_3$,设

$$\phi_\sigma(x) = \frac{x - d_\sigma}{c_\sigma},$$

其中 $c_\sigma, d_\sigma \in k$,使 $\phi_\sigma(a_{\sigma(1)}) = 0$, $\phi_\sigma(a_{\sigma(2)}) = 1$, 则

$$\{\phi_\sigma(a_{\sigma(3)})\}_{\sigma \in S_3} = \left\{\lambda, \frac{1}{\lambda}, 1 - \lambda, \frac{1}{1-\lambda}, \frac{\lambda}{1-\lambda}, \frac{1-\lambda}{\lambda}\right\}.$$

证 记 $S_3 = \{id, (12), (23), (13), (123), (132)\}$,则

$$\phi_{id}(\lambda) = \lambda,$$

$$\phi_{(12)}(x) = \frac{x-1}{-1}, \ \phi_{(12)}(\lambda) = 1 - \lambda,$$

$$\phi_{(23)}(x) = \frac{x}{\lambda}, \ \phi_{(23)}(1) = \frac{1}{\lambda},$$

$$\phi_{(13)}(x) = \frac{x-\lambda}{1-\lambda}, \ \phi_{(13)}(0) = \frac{\lambda}{\lambda - 1},$$

$$\phi_{(132)}(x) = \frac{x-\lambda}{-\lambda}, \ \phi_{(132)}(1) = \frac{\lambda - 1}{\lambda},$$

$$\phi_{(123)}(x) = \frac{x-1}{\lambda-1}, \ \phi_{(123)}(0) = \frac{1}{1-\lambda}. \quad \square$$

引理 6.2.2.　设

$$J(\lambda) = \frac{(\lambda^2 - \lambda + 1)^3}{\lambda^2(\lambda-1)^2} \quad (\lambda \neq 0, 1),$$

则

(1)

$$J(\lambda) = J\left(\frac{1}{\lambda}\right) = J(1-\lambda) = J\left(\frac{1}{1-\lambda}\right) = J\left(\frac{\lambda}{\lambda-1}\right) = J\left(\frac{\lambda-1}{\lambda}\right);$$

(2) 设 $\mu \neq 0, 1$, 满足 $J(\mu) = J(\lambda)$, 则

$$\mu \in \left\{\lambda, \ \frac{1}{\lambda}, \ 1-\lambda, \ \frac{1}{1-\lambda}, \ \frac{\lambda}{1-\lambda}, \ \frac{1-\lambda}{\lambda}\right\}.$$

证　(1) 直接代入验证.

(2) 令 $G(x) = (x^2 - x + 1)^3 - J(\lambda)x^2(x-1)^2 \in k[x]$, 则

$$G(x) = (x-\lambda)\left(x - \frac{1}{\lambda}\right)(x-(1-\lambda))\left(x - \frac{1}{1-\lambda}\right)\left(x - \frac{\lambda}{1-\lambda}\right)\left(x - \frac{1-\lambda}{\lambda}\right),$$

因 $G(\mu) = 0$, 结论自然成立. $\quad \square$

定理 6.2.3.　任何一条椭圆曲线 C 同构于一条三次平面射影曲线. 当 $\mathrm{char}(k) \neq 2$ 时, 该三次曲线的方程可写作 $y^2 = x(x-1)(x-\lambda)$, 其中 $\lambda \neq 0, 1$. 设 $J(\lambda)$ 为引理 6.2.2 中定义的函数, 则 $J(\lambda) \in k$ 是由 C 唯一决定的元素.

证　设 K 为 C 的代数函数域, κ 为 C 的典范除子, 则 $l(\kappa) = 1$, $\deg(\kappa) = 0$, 故 $\kappa = 0$. 任取 $P_0 \in C$, 由 Riemann-Roch 定理, 对任意 $n > 0$, 都有 $l(nP_0) = n$.

常数 1 构成 $L(P_0)$ 的基, 设 $1, x$ 是 $L(2P_0)$ 的基, 则 $x^\infty = 2P_0$, 设 $1, x, y$ 为 $L(3P_0)$ 的基, 则 $y^\infty = 3P_0$. $1, x, y, x^2$ 在 $L(4P_0)$ 中线性无关, 从而形成 $L(4P_0)$ 的一组基, 同理, 4 个元素 $1, x, y, x^2, xy$ 形成 $L(5P_0)$ 的一组基. $1, x, y, x^2, xy, x^3, y^2 \in L(6P_0)$, 它们必然线性相关, 即有不全为零的 $d_1, \cdots, d_7 \in k$, 使

$$f(x, y) = d_1 y^2 + d_2 x^3 + d_3 xy + d_4 x^2 + d_5 y + d_6 x + d_7 = 0, \quad (6.1)$$

其中 $d_1 \neq 0$, $d_2 \neq 0$. 因此可设 $d_1 = 1$. 因为 $1, x, y, x^2, xy, y^2$ 在 k 上线性无关, 所以多项式 f 是不可约的.

由于 $x^\infty = 2P_0$, $y^\infty = 3P_0$, 故 $[K : k(x)] = 2$, $[K : k(y)] = 3$, 因此 $K = k(x, y)$. 设 C' 是由方程 (6.1) 定义的平面三次曲线, 则 C' 的函数域同构于 K, 由

定理 5.3.2 知，C' 是光滑的三次曲线.

设 $\mathrm{char}(k) \neq 2$，令 $y' = y + bx + c, (b, c \in k)$ 则 (6.1) 式成为

$$y'^2 + (d_3 - 2b)xy' + (d_5 - 2c)y'$$
$$= -d_2 x^3 - (b^2 - d_3 b + d_4)x^2 - (2cb - d_3 c - d_5 b + d_6)x - (c^2 - d_5 c + d_7),$$
$$(6.2)$$

令 $b = d_3/2, c = d_5/2, x = -d_2^{-1/3} x'$，则 (6.2) 式变成

$$y'^2 = (x' - a_1)(x' - a_2)(x' - a_3) \qquad (6.3)$$

的形式，其中 $a_1, a_2, a_2 \in k$. 由于三次曲线是光滑的，故 a_1, a_2, a_3 两两互异.

令 $x' = cx + b, c \neq 0$，则 (6.3) 式成为

$$y'^2 = c^3 \left(x - \frac{a_1 - b}{c}\right)\left(x - \frac{a_2 - b}{c}\right)\left(x - \frac{a_3 - b}{c}\right). \qquad (6.4)$$

对 $\sigma \in S_3$，令 $b_\sigma = a_{\sigma(1)}, c_\sigma = a_{\sigma(2)} - a_{\sigma(1)}, \lambda_\sigma = (a_{\sigma(3)} - a_{\sigma(1)})/(a_{\sigma(2)} - a_{\sigma(1)})$，在 (6.4) 式中作代换 $b = b_\sigma, c = c_\sigma, y'' = \sqrt{c_\sigma^3 y'}$，则得

$$y''^2 = x(x-1)(x - \lambda\sigma), \qquad (6.5)$$

记 $\lambda = \lambda_{id}$，由引理 6.2.1 知

$$\{\lambda\sigma\}_{\sigma \in S_3} = \left\{\lambda, \frac{1}{\lambda}, 1 - \lambda, \frac{1}{1-\lambda}, \frac{\lambda}{1-\lambda}, \frac{1-\lambda}{\lambda}\right\}.$$

由引理 6.2.2 推得 $J(\lambda)$ 是一个仅由 C 及 P_0 决定的元素，又由系 6.1.3 推出 $J(\lambda)$ 不依赖于点 P_0 的选取. □

定义 45. 设 C 是一条椭圆曲线，同构于由方程 $y^2 = x(x-1)(x-\lambda)$ 定义的平面三次曲线，则 $j(C) = 2^8 J(\lambda)$ 称为 C 的 **j-不变量**.

命题 6.2.4. 不同构的椭圆曲线具有不同的 j-不变量. 任何一个元素 $c \in k$ 都是某条椭圆曲线的 j-不变量.

证 第一个论断是引理 6.2.2(2) 的推论.

设 $c \in k$，方程

$$2^8(\lambda^2 - \lambda + 1)^3 - c\lambda^2(\lambda - 1)^2 = 0$$

在 k 中有不等于 0, 1 的解 λ，由 $y^2 = x(x-1)(x-\lambda)$ 定义的平面三次曲线的 j-不变量等于 c. □

注 8. 设 $\pi: X \to S$ 是代数簇间的一个平坦的态射，若对每个 $p \in S, \pi^{-1}(p)$ 都是一条光滑的椭圆曲线，则称 (X, S, π) 为一族椭圆曲线，它决定了映射 f:

$S \to \mathbb{A}_k^1,\ p \mapsto j(\pi^{-1}(p))$. 可以证明, 对任意一族椭圆曲线 (X, S, π), f 总是一个态射. 这意味着 $\mathbb{A}_k^1$ 是椭圆曲线的 **粗模空间** (coarse moduli).

6.3 椭圆曲线上的群结构

在本节中总假定 k 是一个代数封闭域, $\mathrm{char}(k) \ne 2$.

定理 6.3.1. 设 P_0 是椭圆曲线 C 上的一点, 对于任何满足 $\deg(D) = 2$ 的 $D \in \mathrm{Div}(C)$, 根据 Riemann-Roch 定理可知, 存在唯一的点 P, 使 $P_0 + P \sim D$, 特别地, 设 P, Q 为 C 上任意两点, 则存在唯一的点 $R \in C$, 使 $P + Q \sim P_0 + R$. 将 R 定义为 $P \oplus Q$, 则 C 在这个运算下形成一个交换群, 以 P_0 为零元素. P 的逆元记作 $\ominus P$.

证 简单验证. □

记号 $\oplus$ 和 $\ominus$ 是为了避免与 $\mathrm{Div}(C)$ 中的群运算混淆.

设 $y^2 = x(x-1)(x-\lambda)$ 为定理 6.2.3 的证明中所得的三次方程, 其中 $1, x$ 是 $L(2P_0)$ 的基, $1, x, y$ 是 $L(3P_0)$ 的基. 设 $P \ne P_0$, 定义

$$f(P) = (1 : x(P) : y(P)) \in \mathbb{P}_k^2,$$

对 P_0 规定 $f(P_0) = (0, 0, 1)$, 则 $f(C)$ 恰好是由齐次方程 $x_0 x_2^2 = x_1(x_1 - x_0)(x_1 - \lambda x_0)$ 定义的三次曲线. 为了验证 f 是态射, 只要找到 C 的一个包含 P_0 的开子集 U, 使 f 在 U 上的限制是态射就可以了. 令 $U = C - \mathrm{Supp}((y)^+)$, 则 $P_0 \in U$ 且 $f(P) = (1/y, x/y, 1)$ 对任何 $P \in U$ 成立, 显然这是一个态射. 由于 f 诱导了从 $f(C)$ 的函数域到 $K(C)$ 的同构, 因此 f 是一个同构映射.

为了记号的方便, 把 C 与上面的三次曲线等同起来, 则 $P_0 = (0, 0, 1)$, 直线 $x_0 = 0$ 与 C 只交于一点 P_0, 因此对射影平面上的任何一条直线 L, 都有

$$\sum_{P \in L \cap C} I_P(L, C) P \sim 3P_0.$$

由于 $\sum_{P \in L \cap C} I_P(L, C) = 3$, 可将 $\sum_{P \in L \cap C} I_P(L, C) P$ 写成 $P_1 + P_2 + P_3$, 设 $Q = P_1 \oplus P_2$, 则

$$P_1 + P_2 \sim P_0 + Q,$$
$$P_0 + Q + P_3 \sim P_1 + P_2 + P_3 \sim 3P_0,$$

故 $Q + P_3 \sim 2P_0$, 这说明 $P_3 = \ominus Q$, 所以 $P_1 \oplus P_2 \oplus P_3 = 0$.

根据上面的讨论, 椭圆曲线上的群结构可以通过三次曲线的几何刻画如下: 设 $P \in C$, 令 L 为过 P_0 和 P 的直线, 则 L 与 C 的第三个交点就是 $\ominus P$. 设 P_1,

$P_2 \in P$, 令 L 为过 P_1 和 P_2 的直线, L 与 C 的第三个交点记作 P_3, 令 L' 为过 P_3 和 P_0 的直线, 则 L' 与 C 的第三个交点就是 $P_1 \oplus P_2$.

定义 46. 设 X, Y, Z 是代数簇, $f: X \times Y \to Z$ 是一个映射, $(a, b) \in X \times Y$, $c = f(a, b)$. 如果分别存在 a, b, c 的仿射邻域 $U \subseteq \mathbb{A}_k^p$, $V \subseteq \mathbb{A}_k^q$, $W \subseteq \mathbb{A}_k^r$, 使

$$f(x, y) = (g_1(x, y)/h_1(x, y), \cdots, g_r(x, y)/h_r(x, y))$$

对 $(x, y) \in T$ 成立, 其中 T 是仿射簇 $U \times V$ 的一个包含 (a, b) 的开子集, g_i, h_i 为关于 U, V 的坐标的多项式函数, 则称 f 在点 (a, b) 正则, 如果 f 在 $X \times Y$ 的每一点都正则, 则称 f 是一个正则映射.

引理 6.3.2. 设 X', X, Y, Z 是代数簇, $g: X' \to X$ 是态射, $a \in X'$, $b \in Y$, $f: X \times Y \to Z$ 在点 $(g(a'), b)$ 正则, 则 $f \circ (g, 1): X' \times Y \to Z$ 在点 (a', b) 正则.

定义 47. 设 X 是一个代数簇, 具备一个群结构. 如果乘法(加法)运算 $X \times X \to X$ 是正则映射, 求逆运算 $X \to X$ 是态射, 则称 X 为一个**代数群**.

定理 6.3.3. 椭圆曲线是一个交换代数群.

证 在命题 6.1.2 中取 $D = 2P_0$, 则 $\sigma \in \mathrm{Aut}(C)$ 满足 $\sigma(P) + P \sim 2P_0$, 这表明求逆运算是态射.

设 Q 是 C 上一个点, 在命题 6.1.2 中取 $D = P_0 + Q$, 则 $\sigma \in \mathrm{Aut}(C)$ 满足 $\sigma(P) + P \sim P_0 + Q$, 即 $\sigma(P) = Q \ominus P$, 因此平移映射

$$t_Q: C \to C, P \mapsto Q \oplus P$$

是态射.

设 U 为 $y^2 = x(x-1)(x-\lambda)$ 在 $\mathbb{A}_k^2$ 中的零点集,

$$T = \{((x_1, y_1), (x_2, y_2)) \in U \times U \mid x_1 \neq x_2\},$$

对任意 $((x_1, y_1), (x_2, y_2)) \in T$, 过 (x_1, y_2) 和 (x_2, y_2) 的直线方程是

$$y = y_1 + \frac{y_2 - y_1}{x_2 - x_1}(x - x_1),$$

它与 C 的第三个交点也在 U 中, 其坐标是 x_1, y_1, x_2, y_2 的有理函数. 因此映射 $s: T \to U$, $(P_1, P_2) \mapsto P_1 \ominus P_2$ 在 T 的任何一点都正则. 设 $P \in C$, $P_2 \in U$, 任取 $P_1 \in U$ 使 $(P_1, P_2) \in T$, 令 $Q = P_1 \ominus P$, 由引理 6.3.2 得知 $t_Q s(t_Q, 1): (t_Q, 1)^{-1}(T) \to C$, $(R_1, R_2) \mapsto R_1 \ominus R_2$ 在 (P, P_2) 点正则, 对 P_2 可作同样讨论, 从而映射 $C \times C \to C$, $(P_1, P_2) \mapsto P_1 \ominus P_2$ 在 $C \times C$ 的任何一点 (P_1, P_2) 都是正

则的. 从而 C 的 $\oplus$ 运算是正则的.　□

习题

1. 设 E_1, E_2 为椭圆曲线,分别以 $P_1 \in E_1$, $P_2 \in E_2$ 为零元素, $f: E_1 \to E_2$ 是一个态射, $f(P_1) = f(P_2)$,则 f 是一个群同态.

6.4　椭圆函数理论

在本章剩下部分用 $\mathfrak{H}$ 记上半平面 $\{z \in \mathbb{C} \mid Im(z) > 0\}$.

定义 48.　设 $\tau \in \mathfrak{H}$,令 $\Lambda = \{n + m\tau \mid n, m \in \mathbb{Z}\}$,则 Λ 是复平面 $\mathbb{C}$ 中的一个格. $\mathbb{C}$ 上的一个亚纯函数 $f(z)$ 称为关于 Λ 的椭圆函数,如果 $f(z+w) = f(z)$ 对所有 $w \in \Lambda$ 和所有 $z \in \mathbb{C}$ 成立.

对于固定的一个格 Λ,椭圆函数全体形成一个域,称为关于 Λ 的椭圆函数域. $X = \mathbb{C}/\Lambda$ 是个紧 Riemann 面,很明显 $K(X)$ 和椭圆函数域是等同的.

定义 49.　设 $z \in \mathfrak{H}$, $k > 1$. 无穷级数

$$\sum_{(m, n) \in \mathbb{Z} \times \mathbb{Z} - \{(0,0)\}} \frac{1}{(m + nz)^{2k}}$$

叫做权为 $2k$ 的 Eisenstein 级数,记作 $G_k(z)$.

引理 6.4.1.　当 $k > 1$ 时 $G_k(z)$ 是 $\mathfrak{H}$ 上的全纯函数.

证　无穷级数在 $\mathfrak{H}$ 的任意一个开圆盘上绝对收敛.　□

定义 50.　对于格 $\Lambda = \{n + m\tau \mid n, m \in \mathbb{Z}\}$, Weierstrass 的 $\wp$-函数定义为无穷级数

$$\wp(z) = \frac{1}{z^2} + \sum_{w \in \Lambda - \{0\}} \left(\frac{1}{(z-w)^2} - \frac{1}{w^2} \right).$$

定理 6.4.2.　Weierstrass 的 $\wp$-函数是椭圆函数,在 Λ 的点上有二阶极点,在其他点上全纯.

$$\wp'(z) = \sum_{w \in \Lambda} \frac{-2}{(z-w)^3}$$

也是椭圆函数,在 Λ 的点上有三阶极点. $\wp$ 和 $\wp'$ 满足方程

$$(\wp')^2 = 4\wp^3 - g_2\wp - g_3, \tag{6.6}$$

其中 $g_2 = 60G_2(\tau)$, $g_3 = 140G_3(\tau)$. 方程 $4x^3 - g_2x - g_3 = 0$ 无重根.

证　用积分判别法可证, $\wp(z)$ 在 Λ 之外的任何点的某邻域内一致收敛,因

此可以逐项微分,故

$$\wp'(z) = \sum_{w \in \Lambda} \frac{-2}{(z-w)^3}.$$

显然$\wp'(z)$是椭圆函数. 设$a \in \Lambda$,由$[\wp(z+a)\ \wp(z)]'=0$推出$\wp(z+a)-\wp(z)$是常数,故

$$\wp(z+a)-\wp(z) = \wp(-a/2+a)-\wp(-a/2) = 0,$$

因此$\wp(z)$也是椭圆函数.

$\wp(z)$和$\wp'(z)$在原点的 Laurent 展开分别为

$$\wp(z) = \frac{1}{z^2} + 3G_2(\tau)z^2 + 5G_3(\tau)z^4 + \cdots$$

和

$$\wp'(z) = \frac{-2}{z^3} + 6G_2(\tau)z + 20G_3(\tau)z^3 + \cdots.$$

$(\wp'(z))^2$ 和 $4(\wp(z))^3$ 的主部分别为

$$\frac{4}{z^6} - 24G_2(\tau)\frac{1}{z^2} + \cdots$$

和

$$\frac{4}{z^2} + 36G_2(\tau)\frac{1}{z^2} + \cdots.$$

因此 $(\wp'(z))^2 - 4(\wp(z))^3 + 60G_2(\tau)\wp(z)$ 是复平面上的全纯函数,在原点的值等于$-140G_3(\tau)$,所以(6.6)式成立.

由于$\wp'(z)$是奇函数,$1/2$,$\tau/2$,$(1+\tau)/2$ 是$\wp'(z)$的 3 个零点,因此从(6.6)式知

$$\wp(1/2),\ \wp(\tau/2),\ \wp((1+\tau)/2)$$

是 $4x^3 - g_2 x - g_3 = 0$ 的 3 个零点. 将$\wp(z)$看成 Riemann 面 $X = \mathbb{C}/\Lambda$ 上的亚纯函数,则它在 X 上有一个二阶的极点(即对应于 Λ 的点). 而 $1/2$ 是 $\wp(z) - \wp(1/2)$ 的二阶零点,故 $\wp(z) - \wp(1/2)$ 在 X 上无其他零点,$\wp(\tau/2) \neq \wp(1/2)$,$\wp((1+\tau)/2) \neq \wp(1/2)$,同理$\wp((1+\tau)/2) \neq \wp(\tau/2)$. $\square$

定理 6.4.3. 设 x_0, x_1, x_2 是 $\mathbb{P}^2_{\mathbb{C}}$ 的齐次坐标,可用$\wp$来构造映射 $f: X = \mathbb{C}/\Lambda \to \mathbb{P}^2_{\mathbb{C}}$ 如下:若 $z \notin \Lambda$,规定 $f([z]) = (1:\wp(z):\wp'(z))$,再令 $f([0]) = $

$P_0 = (0:0:1)$，则 f 是从 X 到由方程 $x_0 x_2^2 = 4x_1^3 - g_2 x_0^2 x_1 - g_3 x_0^3 = 0$ 所定义的平面三次曲线 C_τ 的（作为紧 Riemann 面的）同构．椭圆函数域由 $\wp$ 和 $\wp'$ 生成．C_T 的 j-不变量等于 $1\,728 g_2^3/(g_2^3 - 27 g_3^3)$．以 P_0 为 0 元素按定理 6.3.1 的方式赋予 C_τ 以群结构，则 f 是从 X 的加法群到 C_τ 的群同态．

证　为了方便，把 f 和自然映射 $\mathbb{C} \to \mathbb{C}/\Lambda$ 的复合也记作 f．

很明显 f 在 $X - \{[0]\}$ 上是全纯的．设 T 是 $\wp'(z)$ 的零点集，映射

$$g([z]) = (1/\wp'(z) : \wp(z)/\wp'(z) : 1)$$

在 $\mathbb{C} - T$ 是全纯的，特别在 Λ 上是全纯的，f 和 g 在 $\mathbb{C} - \Lambda \bigcap T$ 上相等，因此 f 是从 X 到 C_τ 的全纯映射．

现证 f 是单射．设 $f(z_1) = f(z_2)$，若 $z_1 \in \Lambda$，则 $f(z_2) = f(z_1) = (0:0:1)$．因此 $z_2 \in \Lambda$．下面可设 $z_1 \notin \Lambda$，若 $2z_1 \in \Lambda$，则在定理 6.4.2 的证明过程中已知函数 $\wp(z) - \wp(z_1)$ 在 X 上无其他零点，故 $[z_2] = [z_1]$．若 $2z_1 \notin \Lambda$，则 $[-z_1] \neq [z_1]$，而 z_1 和 $-z_1$ 是函数 $\wp(z) - \wp(z_1)$ 的全部零点，故 $[z_2] = [z_1]$ 或 $[z_2] = [-z_1]$．因 $\wp'(-z_1) = -\wp'(z_1) \neq 0$，故 $f([z_1]) \neq f([-z_1])$．因此 $[z_2] = [z_1]$．这证明了 f 是单射．从而 f 是同构．它诱导了 $K(C_\tau)$ 与椭圆函数域间的同构，所以椭圆函数域由 $\wp$ 和 $\wp'$ 所生成．

将 $4x^3 - g_2 x - g_3$ 写成 $4(x - a_1)(x - a_2)(x - a_3)$，作变量代换

$$x = (a_2 - a_1)t + a_1,$$

则

$$4x^3 - g_2 x - g_3 = 4(a_2 - a_1)^3 t(t-1)(t - (a_3 - a_1)/(a_2 - a_1)),$$

故 C_τ 的 j-不变量为

$$j = 2^8 \frac{(\lambda^2 - \lambda + 1)^2}{\lambda^2 (\lambda - 1)^2},$$

其中 $\lambda = (a_3 - a_1)/(a_2 - a_1)$，化简后得

$$j = 2^8 \frac{(a_1^2 + a_2^2 + a_3^2 - a_1 a_2 - a_2 a_3 - a_3 a_1)^3}{(a_2 - a_1)^2 (a_3 - a_2)^2 (a_1 - a_3)^2} = 2^6 3^3 \frac{g_2^3}{g_2^3 - 27 g_3^2}.$$

最后证明 f 是群同态．先证 $f(-a) = \ominus f(a)$．对任意 $a \in \mathbb{C} - \Lambda$，若 $2a \in \Lambda$，则 a 是 $\wp(z) - \wp(a)$ 的二阶零点，故 $2f(a) \sim 2P_0$，故 $f(-a) = \ominus f(a)$．若 $2a \notin \Lambda$，则 $-a$ 和 a 是 $\wp(z) - \wp(a)$ 的两个不同的零点，故 $f(a) + f(-a) \sim 2P_0$，即 $f(-a) = \ominus f(a)$．再证 $f(a+b) = f(a) \oplus f(b)$ 对任意 $a, b \in \mathbb{C}$ 满足．若 $a \in \Lambda$ 或 $b \in \Lambda$，则结论显然成立，以下设 $a \notin \Lambda$，$b \notin \Lambda$．再分两种情形：

(1) $a \neq b$. 若 $\wp(a) = \wp(b) = c$, 则 a, b 是函数 $\wp(z) - c$ 的两个不同的零点, 故 $a + b = 0$ 且 $f(a) + f(b) \sim 2P_0$, 结论成立. 若 $\wp(a) \neq \wp(b)$, 令

$$h(z) = \wp'(z) - \wp'(a) - \frac{\wp'(b) - \wp'(a)}{\wp(b) - \wp(a)}(\wp(z) - \wp(a)),$$

则 $h(a) = h(b) = 0$ 且 0 是 $h(z)$ 的三阶极点. 设 C 是 $h(z)$ 的第三个零点, 则 $a + b + c = 0$ 且 $f(a) + f(b) + f(c) \sim 3P_0$, 故 $f(a) \oplus f(b) = \ominus f(c) = f(-c) = f(a + b)$.

(2) $a = b$. 若 $\wp'(a) = 0$, 则 a 为 $\wp(z) - \wp(a)$ 的二重零点, 故 $a + b = 0$, 且 $f(a) + f(b) \sim 2P_0$, 结论成立. 若 $\wp'(a) \neq 0$, 令

$$h(z) = \wp'(z) - \wp'(a) - \frac{\wp''(a)}{\wp'(a)}(\wp(z) - \wp(a)),$$

则 $h(a) = h'(a) = 0$ 且 0 是 $h(z)$ 的三阶极点, 用相同方法可得所需结论.   □

将产生两个自然的问题:

(1) 设 $\tau_1, \tau_2 \in \mathfrak{H}, C_{\tau 1} \cong C_{\tau 2}$ 的充要条件是什么?

(2) 是否每条椭圆曲线都同构于某个 C_τ? 下面一节将给出这两个问题的解答.

习题

1. 采用定理 6.4.3 中的记号, 设 $a_1, \cdots, a_n, b_1, \cdots, b_n \in \mathbb{C}$, 则 $f(a_1) + \cdots + f(a_n) \sim f(b_1) + \cdots + f(b_n)$ 当且仅当 $a_1 + \cdots + a_n - b_1 - \cdots - b_n \in \Lambda$. (提示: 对 n 进行归纳.)

2. 设 C 是一条光滑的平面曲线, $P \in C$ 称为一个拐点, 若存在一条直线 L, 使 $I_P(C, L) \geqslant 3$. 证明复椭圆曲线上恰好有 9 个拐点. (提示: 利用椭圆曲线的群结构.)

6.5   模形式与椭圆曲线

设 $\Gamma = \boldsymbol{SL}_2(\mathbb{Z})$, 则 Γ 作用在 $\mathfrak{H}$ 上. 令

$$D = \{z \in \mathfrak{H} \mid -1/2 \leqslant z \leqslant 1/2, \ |z| \geqslant 1\},$$

则 D 是 Γ 在 $\mathfrak{H}$ 上的作用的一个**基本区**(fundamental domain), 即 D 满足下列性质:

(1) 对 $\mathfrak{H}$ 中的任何点 z, 存在 $g \in \Gamma$ 使 $g(z) \in D$,

(2) 设 z_1, z_2 是 D 中的两个不同的点, 如果 $z_1 \in \Gamma z_2$ 则 z_1 和 z_2 都在 D 的

边界上.

定义 51. 设 $k \in \mathbb{Z}$，f 是上半平面 $\mathfrak{H}$ 上的一个亚纯函数，如果对任意

$$\begin{pmatrix} a & b \\ c & d \end{pmatrix} \in \Gamma,$$

等式

$$f\left(\frac{az+b}{cz+d}\right) = (cz+d)^{2k} f(z)$$

对任意 $z \in \mathfrak{H}$ 成立，则 f 叫做一个权为 $2k$ 的**弱模函数**(weakly modular function).

命题 6.5.1. $\mathfrak{H}$ 上的亚纯函数 f 是权为 $2k$ 的弱模函数当且仅当对任意 $z \in \mathfrak{H}$ 等式 $f(z+1) = f(z)$，$f(-1/z) = z^{2k} f(z)$.

证 这是因为 Γ 由矩阵 $\begin{pmatrix} 1 & 1 \\ 0 & 1 \end{pmatrix}$ 和 $\begin{pmatrix} 0 & -1 \\ 1 & 0 \end{pmatrix}$ 生成. $\square$

映射 $t: \mathfrak{H} \to \mathbb{C}, z \mapsto e^{2\pi i z}$ 把上半平面映到去掉原点的单位开圆盘 $U = \{\zeta \in \mathbb{C} \mid 0 < |\zeta| < 1\}$. 设 f 是 $\mathfrak{H}$ 上的一个权为 $2k$ 的弱模函数，由于 $f(z+1) = f(z)$，存在 U 上的亚纯函数 $\bar{f}$，使 $\bar{f}(t(z)) = f(z)$ 对任意 $z \in \mathfrak{H}$ 成立. 如果 $\bar{f}$ 是整个单位开圆盘上的亚纯(全纯)函数，则称 f 在 ∞ 是亚纯(全纯)的，这时 $f(\infty)$ 定义为 $\bar{f}(0)$.

定义 52. 一个在 ∞ 亚纯的弱模函数叫做一个**模函数**. 一个全纯的模函数叫做一个**模形式**(modular form)，一个 $f(\infty) = 0$ 的模形式 f 叫做**尖点形式**(cusp form).

引理 6.5.2. 权为 $2k$ 的 Eisenstein 级数 $G_k(z)$ 是权为 $2k$ 的模形式.

证 容易验证引理 6.5.1 中的条件成立，所以 $G_k(z)$ 是弱模函数. 由引理 6.4.1，它在 $\mathfrak{H}$ 上是全纯的，不难验证在 ∞ 它也是全纯的. $\square$

引理 6.5.3. 设 D 为上半平面 $\mathfrak{H}$ 的基本区域，$q = -1/2 + i\sqrt{3}/2, f(z)$ 是权为 $2k$ 的模函数. 令

$$e_p = \begin{cases} 3, & \text{若在 } \mathfrak{H}/\Gamma \text{ 中 } p = q, \\ 2, & \text{若在 } \mathfrak{H}/\Gamma \text{ 中 } p = i, \\ 1, & \text{其他情形}, \end{cases}$$

则

$$\nu_\infty(f) + \sum_{p \in \mathfrak{H}/\Gamma} \nu_p(f)/e_p = k/6,$$

其中 $\nu_p(f)$ 表示 f 在点 p 的阶(order).

证 沿基本区域的边缘做适当的围道积分.   □

系 6.5.4. Eisenstein 级数 $G_2(z)$ 和 $G_3(z)$ 分别在 q 和 i 有一个单零点,并且它们没有其他零点.

定义 53. 令 $g_2(z) = 60G_2(z)$, $g_3(z) = 140G_3(z)$,则 $\Delta(z) = g_2(z)^3 - 27g_3(z)^2$ 称为**判别式**(discriminant)函数.

定理 6.5.5. 令 $J(\tau) = 1\,728 g_2(z)^3/\Delta(z)$,则

(1) $J(z)$ 是权为零的模函数,因此它是紧 Riemann 面 $\mathfrak{H}/\Gamma \cup \{\infty\}$ 上的一个亚纯函数;

(2) $J(z)$ 在 $\mathfrak{H}$ 上全纯,在 ∞ 有一个单极点;

(3) $J: H/\Gamma \to \mathbb{A}_Z^1$ 是一个同构.

证 (1)是明显的.

显然 $\Delta(z)$ 是权为 12 的模形式,它在 $\mathfrak{H}$ 上没有零点. 由引理 6.5.3 知 ∞ 是 $\Delta(z)$ 的单零点. 由系 6.5.4 得知 $q = -1/2 + \mathrm{i}\sqrt{3}/2$ 是 $J(z)$ 的一个三重零点且 $J(z)$ 无其他零点,而 ∞ 是 $J(z)$ 的一个单极点且 $J(z)$ 无其他极点. (3)是(2)的推论.   □

系 6.5.6. 对 $\tau \in \mathfrak{H}$,令 C_τ 为定理 6.4.3 中与 τ 对应的椭圆曲线.

(1) $C_{\tau 1} \cong C_{2\tau}$ 当且仅当存在 a, b, c, $d \in \mathbb{Z}$, $ad - bc = 1$,使 $\tau_2 = (a\tau_1 + b)/(c\tau_1 + d)$;

(2) 对任何椭圆曲线 C,都存在 $\tau \in \mathfrak{H}$,使 $C_\tau \cong C$.

证 定理 6.5.5 中的 $J(\tau)$ 恰好是 C_τ 的 j -不变量.   □

第7章 曲线的典范映射

定理 3.4.6 给出代数曲线到射影空间的一种特殊的嵌入,本章更深入讨论曲线的射影映射,特别在最后一节讨论由典范系和多典范系所确定的映射,这些结果对曲线的分类空间的探讨很有用.

7.1 曲线的射影映射

定义 54. 设 C 是一条光滑的射影曲线, $D \in \mathrm{Div}(C)$. $L(D)$ 的一个 k-子空间叫做 D 的一个线性系. 完全线性系 $L(D)$ 是 D 的最大的线性系. 设 V 为一个线性系, $P \in C$, 如果 $\nu_P(D+(f)) > 0$ 对任何 $f \in V$ 成立, 则称 P 为 V 的一个基点.

几何上基点有如下简单的解释. 任取 V 的一组基 $f_1, \cdots, f_n$, 则 $D+(f_1), \cdots, D+(f_n)$ 是 C 上 n 个有效除子, 它们的交集就是 V 的全部基点.

引理 7.1.1. 设 C 是一条光滑的射影曲线, V 是函数域 $K(C)$ 的一个非零的有限维 k-子空间, 则存在唯一的 $D \in \mathrm{Div}(C)$, 使 V 是 D 的一个无基点的线性系. 对 $h \in K(C)^*$, 令 $hV = \{hf \mid f \in V\}$, 则 hV 是 $D-(h)$ 的一个无基点的线性系.

证 令 $D = -\sum_{P \in C} \min_{f \in V} \nu_P(f) P$. 由于 V 是有限维的, 根据系 3.3.21, 以上和式是有限的, 故 $D \in \mathrm{Div}(C)$ 满足条件. 引理的其余部分容易得到验证. □

定义 55. 从曲线 C 到 $\mathbb{P}_k^n$ 的两个态射 ϕ, ψ 称为射影等价的, 若存在 $A \in GL_{n+1}(k)$, 使 $\psi = A\phi$. 如果不存在 $\mathbb{P}_k^n$ 的超平面 H 包含 $\mathrm{Im}(\phi)$, 则态射 ϕ 称为是非退化的.

记 $U_i = \{(a_0 : \cdots : a_n) \in \mathbb{P}_k^n \mid a_i \neq 0\}$. 设 V 是 $K(C)$ 的一个 $n+1$-维的 k-子空间, $n > 0$. 取 V 的一组基 $f_0, \cdots, f_n$, 作 $\phi: C \to \mathbb{P}_k^n$ 如下: 设 $p \in C$, 则存在 $0 \leqslant i \leqslant n$, 使 $\nu_p(f_i) \leqslant \nu_p(f_j)$ 对所有 $j \neq i$ 成立, 于是 $f_j/f_i \in \mathcal{O}_p$. 记 $[f_j/f_i]$ 为 f_j/f_i 在 $\mathcal{O}_p/\mathfrak{m}_p$ 中的像, 则令 $\phi(p) = ([f_0/f_i], \cdots, [f_n/f_i]) \in U_i$, 它不依赖于 i 的选取.

令 $U = \{q \in C \mid \nu_q(f_j/f_i) \geqslant 0 \, \forall j\}$, 则 $p \in U$ 且 $C - U$ 是有限点集, 即 U 是包含 p 的开子集, $q \mapsto f_j/f_i \pmod{\mathfrak{m}_q}$ 是 U 上的正则函数, 故 ϕ 是一个态射.

设 $f_0', \cdots, f_n'$ 是 V 的另一组基,按同样方法定义态射 $\phi': C \mapsto \mathbb{P}_k^n$,设

$$(f_0', \cdots, f_n')^T = A(f_0, \cdots, f_n)^T,$$

其中 $A \in GL_{n+1}(k)$,则 $\phi' = A\phi$,因此 ϕ 的射影等价类不依赖于 V 的基的选取,把这个射影等价类记作 ϕ_V.

容易看出对任何 $h \in K^*$, ϕ_{hV} 和 ϕ_V 是射影等价的.

引理 7.1.2. 以上定义的 $\phi: C \to \mathbb{P}_k^n$ 是非退化的.

证 设 H 是一个超平面,它是某个线性方程 $C_0 x_0 + \cdots + c_n x_n = 0$ 的零点集,$c_0, \cdots, c_n$ 不全为零,$f = C_0 f_0 + \cdots + C_n f_n \neq 0$. 取 $p \in C$,使 $\nu_p(f) = \nu_p(f_0) = \cdots = \nu_p(f_n) = 0$,则

$$c_0 \frac{f_0}{f_i} + \cdots + c_n \frac{f_n}{f_i} = \frac{f}{f_i} \not\equiv 0 (\bmod \mathfrak{m}_p),$$

即 $\phi(p) \notin H$. □

引理 7.1.3. 设 $\phi: C \to \mathbb{P}_k^n$ 是如上定义的态射,则 $\mathrm{Im}(\phi)$ 是闭集.

证 令

$$I = \{ h(x_1, \cdots, x_n) \in k[x_1, \cdots, x_n] \mid h(f_1/f_0, \cdots, f_n/f_0) = 0 \},$$

现证明 $U_0 \bigcap \mathrm{Im}(\phi)$ 是理想 I 的零点集.

令 $R = k[f_1/f_0, \cdots, f_n/f_0]$,它是 K 的有限生成的 k-子代数,同构于 $k[x_1, \cdots, x_n]/I$,设 $(a_1, \cdots, a_n)$ 是 I 的一个零点,则 $(x_1 - a_1, \cdots, x_n - a_n)$ 是 $k[x_1, \cdots, x_n]$ 的包含 I 的一个极大理想,它对应了 R 的一个极大理想 q. 令 P 为 K 中包含 R_q 的离散赋值环,对每个 $1 \leqslant i \leqslant n$, $f_i/f_0 - a_i$ 在 P 的极大理想中,故 $\phi(P) = (a_1, \cdots, a_n)$,所以 $U_0 \bigcap \mathrm{Im}(\phi)$ 是 U_0 的闭子集.

同理可证对每个 $0 \leqslant i \leqslant n$, $U_i \bigcap \mathrm{Im}(\phi)$ 是 U_i 的闭子集,因而 $\mathrm{Im}(\phi)$ 是 $\mathbb{P}_k^n$ 的闭子集. □

系 7.1.4. $\mathrm{Im}(\phi)$ 是 $\mathbb{P}_k^n$ 中的射影曲线,它不包含在 $\mathbb{P}_k^n$ 的任何一个超平面中.

反过来,设 $\psi: C \to \mathbb{P}_k^n$ 是一个态射,$n > 0$, $\mathrm{Im}(\psi)$ 不包含在任何一个超平面中. 令 $x_0, \cdots, x_n$ 为 $\mathbb{P}_k^n$ 的齐次坐标,则 $1, x_1/x_0, \cdots, x_n/x_0$ 是 $U_0 \bigcap \mathrm{Im}(\psi)$ 上的正则函数,把它们在 $K = K(C)$ 中的像记作 $1, f_1, \cdots, f_n$. 由于 $\mathrm{Im}(\psi)$ 不包含在任何超平面中,$1, f_1, \cdots, f_n$ 线性无关,它们张成 K 的一个 $n+1$-维 k-子空间 V,ϕ_V 恰好是 ψ 所在的射影等价类.

设 $x_0', \cdots, x_n'$ 是 $\mathbb{P}_k^n$ 的另一个齐次坐标系,则存在 $A \in GL_{n+1}(k)$,使

$$(x'_0, \cdots, x'_n) = (x'_0, \cdots, x'_n)A,$$

于是 1, f'_1, $\cdots$, f'_n 在 K 中张成的子空间 $V' = (1/(a_{00} + a_{10}f_1 + \cdots + a_{n0}f_n))V$.

以上讨论可归纳为下面的定理.

定理 7.1.5. 设 $n > 0$, C 是光滑的射影曲线,则从 C 到 $\mathbb{P}^n_k$ 的非退化态射的射影等价类与 $K(C)$ 的 $n+1$-维 k-子空间在 K^* 作用下的等价类之间有一一对应的关系.

引理 7.1.6. 设 V 是 K 的 $n+1$ 维 k-子空间, $n > 0$. 如果对任意 $p \neq q \in C$, 存在 $f \in V$, 使 $\nu_q(f) > \nu_p(f) = \min_{h \in V}(\nu_p(h))$, 则 $\phi_V: C_K \rightarrow \mathbb{P}^n_k$ 是单射.

证 取 V 的一组基 $f_0, \cdots, f_n$. 设

$$f = c_0 f_0 + \cdots + c_n f_n,$$

其中 $c_0, \cdots, c_n \in k$. 令 H 为 $\mathbb{P}^n_k$ 中由 $c_0 x_0 + \cdots + c_n x_n = 0$ 决定的超平面. 条件 $\nu_p(f) = \min_{h \in V}(\nu_p(h))$ 表明 $\phi_V(p) \notin H$. 条件 $\nu_q(f) > \nu_p(f)$ 表明 $\phi_V(q) \in H$. 所以 $\phi_V(p) \neq \phi_V(q)$. 因此 ϕ_V 是单射. □

引理 7.1.7. 设 V 是 K 的 $n+1$ 维 k-子空间, $n > 0$, $p \in C_K$, ν_p 为它决定的标准离散赋值, $q = \phi_V(p)$, $\mathcal{O}_q$ 为 $\phi_V(C_K)$ 在 q 点的局部环. 如果存在 $f \in V$, 使 $\nu_p(f) = 1 + \min_{h \in V}(\nu_p(h))$, 则存在 $t \in \mathcal{O}_q$, 使 $\nu_p(t) = 1$.

证 取 V 的一组基 $f_0, \cdots, f_n$, 令 $\phi: C_K \rightarrow \mathbb{P}^n_k$ 为由 $f_0, \cdots, f_n$ 所决定的态射. ϕ 诱导了从 $\mathrm{Im}(\phi)$ 的函数域 E 到 K 的同态 $\Phi: E \rightarrow K$. 设 $\nu_p(f_i) \leqslant \nu_p(f_j) \forall j$, 则 $\nu_p(f/f_i) = 1$, 故 f/f_i 是 $\mathcal{O}_p$ 的极大理想的生成元. 设 $f = c_0 f_0 + \cdots + c_n f_n$, 令 t 为 $(c_0 x_0 + \cdots + c_n x_n)/x_i$ 在 $\mathcal{O}_q$ 中的像,则 $\Phi < (t) = f/f_i$. 这表明 $\nu_p(t) = 1$. □

定理 7.1.8. 设 V 是除子 $D \in \mathrm{Div}(C)$ 的一个线性系, $\dim_k(V) = n+1 > 1$, 假定引理 7.1.6 的条件满足且对任意 $p \in C$, 引理 7.1.7 的条件满足, 则 $\phi_V: C \rightarrow \mathbb{P}^n_k$ 是从 C 到其像的同构.

证 根据引理 7.1.6 ϕ_V 是单射, 因此 ϕ_V 是 $\mathrm{Im}(\phi_V)$ 的正规化映射. 根据命题 3.5.8, 对任何 $q \in \mathrm{Im}(\phi_V)$, $\mathcal{O}_q$ 在 K_C 中的整闭包 R 是离散赋值环. 又由引理 7.1.7, $\mathcal{O}_q$ 包含 R 的一个局部参数, 由命题 3.5.10, q 是 $\mathrm{Im}(\phi_V)$ 的光滑点. 所以 ϕ_V 是从 C 到其像的同构. □

系 7.1.9. 设 V 是除子 $D \in \mathrm{Div}(C)$ 的一个线性系, 令 $\delta_V = \{D + (f) \mid f \in V\}$, 则 δ_V 是一个由与 D 线性等价的有效除子所组成的集合, 假如下面两个条件成立:

(1) 对任意 $p_1 \neq p_2 \in C$, 存在 $B \in \delta_V$, 使 $P_1 \in \mathrm{Supp}(B)$, $p_2 \notin \mathrm{Supp}(B)$;

(2) 对任意 $p \in C$, 存在 $B \in \delta_V$, 使 $\mathrm{ord}_p(B) = 1$,

那么 $\phi_V : C \to \mathbb{P}^r_k$ 是从 C 到其像的同构.

系 7.1.10. 设 $D \in \mathrm{Div}(C)$ 的一个线性系, $l(D) \geqslant 2$, 则完全线性系 $L(D)$ 所决定的态射 ϕ_D 是同构当且仅当对任意 $P, Q \in C$, 都有 $l(D - P - Q) = l(D) - 2$.

7.2 射影曲线的次数

命题 7.2.1. 设 D 是 $\mathbb{P}^n_k$ 中的 d 次射影曲线, H 是一个不包含 D 的 r 次超曲面, 则 $D \cdot H = rd$.

证 设 I 为 D 所对应的齐次素理想, H 是 r 次齐次多项式 $f(x_0, \cdots, x_n)$ 的零点集, 令 $S = k[x_0, \cdots, x_n]$, $J = I + Sf$, 则有正合列

$$0 \to S/I \xrightarrow{\phi} S/I \xrightarrow{\pi} S/J \to 0,$$

其中 $\phi : a \mapsto af$ 是 r 次 S-模同态. 于是 $P_J(x) = P_I(x) - P_I(x - r) = \mathrm{d}x - \mathrm{d}(x - r) = \mathrm{d}r$. $\quad\square$

定义 56. 设 D 是 $\mathbb{P}^n_k$ 中的光滑射影曲线, H 是一个不包含 D 的超曲面, 除子 $H|_D = \sum_{P \in H \cap D} I_P(D, H) P$ 称为 H 在 D 上的限制.

命题 7.2.2. 设 X 是一条光滑的射影曲线, $f : X \to \mathbb{P}^r_k$ 是由除子 D 的线性系 V 所决定的态射, 假定 $C = f(X)$ 光滑, 则 $\{f^*(H|_C)\} = \{D + (h)\}_{h \in V}$, 其中 H 历遍 $\mathbb{P}^r_k$ 的超平面. 特别, 有 $\deg(D) = \deg(f) \cdot \deg(C)$.

证 设 f 由 V 的一组基 $f_0, \cdots, f_n$ 所决定, 令 $D_0 = D + (f_0)$. 设 H 是 $\mathbb{P}^r_k$ 的一个超平面, 由一次齐次方程 $L(x_0, \cdots, x_n) = 0$ 定义, 则 $L/x_0 \in K(C)$, 它给出 C 的主除子 $H|_C - H_0|_C$, 其中 H_0 是由 $x_0 = 0$ 定义的超平面. L/x_0 在 $K(X)$ 中的像正是 $L(f_0, \cdots, f_n)/f_0$, 它给出 X 的主除子 $\sum_{Q \in X} \nu_Q(L/x_0) Q = \sum_{P \in C} \sum_{Q \in f_0^{-1}(P)} e_Q \nu_P(L/x_0) Q = f^*(H|_C) - f^*(H_0|_C)$, 因此 $\min_{h \in V}(\nu_Q(h/f_0)) = -\mathrm{ord}_Q(f^*(H_0|_C))$ 对所有 $Q \in X$ 成立. 根据引理 7.1.1, 线性系 $f_0^{-1}V$ 是除子 $D + (f_0)$ 的无基点的线性系, 故 $-\mathrm{ord}_Q(D) - \mathrm{ord}_Q(f_0) = -\mathrm{ord}_Q(f^*(H_0|_C))$ 对所有的 $Q \in X$ 成立, 即 $f^*(H_0|_C) = D_0$. 所以 $f^*(H|_C) = D_0 + (L(f_0, \cdots, f_n)/f_0) = D + (L(f_0, \cdots, f_n))$, 当 L 历遍一次齐次多项式时 $L(f_0, \cdots, f_n)$ 历遍 V. $\quad\square$

7.3 典范线性系

引理 7.3.1. 设 C 是一条光滑的射影曲线, $g(C) > 1$, κ 是 C 的一个典范

除子,则 $L(\kappa)$ 是 κ 的一个无基点的线性系.

证　这是因为对任何 $P \in C$ 都有 $l(\kappa - P) = l(P) + 2g - 3 + 1 - g = g - 1$. $\square$

定义 57.　设 C 是一条光滑的射影曲线,$g(C) > 1$,κ 是 C 的一个典范除子,则由 $L(\kappa)$ 所决定的态射 $\phi_\kappa : C \to \mathbb{P}_k^{g(C)-1}$ 称为 C 的**典范映射**.

例 13.　设 $g(C) = 2$,则典范映射是从 C 到 $\mathbb{P}_k^1$ 的二次覆盖,因此 C 是超椭圆曲线.

引理 7.3.2.　设 D 是 $\mathbb{P}_k^n$ 中的 r 次不可约曲线,D 不包含在 $\mathbb{P}_k^n$ 的任何一个超平面中,则 $r \geqslant n$. 若 $r = n$,则 D 是光滑有理曲线.

证　令 $\pi : \widetilde{D} \to D$ 是 D 的正规化. 设 H 是 $\mathbb{P}_k^n$ 的任何一个不通过 D 的奇点的超平面,则 $E = \sum_{P \in \widetilde{D}} I_{\pi(P)}(H, D) P$ 是 $\widetilde{D}$ 的一个有效除子,由命题 7.2.1 知 $\deg(E) = r$. 由于 D 不包含在 $\mathbb{P}_k^n$ 的任何一个超平面中,故有 $l(E) \geqslant n + 1$,但是 $l(E) \leqslant \deg(E) + 1 = r + 1$,故 $r \geqslant n$. 设 $r = n$,则存在 $P \in \widetilde{D}$,使 $l(P) > 1$,故 $\widetilde{D} \cong \mathbb{P}_k^1$,且 $l(E) = n + 1$. π 射影等价于由完全线性系 $L(E)$ 所决定的态射,因此是同构. $\square$

定理 7.3.3.　设 $g(C) > 1$,若 C 不是超椭圆曲线,则 ϕ_k 是从 C 到其象的同构,否则 ϕ_k 是从 C 到 $\mathbb{P}_k^{g(C)-1}$ 中一条光滑的 $g(C) - 1$ 次有理曲线的二次覆盖.

证　设 C 非超椭圆,$P, Q \in C$,则 $l(P + Q) = 1$,故 $l(\kappa - P - Q) = l(P + Q) + 2g - 4 + 1 - g = g - 2$,由系 7.1.10 推出 ϕ_κ 是从 C 到其像的同构.

若 C 是超椭圆曲线,则存在 $P \neq Q \in C$,满足 $l(P + Q) = 2$,故 $l(\kappa - P) = l(\kappa - P - Q)$,这表明任何一个通过 $\phi_\kappa(P)$ 的超平面都通过 Q. 于是对几乎所有的 $s \in \mathrm{Im}(\phi_\kappa)$,$\phi_\kappa^{-1}(s)$ 中至少含两个点,故 $\deg(\phi_\kappa) \geqslant 2$,由命题 7.2.2 及引理 7.3.2 推得 $2g(C) - 2 = \deg(\phi_\kappa) \deg(\mathrm{Im}(\phi_\kappa)) \geqslant 2(g(C) - 1)$,因此 $\deg(\phi_\kappa) = 2$ 且 $\mathrm{Im}(\phi_\kappa)$ 是一条光滑的有理曲线. $\square$

定理 7.3.3 的不尽人意处是典范映射不一定是嵌入. 作为一种弥补的方式,可以考虑 r 重典范系 $L(r\kappa)$ 所确定的映射 $\phi_{r\kappa}$. 当 $r = 3$ 时有下面的定理.

定理 7.3.4.　设 C 是任意一条亏格大于 1 的光滑射影曲线,$\phi_{3\kappa}$ 是由完全线性系 $L(3\kappa)$ 所确定的射影映射,则 $\phi_{3\kappa}$ 是同构.

证　$l(3\kappa - P - Q) = l(3\kappa) - 2$ 对任何 $P, Q \in C$ 成立. $\square$

参考文献

[1] Artin, M.: *Algebra*. Prentice Hall, Englewood Cliffs, N. J., (1991)

[2] Atiyah, M. F. and Macdonald, I. G.: *Introduction to Commutative Algebra*. Addison-Wesley, Reading, Mass. (1969), ix+128pp

[3] Bogomolov, F., Petrov, T.: *Algebraic Curves and One-dimensional Fields*. A. M. S. (2002), xi+214pp

[4] Bourbaki, N.: *Commutative Algebra*. Hermann(1972), ISBN 0-201-00644-8, xxiv+625pp

[5] 杜布洛文,诺维可夫,福明柯:*流形上的几何和拓扑*(第5版,潘养廉译).高等教育出版社(2007),ISBN 978-7-04-0214920-5,iv+310pp

[6] Forster, O.: *Lectures on Riemann Surfaces* GTM **81**. Springer-Verlag(1981), viii+254pp

[7] Fulton, W.: *Algebraic Curves*. W. A. Benjamin Co., Reading(1974), xiv+226pp

[8] Goldschmidt, D.: *Algebraic Functions and Projective Curves*, GTM **215**. Springer-Verlag(2003), xvi+179pp, ISBN: 0-387-95432-5

[9] Griffiths, P. and Harris, J.: *Principles of Algebraic Geometry*. John Wiley & Sons, New York(1978), +813pp

[10] Hartshorne, R.: *Algebraic Geometry*, GTM **52**. Springer-Verlag, Heidelberg(1977), xvi+496pp.

[11] Kunz, E.: *Introduction to Commutative Algebra and Algebraic Geometry*. Birkhauser, Boston(1985), x+238pp

[12] Lang, S.: *Algebra*, revised 3rd ed., GTM **211**. Springer-Verlag, Heidelberg(2005)

[13] Lang, S: *Introduction to Algebraic and Abelian Functions*, GTM **89**. Springer-Varlag(1982), ix+169pp

[14] 李克正:*代数几何初步*.科学出版社,(2004)

[15] 李克正:*交换代数与同调代数*.科学出版社,(1998)

[16] Massay, W. S.: *Algebraic Topology: An Introduction* GTM **56**. Springer-Verlag(1967), xxi+261pp

[17] Miranda, R., *Algebraic Curves and Riemann Surfaces*, Graduate Studies in Mathematics, vol. **5**. American Mathematical Society, Providence, R. I., (1995), xxi+390pp

[18] Mumford, D.: *Abelian Varieties*. Tata Institute, Oxford University Press, Bombay(2nd ed. 1974), viii+279pp

[19] Munkres,J. R. : *Topology*, 2nd ed. Prentice Hall(2000), xvi＋537pp

[20] Nagata,M. : *Field Theory*. Marcel Dekker(1977), vii＋268pp

[21] Serre,J. -P. : *A Course in Arithmetic*. Graduate Texts in Mathematics, No. **7**, Springer-Verlag(1973)

[22] Serre,J. -P. : *Algebraic Groups and Class Fields*. Graduate Texts in Mathematics, No. **117**, Springer-Verlag(1988), 204pp

[23] Shafarevich, I. R. : *Basic Algebraic Geometry*. Grundlehren **213**, Springer-Verlag, Heidelberg(1974), xv＋439pp

[24] Singer,I. M. , Thorpe,J. A. : *Lecture Notes on Elementary Topology and Geometry*. Springer-Verlag, New York-Heidelberg-Berlin, viii＋232pp

[25] 夏道行,吴卓人,严绍宗,舒五昌:实变函数与泛函分析(下),第二版,高等教育出版社,(1985)

[26] Yang, J: *Modern Algebra*. Alpha Science Intl Ltd,(2013)

索　引

图书在版编目(CIP)数据

代数曲线/杨劲根编著. —上海:复旦大学出版社, 2014.10
21世纪复旦大学研究生教学用书　复旦大学数学研究生教学用书
ISBN 978-7-309-10991-7

Ⅰ. 代…　Ⅱ. 杨…　Ⅲ. 代数曲线-研究生-教材　Ⅳ. O187.1

中国版本图书馆 CIP 数据核字(2014)第 219383 号

代数曲线
杨劲根　编著
责任编辑/范仁梅

复旦大学出版社有限公司出版发行
上海市国权路 579 号　邮编:200433
网址:fupnet@ fudanpress. com　http://www.fudanpress. com
门市零售:86-21-65642857　团体订购:86-21-65118853
外埠邮购:86-21-65109143
常熟市华顺印刷有限公司

开本 787×960　1/16　印张 11.5　字数 202 千
2014 年 10 月第 1 版第 1 次印刷

ISBN 978-7-309-10991-7/O·553
定价:29.00 元